高等教育"十四五"系列教材

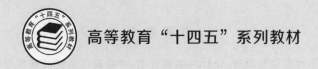

数据库原理与应用
（MySQL版）

徐彩云　杨彦 ◎ 编著

华中科技大学出版社

http://www.hustp.com

中国·武汉

内 容 简 介

本书系统地介绍了数据库的原理、设计与实现技术,对数据库系统的基本理论进行了精练,并以 MySQL 8.0.28 为实验平台实现数据库编程的基本操作。全书知识结构合理,共分 12 个章节,全面阐述了关系数据库的基础知识、关系模型、MySQL 数据库的体系结构、数据库访问技术、MySQL 数据库的安装与配置、数据库操作、数据表的操作、数据查询、数据完整性、索引和视图、用户自定义函数、常量、变量及流程控制语句、窗口函数、存储过程、触发器、事务并发控制、关系数据理论、数据库设计、数据库的备份与恢复等内容。

本书汇集了多年来数据库原理和 MySQL 数据库技术的教学经验总结与思考,从教与学两个角度组织教学内容,内容循序渐进、深入浅出、概念清晰。本书特色是在每一章节给出大量示例,以加强对数据库技术实践能力的提升,把数据库原理知识点融入数据库开发的综合案例中,让学习者易于理解和掌握。

图书在版编目(CIP)数据

数据库原理与应用:MySQL 版/徐彩云,杨彦编著.—武汉:华中科技大学出版社,2022.6(2024.7 重印)
ISBN 978-7-5680-8310-2

Ⅰ.①数…　Ⅱ.①徐…　②杨…　Ⅲ.①关系数据库系统　Ⅳ.①TP311.132.3

中国版本图书馆 CIP 数据核字(2022)第 093095 号

数据库原理与应用(MySQL 版)　　　　　　　　　　　　　　　徐彩云　杨彦　编著
Shujuku Yuanli yu Yingyong(MySQL Ban)

策划编辑:康　序
责任编辑:史永霞
封面设计:孢　子
责任监印:朱　玢
出版发行:华中科技大学出版社(中国·武汉)　　　电话:(027)81321913
　　　　　武汉市东湖新技术开发区华工科技园　　　邮编:430223
录　　排:武汉创易图文工作室
印　　刷:武汉市籍缘印刷厂
开　　本:787mm×1092mm　1/16
印　　张:15.25
字　　数:410 千字
版　　次:2024 年 7 月第 1 版第 3 次印刷
定　　价:48.00 元

本书若有印装质量问题,请向出版社营销中心调换
全国免费服务热线:400-6679-118　竭诚为您服务
版权所有　侵权必究

　　数据库技术是信息系统的一个核心技术,是一种计算机辅助管理数据的方法。随着人工智能、云计算、大数据等新一代技术的迅速发展,数据库在当今计算机领域中的应用越来越广泛,已成为不可或缺的数据管理工具。数据库技术是数据管理的有效技术,是计算机科学的重要分支,是计算机信息系统与应用系统的核心技术和重要基础。目前,MySQL 是最流行的关系数据库管理系统之一,是完全网络化的跨平台关系型数据库系统,也是世界上最受欢迎的开源数据库之一。MySQL 数据库以其精巧灵活、运行速度快、经济适用性强、使用简便、管理方便、安全可靠性强、丰富的应用编程接口(API)以及精巧的系统结构,受到了广大自由软件爱好者甚至是商业软件用户的青睐,特别是与 Apache 和 PHP/PERL 结合,为建立基于数据库的动态网站提供了强大动力,也为数据分析和数据挖掘领域奠定基础。

　　本书从教学实际需求出发,结合初学者的认知规律,由浅入深、循序渐进地讲解数据库管理与开发过程中的基本原理。全书以数据库对象的基本操作为主线,将数据库设计原理、关系数据理论内容融入实际案例操作中讲解,能够让学习者在操作过程中进一步理解数据管理的基本理念、数据库的设计实现步骤和方法,以及数据库应用系统的开发方法,提高数据库设计与处理的能力,也可为后续课程的学习打下良好的基础。

　　本书体系完整、可操作性强,以大量的视频资源对重要的知识点进行操作示范,所有的例题全部通过实验环境调试,内容涵盖了开发数据库应用系统的全过程。

　　本书共分为 12 章,主要内容简单介绍如下:

　　第 1 章　数据库概述,介绍数据库的基础知识、数据模型和数据的三级模式二级映像。

　　第 2 章　MySQL 数据库基础,介绍 MySQL 8.0.28 的安装过程、数据库服务的启动与停止、数据库的基本操作。

　　第 3 章　数据表的操作,介绍 MySQL 数据表的创建和管理、基本数据类型、数据完整性的实现和数据的更新操作等内容。

　　第 4 章　数据完整性,介绍实体完整性、参照完整性、用户自定义完整性及相关约束机制。

　　第 5 章　数据查询,介绍 SELECT 语句的使用方法,包括简单查询、多表连接查询、子查询、数据查询与数据更新等。

　　第 6 章　索引及视图,介绍索引和视图的创建及管理,以及视图的应用等。

第 7 章　函数，主要介绍常量、变量、自定义函数创建和维护、MySQL 流程控制语句编程、系统函数、窗口函数等。

第 8 章　存储过程与触发器，介绍存储过程的创建、应用和管理，使用触发器维护数据一致性等内容。

第 9 章　事务的并发控制，介绍事务的并发处理机制和封锁协议。

第 10 章　关系数据理论，介绍了函数依赖、关系规范化基本过程、范式。

第 11 章　数据库设计，介绍了数据库设计的阶段及概念结构设计和逻辑结构设计等。

第 12 章　数据库的备份与恢复，介绍 MySQL 数据库的备份与恢复的基本理论和基本操作及 MySQL 日志文件管理。

本书第 1～12 章由徐彩云编写、统稿，杨彦编写了综合案例。

本书适合于计算机及相关专业的本科生和专科生教学使用，也可作为软件技术开发人员和数据库开发人员的技术参考书。希望本书的出版能够为计算机相关专业学生以及计算机爱好者提供一个快速学习数据库知识的渠道。

丰洪才教授在本书的总体设计和整体规划等方面提出了很多富有建设性的宝贵意见。在本书编写过程中，作者阅读参考了一些国内外的学术专著、教材、网站资料和最新的研究成果，再次向原作者表示诚挚的感谢！感谢武汉生物工程学院给予的大力支持，也感谢武汉软帝信息科技有限责任公司李杰老师对书稿内容进行把关。

为了方便教学，本书还配有电子课件等资料，任课教师可以发邮件至 hustpeiit@163.com 索取。

由于编者水平有限，书中疏漏在所难免，不足之处，敬请读者批评指正。

编者

目录

CONTENTS

第 1 章 数据库概述

数据库技术是现代信息科学与技术的重要组成部分,是计算机数据处理与信息管理系统的核心,是通过研究数据库的结构、存储、设计、管理以及应用的基本理论和实现方法,并利用这些理论来实现对数据库中的数据进行处理、分析和理解的技术。数据库技术研究并解决了计算机信息处理过程中大量数据有效地组织和存储的问题,在数据库系统中减少数据存储冗余、实现数据共享、保障数据安全以及高效地获取数据和处理数据。数年来,数据库技术和计算机网络技术的发展相互渗透,相互促进,已成为当今计算机领域发展迅速、应用广泛的领域。数据库技术不仅应用于事务处理,并且进一步应用到情报检索、人工智能、专家系统、计算机辅助设计等领域。

本章要点:
◆ 数据库基础知识
◆ 数据模型
◆ 关系数据库介绍

1.1 数据库基础知识

◆ 1.1.1 数据管理技术

数据管理技术是对数据进行分类、组织、编码、输入、存储、检索、维护和输出的技术。它是数据处理的中心问题。随着计算机技术的不断发展,在计算机硬件、软件发展的基础上,数据管理技术的发展大致经过了以下三个阶段:人工管理阶段、文件系统阶段、数据库系统阶段。

1.人工管理阶段

20世纪50年代以前,计算机主要用于科学计算。当时没有磁盘等直接存取设备,只有纸带、卡片、磁带等外存,也没有操作系统和管理数据的专门软件。数据处理的方式是批处理。人工管理阶段数据量小,数据不保存、不共享,数据无结构、由用户直接管理,且数据间缺乏逻辑组织,数据依赖于特定的应用程序,数据不具有独立性。

2.文件系统阶段

20世纪50年代后期到60年代中期,出现了磁鼓、磁盘等数据存储设备,也有了专门的数据管理软件——文件系统。文件系统是把计算机中的数据组织成相互独立的数据文件,系统可以按照文件的名称对其进行访问,对文件中的记录进行存取,并可以实现对文件的修改、插入和删除等。文件系统实现了记录内容的结构化,即给出了记录内各种数据间的关系。但是，文件从整体来看却是无结构的，其数据面向特定的应用程序，因此数据共享性差、数据独立性差、冗余度大、管理和维护的代价比较大。

3. 数据库系统阶段

20 世纪 60 年代后期，计算机管理的对象规模越来越大，应用范围越来越广，数据量急剧增长。为了满足和解决实际应用中多个用户、多个应用程序共享数据的要求，从而使数据能为尽可能多的应用程序服务，数据库技术便应运而生。

◆ 1.1.2　数据

数据是描述事物的符号记录，是数据库中存储的基本对象，也是客观事物的属性、数量、位置及其相互关系的抽象表示。它不仅指狭义上的数字，如 100、88、168、−99、5.21 等。广义上理解的数据种类很多，还可以是具有一定意义的文字、字母、数字符号的组合，如文本、图形、图像、视频、音频、学生的档案记录、货物的运输情况等，这些都是数据。

数据的表现形式还不能完全表达其内容，需要经过解释，例如，100 是一个数据，可以表示一门课程的成绩 100 分，可以是一件物品的价格 100 元，也可以是一个孩子的身高 100 厘米等。数据的解释是指对数据含义的说明，数据的含义也称数据的语义，数据与其语义是不可分的。

在日常生活中，人们可以直接用自然语言来描述事物。例如，描述某高校计算机学院一名学生的基本信息：李佳同学、女、2002 年 9 月 28 日出生、湖北省武汉市人、2020 年 9 月 1 日入学。在计算机中常常这样来描述：

（李佳，女，20020928，湖北省武汉市，计算机学院，20200901）

把这些数据的语义，即学生的姓名、性别、出生日期、籍贯、所在学院、入学时间等组织在一起，构成一条记录，描述学生的数据。同一个数据可以结合不同的语义，如老师的姓名、性别、毕业日期、工作地点、所在部门、入职时间等组织在一起，构成描述老师信息的数据。这样的数据是有组织结构的，是计算机存储数据的一种方法。

在计算机科学中，数据是所有能输入计算机并被计算机程序处理的符号介质的总称，是用于输入电子计算机进行处理，具有一定意义的数字、字母、符号和模拟量等的通称。计算机存储和处理的对象十分广泛，表示这些对象的数据也随之变得越来越复杂。

◆ 1.1.3　数据库

数据库（data base，简称 DB）是存储和管理数据的仓库，是长期存储在计算机内、有组织的、可共享的大量数据的集合。它产生于六十多年前，随着信息技术的发展，特别是 20 世纪 90 年代以后，数据管理不再仅仅是存储和管理数据，而转变成用户所需要的各种数据管理的方式。数据库有很多种类型，从最简单的存储各种数据的表格到能够进行海量数据存储的大型数据库系统，在各个方面得到了广泛的应用。在数据库容器中包含诸多的数据库对象，如表、视图、索引、函数、存储过程、触发器等。

◆ 1.1.4　数据库管理系统

数据库管理系统（data base management system，简称 DBMS）是一种操纵和管理数据库的大型软件，用于建立、使用和维护数据库，是位于用户与操作系统之间的一种数据管理软件。用户通过 DBMS 访问数据库中的数据,数据库管理员也通过 DBMS 进行数据库的维护工作。它可以使多个应用程序和用户用不同的方法在同时或不同时刻去建立、修改和访问数据库。

数据库管理系统的主要功能如下:

1)数据定义功能

DBMS 提供数据定义语言 DDL(data definition language),主要用于建立、修改数据库的数据对象的组成与结构,所描述的数据库框架信息被存放在数据字典(data dictionary,简称 DD)中。

2)数据操纵功能

DBMS 提供数据操纵语言 DML(data manipulation language),实现对数据库数据的基本存取操作:查询、插入、修改和删除等。

3)数据库运行管理

数据库的运行管理功能是 DBMS 的运行控制、管理功能,包括多用户环境下的并发控制、安全性检查、存取限制控制、完整性检查和执行、运行事务日志的组织管理、事务的管理和自动恢复等。

4)数据库的建立和维护功能

数据库的建立和维护功能包括数据库初始数据的装入、数据库的转储、恢复、重组织、系统性能监视、分析等功能。

5)数据库的传输

DBMS 具有与操作系统的联机处理、分时系统及远程作业输入的相关接口,负责处理数据的传送。网络环境下的数据库系统,还应该包括 DBMS 与网络中其他软件系统的通信功能、两个数据库管理系统的数据转换功能,以及异构数据库之间的互访和互操作功能。

6)数据库的保护

数据库中的数据是信息社会的战略资源,所以数据的保护至关重要。DBMS 对数据库的保护通过四个方面来实现:数据库的恢复、数据库的并发控制、数据库的完整性控制、数据库安全性控制。DBMS 的其他保护功能还有系统缓冲区的管理以及数据存储的某些自适应调节机制等。

◆ 1.1.5 数据库系统

数据库系统(data base system,简称 DBS),是为适应数据处理的需要而发展起来的一种较为理想的数据处理系统,是存储介质、处理对象和管理系统的集合体,也是一个软件系统。数据库系统通常由软件、硬件、数据库、数据库管理员、程序设计员、用户组成,如图 1-1 所示。其软件主要包括操作系统、各种宿主语言、实用程序、程序开发工具以及数据库管理系统。数据库由数据库管理系统统一管理,数据的插入、修改和检索均要通过数据库管理系统完成。数据管理员负责创建、监控和维护整个数据库,使数据能够被任何有权限的用户使用。数据库系统主要有以下特点:

1. 数据结构化

数据库中的数据是按照一定的数据模型组织、描述和存储的,称为数据结构化。数据库系统实现整体数据的结构化,是数据库的主要特征之一。存取数据的方式灵活,可以存取数

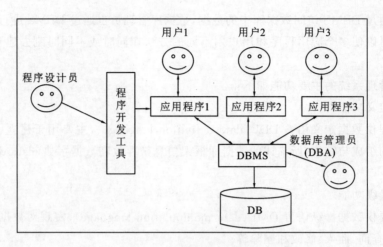

图 1-1　数据库系统组成

据库中某一个或一组数据项、一条记录或一组记录。

2. 数据的共享性高、数据冗余度低

数据库系统从整体角度看待和描述数据，数据不再面向某个应用，而是面向整个系统。因此，数据可以被多个用户、多个应用共享使用。数据共享可以大大减少数据冗余，节约存储空间。数据共享还能够避免数据之间的不一致性。所谓数据的不一致性，是指同一数据在不同副本的值不一样。

3. 数据的独立性高

数据独立性是指数据库的数据独立于应用程序，即数据的逻辑结构、存储结构与存储方式的改变不影响应用程序。数据独立性是数据库领域的一个重要概念，包括物理独立性和逻辑独立性。

物理独立性是指用户的应用程序与存储在磁盘上的数据库中数据是相互独立的。也就是说，数据在磁盘上怎样存储由数据库管理系统统一管理，应用程序不需要了解，应用程序处理的只是数据的逻辑结构，当数据的物理存储改变时，应用程序不需要改变。

逻辑独立性是指用户的应用程序与数据的逻辑结构是相互独立的。也就是说，当数据的逻辑结构改变时，应用程序也可以不变。

数据独立性是由数据库管理系统提供的二级映像功能来保证的，数据独立性越高，应用程序的编制越简化，也大大减少了应用程序维护和修改等工作。数据库系统阶段应用程序和数据库之间的关系如图 1-2 所示。

4. 数据由数据库管理系统统一管理和控制

数据库的共享将会带来数据库的安全隐患，而数据库的共享是并发的共享，即多个用户可以同时存取数据库中的数据，甚至可以同时存取数据库中同一个数据，这又会带来不同用户间相互干扰的隐患。另外，数据库中数据的正确性与一致性也必须得到保障。为此，数据库管理系统还必须提供以下几方面的数据控制功能。

1）数据的安全性保护

数据的安全性是指保护数据以防止不合法使用造成的数据泄密和破坏。每个用户只能按规定对某些数据以某些方式进行使用和处理。

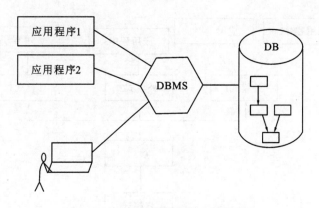

图 1-2　应用程序与数据库之间的关系

2）数据的完整性检查

数据的完整性指数据的正确性、有效性和相容性。完整性检查将数据控制在有效的范围内,并保证数据之间满足一定的关系。

3）并发控制

当多个用户的并发进程同时存取、修改数据库时,可能会发生相互干扰而得到错误的结果或使得数据库的一致性遭到破坏,因此必须对多用户的并发操作加以控制和协调。

4）数据库恢复

数据库恢复是指由数据库管理系统将数据库从错误的状态恢复到某个正确的状态。数据库系统在运行过程中由于计算机系统的硬件故障、软件故障、操作员的失误以及非法用户的故意破坏等影响了数据的正确性,甚至造成部分数据或全部数据丢失。这就要求 DBMS 必须具有数据库恢复功能。

◆　1.1.6　数据库系统的结构

从系统角度看,数据库系统内部的系统结构通常采用三级模式结构,即外模式、模式和内模式,如图 1-3 所示。

1. 模式

模式（schema）也称逻辑模式,是数据库中全体数据的逻辑结构和特征的描述,是所有用户的公共数据视图。模式是数据库的中心与关键,它不涉及数据的物理存储细节和硬件环境,与具体的应用程序、所使用的应用开发工具及高级程序设计语言无关。

特点:

①是数据库数据在逻辑级上的视图;

②一个数据库只有一个模式;

③数据库模式以某一种数据模型为基础;

④定义模式时不仅要定义数据的逻辑结构（如数据记录由哪些数据项构成,数据项的名字、类型、取值范围等）,而且要定义与数据有关的安全性、完整性要求,定义数据之间的联系。

2. 外模式

外模式也称子模式或用户模式,是数据库用户（包括应用程序员和最终用户）能够看见

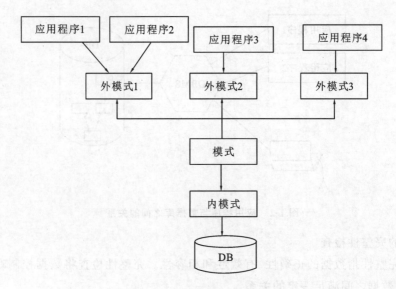

图 1-3　数据库系统的三级模式

和使用的局部数据的逻辑结构和特征的描述,是数据库用户的数据视图,是与某一应用有关的数据的逻辑表示。外模式介于模式和应用程序之间,是特定数据库用户的数据视图。它面向具体的应用程序,定义在模式之上,但独立于存储结构和存储设备。通常,外模式是模式的子集。一个数据库可以有多个外模式,一个外模式被多个应用程序所使用,但是一个应用程序只能使用一个外模式。

特点:

①一个数据库可以有多个外模式;

②外模式就是用户视图;

③外模式是保证数据安全性的一种有力措施。

3. 内模式

内模式(internal schema)也称存储模式,它是数据物理结构和存储方式的描述,是数据在数据库内部的表示方式,一个数据库只有一个内模式。例如:记录的存储方式是顺序存储、按照 B 树结构存储还是按 HASH 方法存储;索引按照什么方式组织;数据是否压缩存储、是否加密;数据的存储记录结构有何规定等。

4. 数据库的二级映像与数据独立性

数据库系统的三级模式是数据库在三个级别（层次）上的抽象,使用户能够逻辑地、抽象地处理数据,而不必关心数据在计算机中的具体表示和存储方式。为了能够在内部实现这三个抽象层次的联系和转换,数据库管理系统在这三级模式之间提供了两层映像:外模式/模式映像和模式/内模式映像。所谓映像是一种对应规则,它指出了映像双方是如何转换的。数据库的三级模式结构之间是依靠映像来联系和转换的。

1）外模式/模式映像

外模式/模式映像定义外模式与模式之间的对应关系,建立外模式中的数据对象与模式中的数据对象之间的对应关系。模式描述数据的全局逻辑结构,外模式描述数据的局部逻辑结构,一个模式可以有任意多个外模式,每一个外模式都有一个对应的外模式/模式映像,外模式/模式映像可以保证外模式的相对稳定性。

当数据库模式改变时,由数据库管理员对各个外模式/模式的映像做相应改变,可以使外模式保持不变,访问外模式的应用程序不需要改变,保证数据与应用程序的逻辑独立性。

2)模式/内模式映像

模式/内模式映像定义数据全局逻辑结构与存储结构之间的对应关系。数据库中的模式/内模式映像是唯一的。当数据库的存储结构改变时,由数据库管理员改变模式/内模式映像,可以使得模式保持不变,那么定义在模式上的外模式也不变,则应用程序也可以不变,保证了数据与应用程序的物理独立性。

数据与应用程序之间的独立性,是把数据的定义从程序中分离出去,加上数据的存取又由数据库管理系统负责,从而简化了应用程序的编制,大大减少了应用程序的维护和修改。

1.2 数据模型

在数据库中用数据模型这个工具来抽象、表示和处理现实世界中的数据和信息。通俗地讲,数据模型就是现实世界的模拟。数据模型是数据特征的抽象,它从抽象层次上描述了系统的静态特征、动态行为和约束条件,为数据库系统的信息表示与操作提供一个抽象的框架。

数据模型是专门用来抽象、表示和处理现实世界中的各种数据和信息的工具。计算机系统是不能直接处理现实世界的,现实世界只有数据化后,才能由计算机系统来处理这些代表现实世界的数据。为了把现实世界的具体事物及事物之间的联系转换成计算机能够处理的数据,必须用某种数据模型来抽象和描述这些数据。现有的数据库系统均是基于某种数据模型的。因此,了解数据模型的基本概念是学习数据库的基础。

◆ 1.2.1 数据模型的组成要素

数据模型通常由数据结构、数据操作和数据完整性的约束条件三部分组成。

1. 数据结构

数据结构主要描述数据的类型、内容、性质以及数据间的联系等。数据结构是数据模型的基础,数据操作和约束都建立在数据结构上。不同的数据结构具有不同的操作和约束。

2. 数据操作

数据操作主要描述在相应的数据结构上的操作类型和操作方式。数据库主要有两大类操作:数据查询和数据更新(数据插入、数据删除、数据修改)。

3. 数据约束

数据完整性的约束条件,即数据约束,主要描述数据结构内数据的语法、词义联系、它们之间的制约和依存关系,以及数据动态变化的规则,以保证数据的正确性、有效性和相容性。

◆ 1.2.2 常用数据模型

对于使用对象不同和应用目的不同应采用不同的数据模型。不同的数据模型使用模型化数据和信息的工具不同。根据模型的不同应用,可将模型分为两类,分别属于两个不同的层次。

1.概念模型

概念模型也称信息模型，介于现实世界与机器世界中间，是一种独立于计算机系统的数据模型。完全不涉及数据在计算机中的表示，只是用于描述某个特定组织所关心的数据结构。概念模型是按用户的需求对数据建模，强调其语义表达能力，概念应该简单、清晰、易于用户理解。它是对现实世界的第一层抽象，是用户和数据库设计人员之间进行交流的工具。这类模型中最常用的是实体联系模型（详细讲解见 11.3 章节）。

2.数据模型

数据模型包括网状模型、层次模型和关系模型等，是以计算机系统的观点对数据建模，是直接面向数据库的逻辑结构，是对现实世界的第二层抽象。这类模型直接与数据库管理系统 DBMS 有关，称为逻辑数据模型，简称逻辑模型，又称结构模型。数据发展过程中产生过三种基本的数据模型，它们是层次模型、网状模型和关系模型。

1）层次模型

层次模型：将数据组织成一对多关系的结构，用树形结构表示实体及实体间的联系。例如使用层次模型描述某学院人员管理数据库，如图 1-4 所示。

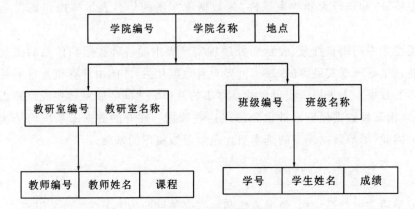

图 1-4　层次模型

特点：结构清晰，便于观看实体间的联系；操作简单；查询效率高；结构灵活性差，更新或修改一个实体，会影响到其他的数据，加大了 DBMS 的管理负担。

2）网状模型

网状模型：用连接指令或指针来确定数据间的网状连接关系，是具有多对多类型的数据组织方式。例如使用网状模型描述教学管理系统，如图 1-5 所示。

特点：能够更直接地描述现实世界；存取效率较高；结构比较复杂、不易掌握；数据库维护重建难度大。

3）关系模型

1970 年美国 IBM 公司 San Jose 研究室的研究员 E.F.Codd 首次提出了数据库系统的关系模型，开创了数据库的关系方法和关系数据理论的研究，为数据库技术奠定了理论基础。由于 E.F.Codd 的杰出工作，他于 1981 年获得 ACM 图灵奖。20 世纪 80 年代以来，计算机厂商新推出的数据库管理系统几乎都支持关系模型，非关系系统的产品也大都加上了关系接口。

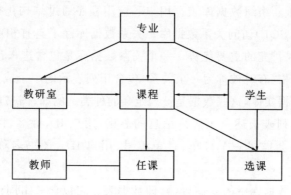

图 1-5　网状模型

关系模型以记录组或数据表的形式组织数据,以便于利用各种实体与属性之间的关系进行存储和变换,不分层也无指针,是建立空间数据和属性数据之间关系的一种非常有效的数据组织方法。

关系模型的基本概念:

(1)关系。一个关系对应着一张二维表,二维表的表名就是关系名。

(2)元组。在二维表中的一行,称为一个元组。

(3)属性。在二维表中的列,称为属性。属性的个数称为关系的元或度。列的值称为属性值。

(4)域。属性值的取值范围为值域。

(5)分量。每一行对应的列的属性值,即元组中的一个属性值。

(6)关系模式。在二维表中的行定义,即对关系的描述称为关系模式。一般表示为:

关系名(属性 1,属性 2,…属性 n)

如教师的关系模型可以表示为:

教师(教师号,姓名,性别,年龄,职称,所在系)

(7)候选码。若关系中的某一个属性组的值能唯一地标识一个元组,而其子集则不能,则称该属性组为候选码。

(8)主码。若一个关系中有多个候选码,则选定其中一个为主码。包含在任何一个候选码中的属性,称为主属性,不包含任何一个候选码中的属性称为非主属性。例如学生的学号是主码,也是主属性,因为它是唯一标识一个学生信息的属性。主码不一定只有一个属性,主码也可以是一个或者多个属性的组合。

(9)外码。如果一个关系中的一个属性值引用了另外一个关系中候选码的值,则该属性称为外码。

1.3　关系数据库

◆　1.3.1　关系数据库相关术语

采用关系模型的数据库称为关系数据库(relational database,简称 RDB)。所谓的"关系",实质上是一张二维表。它由行和列组成。表格中的数据能以许多不同的方式被存取或重新召集，而不需要重新组织数据库表。用户和应用程序通过结构化查询语言（structured query language，简称 SQL）访问关系数据库。关系数据库除了具有相对容易创建和存取的优势之外，还具有容易扩充的重要优势。一个关系数据库是包含进入预先定义的种类之内的一组表格。每个表格（有时被称为一个关系）包含用列表示的一个或更多的数据种类。每行包含一个唯一的数据实体，这些数据是被列定义的种类。例如，图书在线销售数据库中的订单条目数据库会以列表描述一个客户信息的表格：用户 ID、姓名、性别、住址、联系方式等。另外的一张表格会描述一个订单：订单编号、用户 ID 、图书名称、订购日期、销售价格等。

表是数据在一个数据库中的存储容器，即数据表。它包含一组固定的列。表中的列描述该表所跟踪实体的属性。用户信息表如表 1-1 所示。

表 1-1　用户信息表

用户 ID	姓　　名	性　　别	住　　址	联系方式
95001	刘晨	男	武汉市	13812341244
95002	王敏	女	北京市	13612121212
95003	张力	男	呼和浩特市	18800008888
95004	张三	女	青海市	16818101168

一般数据表的术语有：

表名：一张表的名称，一个数据库中不能有同名表存在。

记录：表中的一行数据称为一条记录。

字段：表中一列为一个字段。

字段名：表中的列名，每个字段名在一张表中是唯一的。

主键：能唯一标识一条记录的字段或字段组合，即表中的关键字段。有时，多个字段被设为主键。

外键：一张表中的字段 A 恰好引用了另外一张表的字段 B 的值（该字段 B 通常是主键，如果字段 B 的值是唯一的也可以被引用），那么该字段 A 就是本表的外键。

数据表与关系的术语对比如表 1-2 所示。

表 1-2　数据表与关系的术语对比

关 系 术 语	表 的 术 语
关系名	表名
关系模式	表结构（表格的描述）
关系	（一张）二维表
元组	记录或行
属性	字段（列）

续表

关 系 术 语	表 的 术 语
属性名	字段名(列名)
属性值	字段值
主码	主键
外码	外键
分量	一条记录中的一个字段值

◆ 1.3.2 关系数据库的特点

1. 关系数据库的优点

①结构简单明了。二维表结构是非常贴近逻辑世界的概念,关系模型相对网状、层次等其他模型来说更容易理解。

②数据独立性比较强。

③操作方便。通用的 SQL 语言使得操作关系数据库非常方便。

④易于维护。丰富的完整性(实体完整性、参照完整性和用户定义的完整性)大大降低了数据冗余和数据不一致的概率。

2. 关系数据库的瓶颈

①高并发读写需求。网站的用户并发性非常高,往往达到每秒上万次读写请求,对于传统关系数据库来说,硬盘 I/O 是一个很大的瓶颈。

②海量数据的高效率读写。网站每天产生的数据量是巨大的,对于关系数据库来说,在一张包含海量数据的表中查询,查询效率是非常低的。

③扩展性和可用性。关系数据库具有固定的表结构,在基于 Web 的结构当中,数据库是最难进行横向扩展的。当一个应用系统的用户量和访问量与日俱增的时候,数据库却没有办法像 Web Server 和 App Server 那样简单地通过添加更多的硬件和服务结点来扩展性能和负载能力。对于很多需要提供 24 小时不间断服务的网站来说,对数据库系统进行升级和扩展是非常痛苦的事情,往往需要停机维护和数据迁移。

④事务一致性。关系数据库在对事务一致性的维护中有很大的开销,而现在很多 Web 系统对事务的读写一致性都不高。

⑤读写实时性。对关系数据库来说,插入一条数据之后立刻查询,是肯定可以读出这条数据的,但是对于很多 Web 应用来说,并不要求这么高的实时性,比如发一条消息之后,过几秒乃至十几秒之后才看到这条动态是完全可以接受的。

⑥复杂 SQL 语句。任何大数据量的 Web 系统,都非常忌讳多个大表的数据关联查询,以及复杂的数据分析、复杂的 SQL 报表查询,特别是 SNS 类型的网站。

习题

一、单选题

1. 下列选项中，哪种说法不正确？（   ）

A. 一个数据库有多个模式

B. 一个应用程序只能使用一个外模式

C. 一个数据库可以有多个外模式

D. 一个数据库只有一个内模式

2. （   ）不是 DBA 数据库管理员的职责。

A. 完整性约束说明   B. 定义数据库模式

C. 数据库安全   D. 数据库管理系统设计

3. 提供数据定义语言功能的是（   ）。

A. DB   B. DBMS   C. DBS   D. DBA

4. 关系模型中的任意属性（   ）。

A. 不可再分   B. 可再分

C. 名称在该关系模式中可以不唯一 D. 以上都不对

5. 要保证数据库的数据独立性，需要修改的是（   ）。

A. 模式与内模式   B. 模式与外模式

C. 三层模式之间的两种映像   D. 三层模式

6. （   ）是长期存储在计算机内的有组织、可共享的数据集合。

A. 数据库管理系统   B. 数据库系统

C. 数据库   D. 文件组织

7. 在数据库中存储的是（   ）。

A. 数据   B. 数据模型

C. 数据以及数据之间的联系   D. 信息

8. 数据库系统阶段，数据（   ）。

A. 具有物理独立性，没有逻辑独立性

B. 具有物理独立性和逻辑独立性

C. 独立性差

D. 具有高度的物理独立性和一定程度的逻辑独立性

二、填空题

1. 外模式/模式映像体现了数据与程序的_____独立性。

2. 内模式/模式映像体现了数据与程序的_____独立性。

三、简答题

1. 简述数据、数据库、数据库管理系统、数据库系统的概念。

2. 论述数据库系统的特点。

3. 什么是数据独立性？

4.数据库管理系统的功能有哪些？

5.论述数据库系统的三级模式结构，并说明这种结构的优点是什么。

6.关系数据库的优点有哪些？

7.关系数据库的缺点有哪些？

第2章 MySQL 数据库基础

基于 Web 应用，MySQL 数据库是最好的关系数据库管理系统之一。本章以 MySQL 8.0.28 为实验环境实现数据库的基本操作。

本章要点：

◆ MySQL 数据库简介
◆ MySQL 实验环境的安装与配置
◆ MySQL 服务的启动与停止
◆ MySQL 客户端
◆ 数据库操作
◆ 存储引擎

2.1 MySQL 数据库简介

2.1.1 了解 MySQL

MySQL 是瑞典的 MySQL AB 公司开发的一个可用于各种操作系统平台的关系数据库管理系统（relational database management system，简称 RDBMS），是一种开源软件。2008 年 1 月 16 日被 Sun 公司收购，2009 年 Sun 公司又被 Oracle 公司收购。目前属于 Oracle 旗下产品。MySQL 完全适用于网络环境，用其建造的数据库可在因特网上的任何地方访问，因此，可以和网络上任何地方的任何人共享数据库。MySQL 具有功能强、使用简单、管理方便、运行速度快、可靠性高、安全保密性强等优点。MySQL 用 C 和 C++编写，它可以工作在许多平台（UNIX、Linux、Windows）上，提供了针对不同编程语言（C、C++、Java 等）的 API 函数；使用核心线程实现多线程，能够很好地支持多 CPU；提供事务和非事务的存储机制；快速的基于线程的内存分配系统；MySQL 采用双重许可，用户可以在 GNU 许可条款下以免费软件或开放源码软件的方式使用 MySQL 软件，也可以从 Oracle 公司获得正式的商业许可。到目前为止，MySQL 是最流行的关系数据库管理系统之一，在 Web 应用方面，MySQL 是最好的 RDBMS 应用软件。MySQL 所使用的 SQL 是用于访问数据库的最常用标准化语言。

SQL 是世界上最流行的标准化数据库语言，它使得存储、更新和存取数据更加容易。

2.1.2 MySQL 的体系结构

MySQL 具有客户机/服务器体系结构的分布式数据库管理系统，采用的是客户机/服务器体系结构。它由一个服务器守护程序 mysqld 和许多不同的客户程序以及库组成。MySQL 是一个真正的多用户、多线程数据库服务器。在使用 MySQL 存取数据时,必须至少使用两个或者说两类程序:

数据库服务器:一个位于存放数据的主机上的程序。数据库服务器监听从网络上传过来的客户机请求并根据这些请求访问数据库的内容,以便向客户机提供它们所要求的信息。

客户机:连接到数据库服务器的程序。这些程序是用户和服务器交互的工具,告诉服务器需要什么信息的查询。

MySQL 分发包包括服务器和几个客户机程序。可根据要达到的目的来选择使用客户机。最常用的客户机程序为 mysql,这是一个交互式的客户机程序,它能发布查询并看到结果。其他的客户机程序有:

mysqldump:用于导出表的内容到某个文件。

mysqlimport:用于将文件的内容导入某个表。

mysqladmin:用来查看服务器的状态并完成管理任务,如告诉服务器关闭、重启服务器、刷新缓存等。

MySQL 的客户机/服务器体系结构具有如下优点:

(1)服务器提供并发控制,使两个用户不能同时修改相同的记录。所有客户机的请求都通过服务器处理,服务器分类辨别谁准备做什么、何时做。如果多个客户机希望同时访问相同的表,它们不必互相裁决和协商,只要发送自己的请求给服务器并让它仔细确定完成这些请求的顺序即可。

(2)不必在数据库所在的机器上注册。MySQL 可以非常出色地在因特网上工作,因此用户可以在任何位置运行一个客户机程序,只要此客户机程序可以连接到网络上的服务器。

当然不是任何用户都可以通过网络访问 MySQL 服务器。MySQL 含有一个灵活而又有成效的安全系统,只允许那些经过验证后有权限访问数据的用户访问。

2.1.3 MySQL 的特性

MySQL 的主要目标是快速、健壮和易用。MySQL 软件采用了双授权政策,分为社区版和商业版,由于其体积小、速度快、总体拥有成本低,尤其是开放源代码这一特点,一般中小型网站的开发都选择 MySQL 作为网站数据库。其社区版的性能卓越,搭配 PHP 和 Apache 可组成良好的开发环境。主要特性如下:

(1)使用 C 和 C++编写,并使用了多种编译器进行测试,保证了源代码的可移植性。

(2)支持 AIX、FreeBSD、HP-UX、Linux、Mac OS、Novell NetWare、OpenBSD、OS/2 Wrap、solaris、Windows 等多种操作系统。

(3)为多种编程语言提供了 API。这些编程语言包括 C、C++、Python、Java、Perl、PHP、Eiffel、Ruby、. NET 和 Tcl 等。特别是 MySQL 对 PHP 有很好的支持,PHP 是比较流行的 Web 开发语言。

(4)提供多语言支持,常见的编码如中文的 UTF8、GB 2312、BIG5,日文的 Shift_JIS 等都可以用作数据表名和数据列名。

(5)提供 TCP/IP、ODBC 和 JDBC 等多种数据库连接途径。

(6)提供用于管理、检查、优化数据库操作的管理工具。

(7)支持大型的数据库。可以处理拥有上千万条记录的大型数据库,支持多种存储引擎。

(8)MySQL 使用标准的 SQL 数据语言形式。优化的 SQL 查询算法,有效地提高了查询速度。

(9)服务器可作为单独程序运行在客户端/服务器联网环境下,也可以作为一个库而嵌入其他独立的应用程序中使用。

◆ 2.1.4 MySQL 8.0 的新特性

(1)新增了事务类型的数据字典:所有的元数据信息都用 InnoDB 存储引擎进行存储。8.0 之前的版本中,Server 层和 InnoDB 引擎层有两套数据字典表。其中 Server 层部分的数据字典,存储在. frm 文件里面。而 InnoDB 存储引擎层也有自己的数据字典表,在 information_schema 库下面的 tables 表中进行存储。

(2)配置持久化。MySQL 的设置可以在运行时通过 SET GLOBAL 命令来更改,但是这种更改只会临时生效,到下次启动时数据库又会从配置文件中读取。MySQL 8.0 新增了 SET PERSIST 命令"set persist sync_binlog=1;",MySQL 会将该命令的配置保存到数据目录下的 mysqld-auto. cnf 文件中,下次启动时会读取该文件,用其中的配置来覆盖缺省的配置文件。

(3)字符集:从 MySQL 8.0 开始,数据库的缺省编码将改为 utf8mb4,这个编码包含了所有字符。

(4)隐藏索引:在 MySQL 8.0 中,索引可以被"隐藏"和"显示",开始支持 invisible index。在优化 SQL 的过程中可以设置索引不可见,MySQL 优化器便不会利用不可见索引。使用这个特性可以进行性能调试,例如先隐藏一个索引,然后观察其对数据库的影响。如果数据库性能有所下降,说明这个索引是有用的,然后将其"恢复显示"即可;如果数据库性能看不出变化,说明这个索引是多余的,可以考虑删掉。

(5)窗口函数(window functions):从 MySQL 8.0 开始,新增了一个叫窗口函数的概念,它可以用来实现若干新的查询方式。窗口函数与 SUM()、COUNT() 等集合函数类似,但它不会将多行查询结果合并为一行,而是将结果放回多行当中,即窗口函数不需要 GROUP BY。

(6)通用表表达式(common table expressions,CTE):在复杂的查询中使用嵌入式表时,使用 CTE 使得查询语句更清晰。

(7)安全性:对 OpenSSL 的改进、新的默认身份验证、SQL 角色、密码强度、授权。

2.2 MySQL 数据库的安装与配置

本书是在 Windows 10 操作系统环境下安装的,首先从官网下载 MySQL 8.0.28 安装包,下载网址为 https://dev. mysql. com/downloads/windows/installer/ ,如图 2-1 所示。

数据库安装

图 2-1　下载 MySQL 8.0.28

可直接下载 435.7M 的 msi 文件（要先注册成为 Oracle 的会员）。安装步骤如下：

（1）双击安装包图标进入安装界面，如图 2-2 所示。

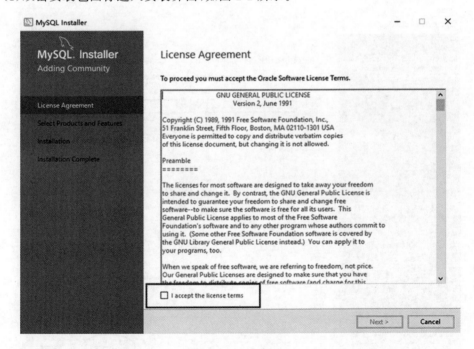

图 2-2　安装界面

（2）点击图中的"I accept the license terms"（勾选同意协议）后，点击"Next"按钮，进入下一步，如图 2-3 所示。

（3）点击"MySQL Servers"（展开），将 MySQL 8.0.28 版本需要的文件添加到右侧，如图 2-4 所示。点击"Next"按钮，进入下一步，如图 2-5 所示。

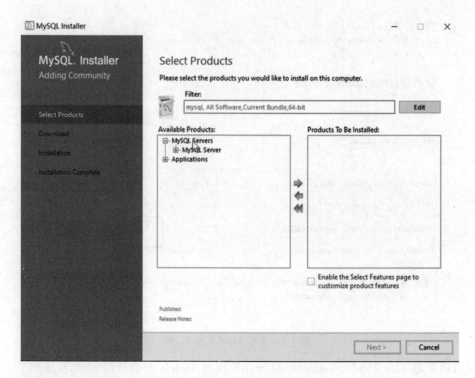

图 2-3　MySQL 8.0.28 的版本安装

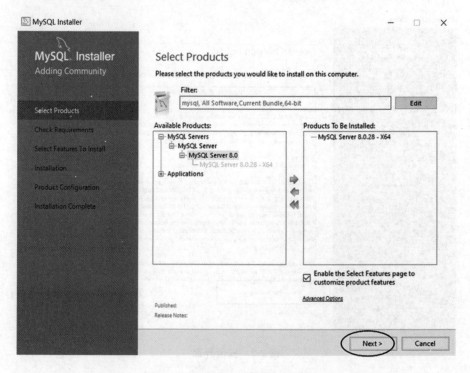

图 2-4　将需要的文件添加到右侧

　　(4)点击"Next"按钮，安装过程会自动检测 MySQL 8.0.28 所需的其他环境，如果本机上没有 Microsoft Visual C++ 2019 的文件，需要将本机连入计算机网络，下载程序后安装，如图 2-6 所示。

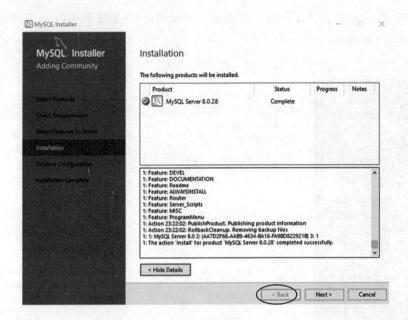

图 2-5 安装

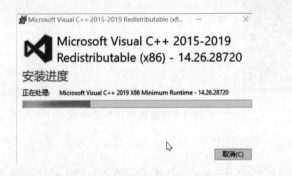

图 2-6 安装 Visual C++ 2019

(5)在后面的安装过程中,均选择默认选项,直到出现图 2-7 所示的界面。

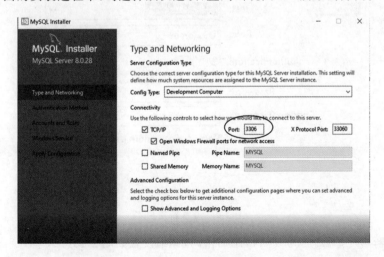

图 2-7 服务器配置

(6)如果已安装其他版本的 MySQL,端口位置会出现黄色感叹号。此时,可将端口号改为 3308、3307 或 3309 后进入下一步。配置用户登录密码，设置密码为"root"，两次输入的密码要一致，如图 2-8 所示。

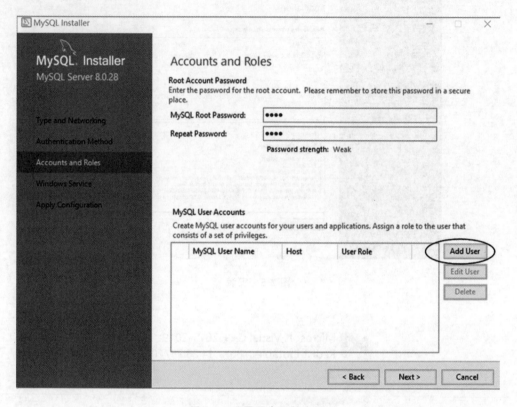

图 2-8　设置用户登录密码

（7）需要创建新用户，点击图 2-8 中的"Add User"按钮，进入图 2-9 所示的界面。

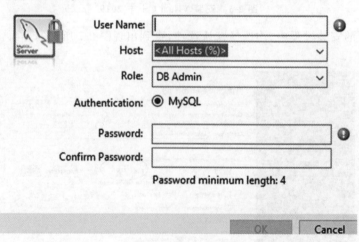

图 2-9　设置新用户

（8）创建新用户，用户名为 user1，添加密码，详细设置如图 2-10 所示。

（9）点击"OK"按钮后进入配置 Windows Service 界面，如图 2-11 所示。

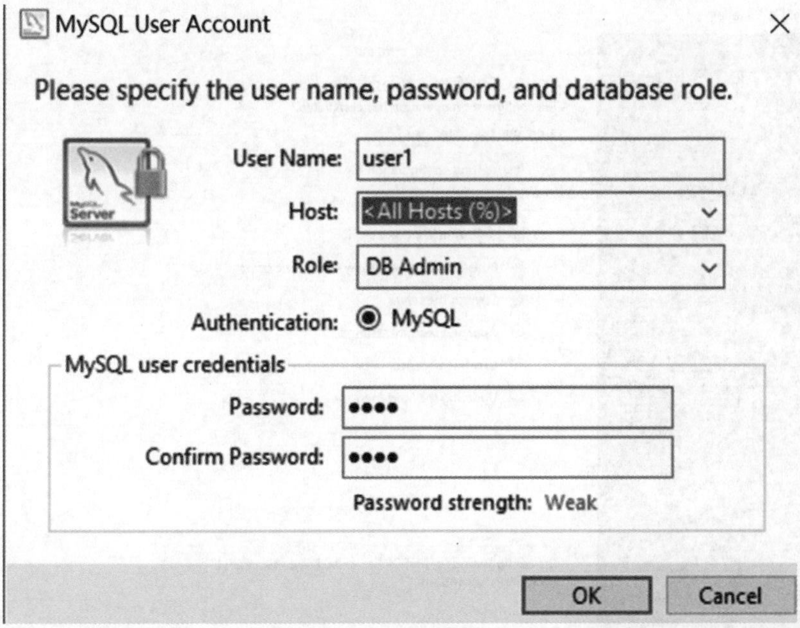

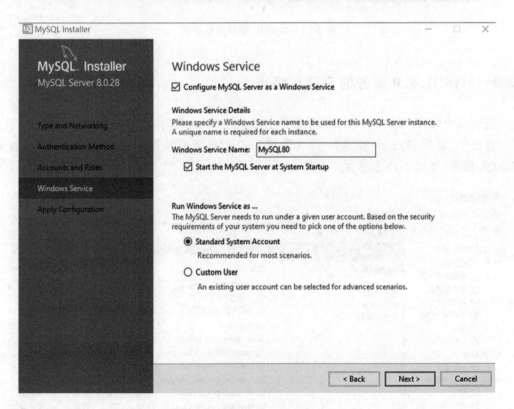

图 2-10　用户详细设置

图 2-11　配置 Windows Service

（10）在后面的安装过程中，均设置默认值，依次点击"Next"按钮，直到安装完成。安装完成的界面如图 2-12 所示。点击"Finish"按钮，安装完毕。

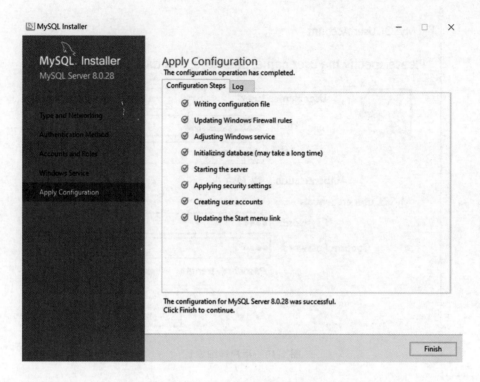

图 2-12　MySQL 安装完成界面

2.3　MySQL 8.0 服务的启动与停止

安装成功后，先查看 MySQL 的服务是否已经启动，常用的方法有三种：

方法一：鼠标右击"计算机"->"管理"->"服务和应用程序"->"服务"。找到 MySQL 服务，如图 2-13 所示。

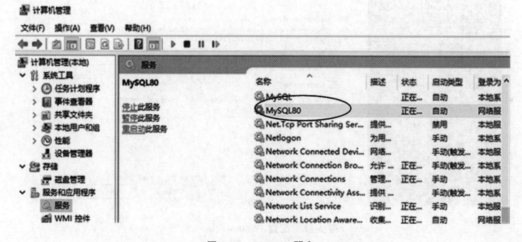

图 2-13　MySQL 服务

点击服务的启动类型，可以设置为手动或自动，在不需要服务时也可将服务停止，如图 2-14 所示。

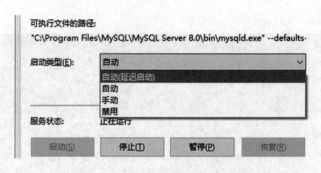

图 2-14　MySQL 服务的启动类型设置

　　方法二：点击"开始"菜单－＞"运行"－＞输入"cmd"，进入命令提示符窗口，输入 net start　mysql，按下 Enter 键，启动 MySQL 服务；输入 net　stop　mysql，按下 Enter 键，停止 MySQL 服务。

　　方法三：启动任务管理器－＞ 点击"服务"选项卡，设置启动或停止 MySQL 服务。

2.4　MySQL 客户端

　　MySQL 数据库的体系结构是客户端/服务器。MySQL 安装后服务默认已启动，用户需要登录客户端连接 MySQL 服务，才能访问数据库实例。所有的数据库操作及管理功能都通过 SQL 语句完成。由于 MySQL 的知名度日益增加，许多第三方软件公司推出了 MySQL 在 Windows 环境中的具有图形界面的支持软件，如 EMS 公司的 EMS MySQL Manager 就提供了 Windows 形式的 MySQL 数据库操作功能。当然，MySQL 数据库的客户端有多种：MySQL 8.0 自带的客户端；Windows 操作系统环境下的命令提示符；第三方可视化工具，如 Navicat、MySQL-Front 和 phpMyAdmin 等。

2.4.1　MySQL 8.0 自带的客户端

　　点击"开始"菜单，选择程序列表中的 MySQL 8.0 Command Line Client，打开 MySQL 8.0 客户端之后，输入安装时设置的密码"root"，如图 2-15 所示，已经成功连接 MySQL 服务。

2.4.2　命令提示符客户端

　　首先打开命令提示符窗口，然后在 mysql 安装目录下找到 bin 文件，将地址路径复制到命令提示符窗口中按"Enter"键，再键入命令。

　　格式为：mysql -h 主机地址 -P 端口地址 -u 用户名 -p 用户密码

　　操作步骤：点击"开始"菜单－＞"运行"－＞输入"cmd"，进入命令提示符窗口后，输入："cd　C:\Program Files\MySQL\MySQL Server 8.0\bin"，回车后输入命令"mysql -h localhost -P 3306 -u root -p＊＊＊＊"。当 MySQL 客户端与 MySQL 服务器是同一台主机时，主机名可以使用 localhost(或者 127.0.0.1)，如图 2-16 所示。

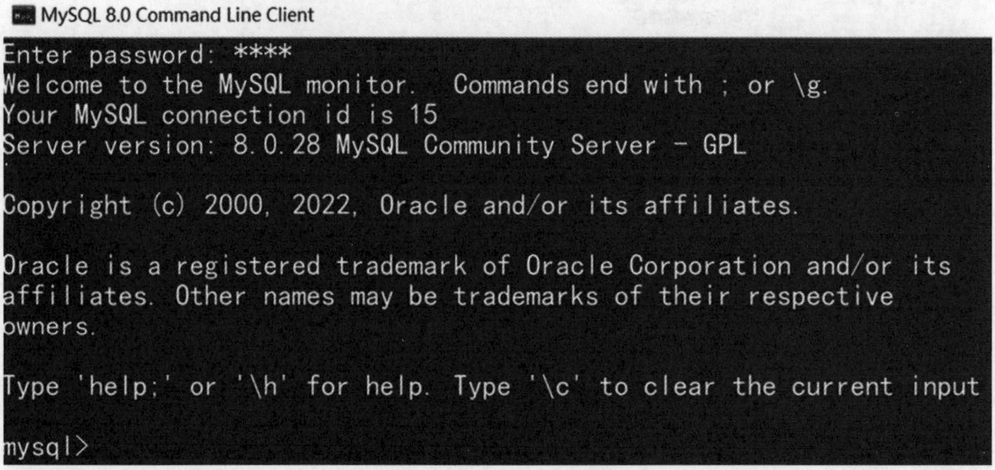

图 2-15　MySQL 客户端

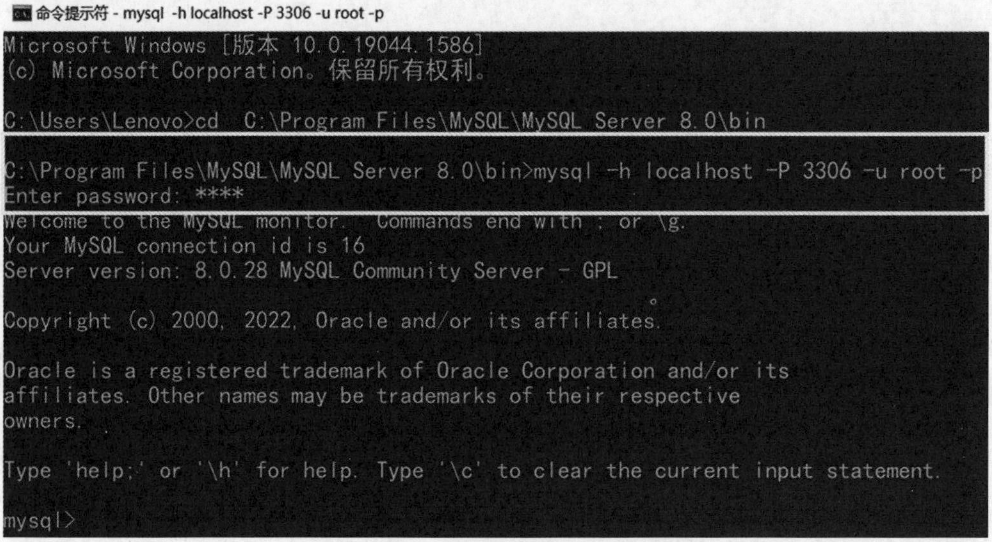

图 2-16　命令提示符连接 MySQL 服务器

2.5　数据库基本操作

数据库是存储数据库对象的容器，MySQL 数据库基本操作主要包括查看数据库、创建数据库、选择当前数据库、删除数据库等内容。

2.5.1　查看数据库

用户在创建数据库之前，先查看当前服务器上存在哪些数据库，是否已经存在要创建的数据库。因为服务器上的数据库名称不能同名。查看数据库的语法结构如下：

show databases；

运行后结果如图 2-17 所示。

information_schema：信息数据库，保存着关于 MySQL 服务器所维护的所有其他数据

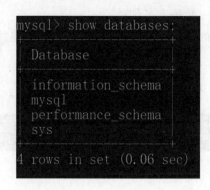

图 2-17   查看数据库

库的信息,如数据库名、数据库的表、字段的数据类型与访问权限等。在 information_
schema 中,有数个只读表。它们实际上是视图,而不是基本表,因此,用户无法看到与之相
关的任何文件。

mysql:MySQL 的核心数据库,主要负责存储数据库的用户、权限设置、关键字等,是
MySQL 使用的控制和管理信息,用户不可以删除此数据库。

performance_schema:主要用于收集数据库服务器性能参数。performance_schema 提
供以下功能:

(1)提供进程等待的详细信息,包括锁、互斥变量、文件信息;

(2)保存历史的事件汇总信息,为提供 MySQL 服务器性能做出详细的判断;

(3)能非常容易地新增和删除监控事件点,并可以随意改变 MySQL 服务器的监控
周期。

sys:通过视图的形式把 information_schema 和 performance_schema 结合起来,能查询
出让人容易理解的数据。sys 数据库里面包含了一系列的存储过程、自定义函数以及视图来
帮助用户快速地了解系统的元数据信息。

2.5.2   创建数据库

创建数据库时,MySQL 服务器会在它的数据目录里创建一个与该数据库同名的子目
录,这个新目录称为数据库子目录。在创建数据库时名称建议用英文字符命名,否则在数据
库文件目录里会出现乱码,数据表的文件扩展名为.ibd,如图 2-18 所示。

ProgramData › MySQL › MySQL Server 8.0 › Data › rr			∨ ひ	₽ 搜索"rr"
名称 ^ ——中文表名	修改日期	类型	大小	
@5b57@7b26@957f@5ea6.ibd	2022/3/21 19:56	IBD 文件	112 KB	
@5b66@751f@4fe1@606f.ibd	2022/3/21 19:35	IBD 文件	112 KB	
a.ibd	2022/3/21 22:12	IBD 文件	112 KB	
bb.ibd ——英文表名	2022/3/21 22:20	IBD 文件	112 KB	

图 2-18   数据库目录文件

创建数据库的语法结构为:

CREATE DATABASE　数据库名称；

数据库名称必须是合法的，用户必须有足够的权限去创建数据库。如果数据库已经存在，则会发生错误。

　　创建一个名称为 choose 的数据库，如图 2-19 所示。

```
mysql> CREATE DATABASE choose;
Query OK, 1 row affected (0.04 sec)
```

图 2-19　创建数据库

2.5.3　选择当前数据库

数据库服务器上可以创建多个用户数据库，使用 USE 语句可选择其中一个数据库作为当前数据库。但用户必须对数据库具有某种访问权限，否则不能使用它。选择当前数据库的语法结构为：

USE　数据库名称；

选择一个数据库并不限制用户只使用当前数据库中的表。用户仍然可以通过用数据库名限定表名的方法，引用其他数据库中的表。例如，从 db1 数据库访问 author 表，并从 db2 数据库访问 editor 表，SQL 语句如下，运行结果如图 2-20 所示。

```
mysql> USE db1;
mysql > SELECT author_name,editor_name FROM author,db2.editor
    - > WHERE author.editor_id = db2.editor.editor_id;
```

```
mysql> USE db1;
Database changed
mysql> SELECT author_name,editor_name from author,db2.editor
   -> WHERE author.editor_id=editor.editor_id;
+-------------+-------------+
| author_name | editor_name |
+-------------+-------------+
| 玛丽        | 李白        |
+-------------+-------------+
1 row in set (0.00 sec)
```

图 2-20　选择当前数据库

2.5.4　删除数据库

使用普通用户登录 MySQL 服务器时，用户需要特定的权限来创建或者删除 MySQL 数据库。所以删除数据库一般要使用 root 用户登录。root 用户是超级管理员，拥有数据库操作的最高权限。删除数据库的语法为：

DROP　DATABASE　数据库名称；

在执行删除命令后，如图 2-21 所示，MySQL 服务实例会自动删除该数据库目录及目录中所有文件，数据库一旦被删除，保存在该数据库中的数据全部消失。故该命令慎用。如果数据库管理员已经备份了数据库，那么被删除的数据库还可以恢复。

```
mysql> DROP DATABASE a;
Query OK, 0 rows affected (0.05 sec)
```

图 2-21　删除数据库

2.6 存储引擎

数据库存储引擎是数据库底层软件组织，数据库管理系统使用数据引擎进行创建、查询、更新和删除数据。不同的存储引擎提供不同的存储机制、索引技巧、锁定水平等功能。使用不同的存储引擎，还可以获得特定的功能。MySQL 数据库管理系统支持多种不同的数据引擎。MySQL 的核心就是存储引擎。存储引擎其实就是如何存储数据，如何为存储的数据建立索引，如何更新、查询数据等技术的实现方法。因为在关系数据库中数据的存储是以表的形式存储的，所以存储引擎也可以称为表类型（即存储和操作此表的类型）。在 Oracle 和 SQL Server 等数据库中只有一种存储引擎，所有数据存储管理机制都是一样的。而 MySQL 数据库提供了多种存储引擎。用户可以根据不同的需求为数据表选择不同的存储引擎，用户也可以根据自己的需要编写自己的存储引擎。

2.6.1 查看存储引擎

使用“SHOW ENGINES”语句可以查看 MySQL 中支持的存储引擎，结果如图 2-22 所示。

```
mysql> SHOW ENGINES;
| Engine             | Support | Comment                                                        | Transactions | XA   | Savepoints
| MEMORY             | YES     | Hash based, stored in memory, useful for temporary tables      | NO           | NO   | NO
| MRG_MYISAM         | YES     | Collection of identical MyISAM tables                          | NO           | NO   | NO
| CSV                | YES     | CSV storage engine                                             | NO           | NO   | NO
| FEDERATED          | NO      | Federated MySQL storage engine                                 | NULL         | NULL | NULL
| PERFORMANCE_SCHEMA | YES     | Performance Schema                                             | NO           | NO   | NO
| MyISAM             | YES     | MyISAM storage engine                                          | NO           | NO   | NO
| InnoDB             | DEFAULT | Supports transactions, row-level locking, and foreign keys     | YES          | YES  | YES
| BLACKHOLE          | YES     | /dev/null storage engine (anything you write to it disappears) | NO           | NO   | NO
| ARCHIVE            | YES     | Archive storage engine                                         | NO           | NO   | NO
9 rows in set (0.00 sec)
```

图 2-22　查看存储引擎

> **说明：**
>
> Engine 是存储引擎的名称；
>
> Support 是 MySQL 是否支持该类引擎，YES 表示支持；
>
> Comment 是对该引擎的评论。

MySQL 支持多个存储引擎，其中 InnoDB 为默认存储引擎。数据库中有些表不用来存储长期数据，实际上用户根据需要在服务器的 RAM 或特殊的临时文件中创建和维护这些数据，以确保高性能。但这样以来，也存在很高的不稳定风险。一些表只是为了简化对一组相同表的维护和访问、为同时与这些表交互提供一个单一接口。另外，还有其他一些特别用途的表，但重点是 MySQL 支持很多类型的表，每种类型都有自己特定的作用、优点和缺点。MySQL 还相应地提供了很多不同的存储引擎，可以以最适合于应用需求的方式存储数据。

下面主要介绍 InnoDB、MyISAM 和 MEMORY 三种存储引擎。

◆ 2.6.2　InnoDB 存储引擎

InnoDB 是 MySQL 上第一个提供外键约束的表引擎。InnoDB 给 MySQL 的表提供了事务、回滚、崩溃修复能力和多版本并发控制的事务安全。而且 InnoDB 对事务处理的能力，也是 MySQL 其他存储引擎所无法比拟的。InnoDB 存储引擎的特点如下。

（1）InnoDB 存储引擎支持自动增长列 AUTO_INCREMENT。自动增长列的值不能为空，且值必须唯一。MySQL 规定自增列必须为主键。在插入值时，如果自动增长列不输入值，则插入的值为自动增长后的值；如果输入的值为 0 或空（NULL），则插入的值也为自动增长后的值；如果插入某个确定的值，且该值在前面没有出现过，则可以直接插入。

（2）InnoDB 存储引擎支持外键（FOREIGN KEY）。外键所在的表为子表，外键所依赖的表为父表。父表中被子表外键关联的字段必须为主键。当删除、更新父表的某条信息时，子表也必须有相应的改变。InnoDB 存储引擎中，创建的表结构存储在.frm 文件中。数据和索引存储在 innodb_data_home_dir 和 innodb_data_file_path 表空间中。

（3）InnoDB 存储引擎的优势在于提供了良好的事务管理、崩溃修复能力和并发控制。缺点是其读写效率稍差，占用的数据空间相对比较大。

◆ 2.6.3　MyISAM 存储引擎

MyISAM 存储引擎是 MySQL 中常见的存储引擎，曾是 MySQL 的默认存储引擎。MyISAM 存储引擎是基于 ISAM 存储引擎发展起来的，它解决了 ISAM 的很多不足。MyISAM 增加了很多有用的扩展。

MyISAM 存储引擎将表存储成 3 个文件。文件的名字与表名相同。扩展名包括 frm、myd 和 myi。

frm 文件：存储表的结构。

myd 文件：存储数据，是 MYData 的缩写。

myi 文件：存储索引，是 MYIndex 的缩写。

MyISAM 存储引擎的表支持 3 种不同的存储格式，包括静态型、动态型和压缩型。

1）MyISAM 静态型

如果所有表列的大小都是静态的（即不使用 xBLOB、xTEXT 或 VARCHAR 数据类型），MySQL 就会自动使用静态 MyISAM 格式。使用这种类型的表性能非常高，因为在维护和访问以预定义格式存储的数据时需要很低的开销。但是，这个优点要以空间为代价，因为每列都需要分配给该列的最大空间，而无论该空间是否真正地使用。

2）MyISAM 动态型

如果有表列（即使只有一列）定义为动态的（使用 xBLOB、xTEXT 或 VARCHAR），MySQL 就会自动使用动态格式。虽然 MyISAM 动态表占用的空间比静态格式所占空间少，但空间的节省带来了性能的下降。如果某个字段的内容发生改变，则其位置很可能就需要移动，这会导致碎片的产生。随着数据集中的碎片增加，数据访问性能就会相应降低。

3）MyISAM 压缩型

有时会创建在整个应用程序生命周期中都只读的表。如果是这种情况，就可以使用

myisampack 工具将其转换为 MyISAM 压缩型表来减少空间。在给定硬件配置(例如,快速的处理器和低速的硬盘驱动器)下,性能的提升将相当显著。

MyISAM 存储引擎的优势在于占用空间小,处理速度快。缺点是不支持事务的完整性和并发性。

2.6.4 MEMORY 存储引擎

MEMORY 存储引擎是 MySQL 中的一类特殊的存储引擎。其使用存储在内存中的内容来创建表,而且所有数据也放在内存中。

1. MEMORY 存储引擎的文件存储形式

每个基于 MEMORY 存储引擎的表实际对应一个磁盘文件。该文件的文件名与表名相同,类型为 frm。该文件只存储表的结构,而其数据文件都存储在内存中,这样有利于对数据的快速处理,提高整个表的处理效率。值得注意的是,服务器需要有足够的内存来维持 MEMORY 存储引擎的表的使用。如果不需要使用了,可以释放这些内容,甚至可以删除不需要的表。

2. MEMORY 存储引擎的索引类型

MEMORY 存储引擎默认使用哈希(HASH)索引。其速度要比使用 B 型树(BTREE)索引快。如果读者希望使用 B 型树索引,可以在创建索引时选择使用。

3. MEMORY 存储引擎的存储周期

MEMORY 存储引擎通常很少用到。因为 MEMORY 表的所有数据是存储在内存上的,如果内存出现异常就会影响到数据的完整性。如果重启机器或者关机,表中的所有数据将消失。因此,基于 MEMORY 存储引擎的表生命周期很短,一般都是一次性的。

4. MEMORY 存储引擎的优缺点

MEMORY 表的大小是受到限制的。表的大小主要取决于两个参数,分别是 max_rows 和 max_heap_table_size。其中:max_rows 可以在创建表时指定;max_heap_table_size 的大小默认为 16MB,可以按需要进行扩大。因此,其存在于内存中的特性,使这类表的处理速度非常快。但是,其数据易丢失,生命周期短。创建 MySQL MEMORY 存储引擎的出发点是速度。为得到最快的响应时间,采用的逻辑存储介质是系统内存。虽然在内存中存储表数据确实会提高性能,但要记住,当 mysqld 守护进程崩溃时,所有的 MEMORY 数据都会丢失。

MEMORY 表不支持 VARCHAR、BLOB 和 TEXT 数据类型,因为这种表类型按固定长度的记录格式存储。

2.6.5 如何选择存储引擎

每种存储引擎都有各自的优势,不能笼统地说谁比谁更好,只有适合不适合。下面根据其不同的特性,给出选择存储引擎的建议。

InnoDB 存储引擎:用于事务处理应用程序,具有众多特性,包括支持 ACID 事务、支持外键,以及支持崩溃修复能力和并发控制。如果对事务的完整性要求比较高,要求实现并发控制,那么选择 InnoDB 存储引擎有其很大的优势。如果需要频繁地进行更新、删除操作的数据库,也可以选择 InnoDB 存储引擎。因为,该类存储引擎可以实现事务的提交(Commit)和回滚(Rollback)。

MyISAM 存储引擎:管理非事务表,它提供高速存储和检索,以及全文搜索能力。MyISAMMySQL 5.5 之前的默认数据库引擎,最为常用。它拥有较高的插入、查询速度,但不支持事务。MyISAM 存储引擎插入数据快,空间和内存使用比较少。如果表主要用于插入新记录和读出记录,那么选择 MyISAM 存储引擎能实现处理的高效率。如果应用的完整性、并发性要求很低,也可以选择 MyISAM 存储引擎。

MEMORY 存储引擎:提供"内存中"表,MEMORY 存储引擎的所有数据都在内存中,数据的处理速度快,但安全性不高。如果需要很快的读写速度,对数据的安全性要求较低,可以选择 MEMORY 存储引擎。MEMORY 存储引擎对表的大小有要求,不能建太大的表,这类数据库只使用相对较小的数据库表。

ARCHIVE 存储引擎:非常适合存储大量的、独立的历史记录的数据。因为它们不经常被读取。ARCHIVE 拥有高效的插入速度,但其对查询的支持相对较差。

FEDERATED 存储引擎:将不同的 MySQL 服务器联合起来,逻辑上组成一个完整的数据库;非常适合分布式应用;Cluster/NDB 高冗余的存储引擎,用多台数据机器联合提供服务以提高整体性能和安全性;适合数据量大、安全和性能要求高的应用。

CSV 存储引擎:逻辑上由逗号分割数据的存储引擎。它会在数据库子目录里为每个数据表创建一个 .csv 文件。这是一种普通文本文件,每个数据行占用一个文本行,CSV 存储引擎不支持索引。

BLACKHOLE 黑洞引擎:写入的任何数据都会消失,不做实际存储;一般用于记录 binlog 做复制的中转,只负责记日志、传日志。

实际应用中还需要根据实际情况进行分析,每一个存储引擎支持不同的功能,如表 2-1 所示。

表 2-1　存储引擎比较

功　　能	MyISAM	MEMORY	InnoDB	ARCHIVE
存储限制	256TB	RAM	64TB	None
支持事务	No	No	Yes	No
支持全文索引	Yes	No	No	No
支持数索引	Yes	Yes	Yes	No
支持哈希索引	No	Yes	No	No
支持数据缓存	No	N/A	Yes	No
支持外键	No	No	Yes	No

◆　2.6.6　设置存储引擎

由于当前 MySQL 服务实例默认的存储引擎是 InnoDB,使用"CREATE TABLE"语句创建新表时,如果没有"显示地"指定表的存储引擎,新表的存储引擎将是 InnoDB。使用 MySQL 命令"SET default_storage_engine＝MyISAM;"可以"临时地"将 MySQL"当前会话的"存储引擎设置为 MyISAM。若要"永久地"设置默认存储引擎,需要修改 my.ini 配置文件中的[mysqld]选项组中 default-storage-engine 的参数值,并且需要重启 MySQL 服务。

 习题

一、单选题

1. MySQL 中常见的三种存储引擎不包括下面的(　　)。

A. InnoDB   B. MyISAM

C. MEMORY   D. MERGE

2. 以下关于存储引擎的说法不正确的是(　　)。

A. MyISAM 不支持事务,也不支持外键,但访问速度比较快,占用空间小

B. InnoDB 具有较强的事务处理能力及较好的事务安全性并且支持外键

C. MEMORY 存储引擎使用内存来存储表的数据,其访问速度最快,但安全性也最差

D. 在 My.ini 中[mysqld]选项组里修改 default_storage_engine 的值可以临时修改默认存储引擎

3. 创建数据库使用 SQL 语言中的(　　)。

A. DDL 语句   B. DML 语句

C. DCL 语句   D. DQL 语句

4. 创建数据库使用的命令是(　　)。

A. CREATE 数据库名   B. CREATE TABLE 数据库名

C. CREATE DATABASE 数据库名   D. DATABASE 数据库名

二、简答题

1. MySQL 服务器启动的方式有哪几种?

2. MySQL 服务器有哪些存储引擎?

3. 简述 InnoDB 存储引擎和 MyISAM 存储引擎的优缺点。

4. 怎样查看存储引擎?

5. 创建数据库的 SQL 语句是什么?

6. 怎样查看数据库文件的路径?

7. MySQL 8.0 版本增加了哪些新特性?

8. 简述 MySQL 数据库的体系结构。

第3章 数据表的操作

表是数据库存储数据的基本对象,是存储数据的容器,一个完整的表由表结构和表数据(也叫记录)两部分组成。表结构的设计包括字段名(列名)、数据类型、约束条件、存储引擎等内容。表结构的操作包括创建表、修改表结构、删除表以及约束条件的管理。表记录的更新操作包括数据的插入、修改、删除等。本章通过综合案例学生选课数据库和图书销售管理数据库讲解数据表的操作过程。

本章要点:
◆ 表结构的设计
◆ MySQL 数据类型
◆ 修改表结构
◆ 数据更新

3.1 表结构的设计

◆ 3.1.1 创建数据表

表是数据库对象。在创建数据表之前,需要根据数据库设计确定表名、字段名、数据类型、约束类型等信息。也可以在创建表时选择合适的存储引擎。使用 SQL 语句"CREATE TABLE"可以创建表结构,语法格式为:

```
CREATE[TEMPORARY] TABLE[IF NOT EXISTS]表名(
字段名1   数据类型   [约束类型],
字段名2   数据类型   [约束类型],
…………

);
```

在使用 CREATE TABLE 语句创建表时,其中的[约束类型]、[TEMPORARY]、[IF NOT EXISTS]可以省略,TEMPORARY 的作用是创建一个临时表。[IF NOT EXISTS]创建数据表之前先判断数据库是否存在该表,如不存在就创建。创建表时必须指出相应的字段名和数据类型。

例 3.1 使用 CREATE TABLE 语句创建学生信息表,结构如表 3-1 所示,运行结果如图 3-1 所示。

数据表创建

表 3-1　学生信息表

学号	姓名	性别	年龄	联系方式

```
CREATE TABLE 学生信息(
学号   CHAR(10),
姓名   CHAR(10),
性别   CHAR(10),
年龄 INT ,
联系方式 CHAR(11));
```

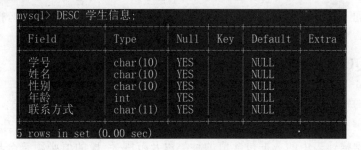

图 3-1　学生信息表

◆ 3.1.2　查看表的信息

表结构创建成功后，由于没有插入数据，无法像二维表格一样打开。但使用"DESC"命令可以查看表结构的详细信息。语法格式为：

```
DESC 表名;
```

例 3.2　查看例 3.1 学生信息表结构，如图 3-2 所示。

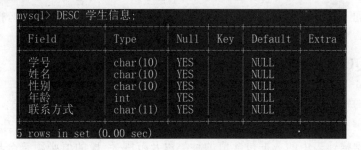

图 3-2　学生信息表结构

◆ 3.1.3　重命名表

创建数据表时如果没有定义合适的表名，使用 RENAME TABLE 语句重命名数据表，语法格式为：

```
RENAME TABLE 原数据表名 TO 新数据表名;
```

 说明：

该语句可以同时对多个数据表进行重命名，表之间以逗号","分隔。

也可使用 ALTER 语句修改表名，语法结构为：

ALTER TABLE 原数据表名 RENAME 新数据表名；

例如将表学生信息重命名为 student，运行结果如图 3-3 所示。

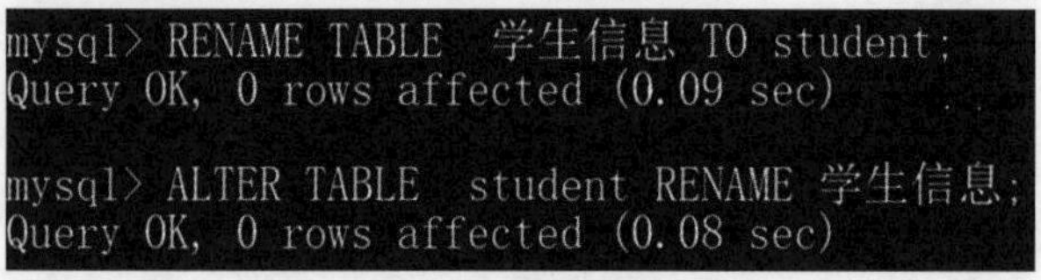

```
mysql> RENAME TABLE  学生信息 TO student;
Query OK, 0 rows affected (0.09 sec)

mysql> ALTER TABLE  student RENAME 学生信息;
Query OK, 0 rows affected (0.08 sec)
```

图 3-3　表的重命名

3.1.4　删除表

删除表比创建表要容易得多，因为不需要指定有关内容，只需指定表名即可，语法格式为：

DROP TABLE 表名；

MySQL 对 DROP TABLE 语句在某些有用的方面做了扩充。

首先，可在同一语句中指定几个表同时删除，如：DROP TABLE 表名 1，表名 2……

其次，如果不能肯定一个表是否存在，但如果它存在就删除它，那么可在此语句中增加 IF EXISTS。即使"DROP TABLE 表名"语句中给出的表不存在，MySQL 不会发出错误信息。如：

DROP TABLE IF EXISTS 表名；

IF EXISTS 在 MySQL 的脚本中很有用，因为在缺省的情况下，MySQL 将在出错时退出。例如，有一个安装脚本能够创建表，这些表将在其他脚本中继续使用。在此情形下，希望保证此创建表的脚本在开始运行时无后顾之忧。如果在该脚本开始处使用普通的 DROP TABLE，那么它在第一次运行时就会失败，因为这些表从未创建过。如果使用 IF EXISTS，就不会产生问题了。当表已经存在时，将它们删除；如果不存在，脚本继续运行。

3.2　MySQL 数据类型

数据库中的每张表都是由一个或多个字段构成的。创建表时要为每张表的每个字段选择适合的数据类型，这样不仅可以有效节省存储空间，同时还可以有效提升数据的计算性能。用数据类型描述表中的数据包含值的种类以及范围，字段的值必须符合规定，必须是对应的数据类型所允许的所有值。例如，CHAR(16)就规定了存储字符串空间不超过 16 个字符。当然不是必须存储 16 个字符，而是指字段在表中要占 16 个字符的宽度，实际存储数据所占的空间可以少于 16 个字符。

MySQL 提供的数据类型主要包括数值类型、字符串类型、日期类型、复合类型以及二进制类型等，如图 3-4 所示。

3.2.1　整数类型

MySQL 主要支持的整数类型有 TINYINT、SMALLINT、MEDIUMINT、INT、BIGINT。这些整数类型的取值范围按字节数依次递增，如表 3-2 所示。默认情况下，既可

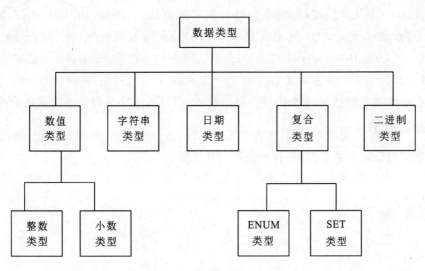

图 3-4　MySQL 数据类型

以表示正整数,也可以是负整数。如果只希望表示零和正整数,可以使用无符号整数。例如定义一个学生的年龄可使用"年龄 INT UNSIGNED",定义一门课程的成绩使用"成绩 INT UNSIGNED",其中 UNSIGNED 用于定义大于等于 0 的数。

表 3-2　整数类型

类　　型	字 节 数	取值范围(有符号)	取值范围(无符号)	说　　明
TINYINT	1 字节	−127～127	0～255	最小整数
SMALLINT	2 字节	−32768～32767	0～65535	小型整数
MEDIUMINT	3 字节	−8388608～8388607	0～16777215	中型整数
INT	4 字节	−2147683648～2147683647	0～4294967295	标准整数
BIGINT	8 字节	−9223372036854775808～9223372036854775807	0～18446744073709551615	长整数

3.2.2　小数类型

MySQL 支持两种小数类型,即精确小数类型(小数点后数字的位数确定)和浮点数类型(小数点后数字的位数不确定),其中浮点数类型包括单精度浮点数和双精度浮点数,如表 3-3 所示。双精度的浮点数类型的小数取值范围和精度远远大于单精度浮点数类型的小数,同时也会耗费更多的存储空间,降低数据的计算性能。

表 3-3　小数类型

数据类型	单　　位	取 值 范 围	说　　明
FLOAT	8 或 4 字节	+(−)3.402823466E+38	单精度浮点数
DOUBLE	8 字节	+(−)1.7976931348623157E+308 +(−)2.2250738585072014E−308	双精度浮点数
DECIMAL	自定义长度	可变	小数位数确定的小数

DECIMAL(length, precision)用于表示精度确定的小数类型,length 决定了该小数的

最大位数，precision 用于设置精度（小数点后数字的位数）。例如：DECIMAL(5,2)表示小数取值范围为－999.99～999.99，DECIMAL(5,0)表示取值范围为－99 999～99 999 的整数。DECIMAL(length，precision)占用的存储空间由 length 和 precision 的值决定。例如：DECIMAL(18,9)会在小数点两边各存储 9 个数字，共占用 9 个字节的存储空间，其中 4 个字节存储小数点之前的数字，1 个字节存储小数点，另外 4 个字节存储小数点之后的数字。

例 3.3 创建商品表，该表有 6 个字段，其中商品价格、商品销量、折后价、销售总额的数据类型设置为数值型，运行结果如图 3-5 所示。

```
CREATE TABLE 商品表(
订单号  CHAR(10),
商品名称  CHAR(10),
商品价格 DECIMAL(5,2),
商品销量 INT,
折后价 FLOAT(5,2),
销售总额 DOUBLE);
```

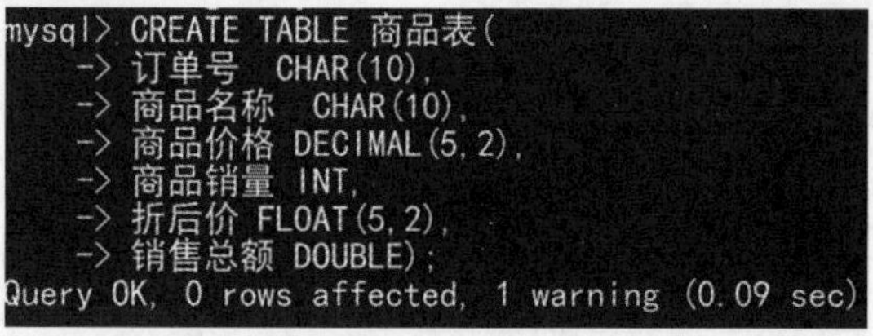

```
mysql> CREATE TABLE 商品表(
    -> 订单号  CHAR(10),
    -> 商品名称  CHAR(10),
    -> 商品价格 DECIMAL(5,2),
    -> 商品销量 INT,
    -> 折后价 FLOAT(5,2),
    -> 销售总额 DOUBLE);
Query OK, 0 rows affected, 1 warning (0.09 sec)
```

图 3-5 商品表

3.2.3 字符串类型

MySQL 字符串类型主要支持 6 种：CHAR、VARCHAR、TINYTEXT、TEXT、MEDIUMTEXT、LONGTEXT。本小节主要介绍常用的三种字符串类型 CHAR、VARCHAR、TEXT，如表 3-4 所示。

表 3-4 常用字符串类型

类 型	取值范围	说 明
CHAR(n)	0～255 个字符	固定长度为 n 的字符串，其中 n 的取值范围为 0～255，可存放 255 个英文字符和 255 个汉字，在 MySQL 中 1 个汉字算是 1 个字符。若 n 省略，则只存储 1 个字符
VARCHAR(n)	0～16383 个字符	长度可变，最多存储 16383 个字符
TEXT		长度可变，超大数据

CHAR(n)为固定长度的字符串类型，n 取值可以为 0～255，当保存 CHAR 值时，字符串实际的长度小于定义的长度，会在它们的右边填充空格以达到指定的长度。当检索 CHAR 值时，尾部的空格被删除，在存储或检索过程中不进行大小写转换。CHAR 存储定长数据很方便，CHAR 字段上的索引效率极高，比如定义 CHAR(10)，那么不论存储的数据是否达到了 10 个字节，都要占去 10 个字节的空间，不足 10 个字节自动用空格填充。

MySQL 记录行数据是有限的。

VARCHAR(n) 为可变长字符串类型,n 取值可以为 0～65535,存储大小 64k,即 65535 个字节。但在存储汉字时根据字符编码方式的不同所占字节数也不同,UTF8 占 3 个字节,GBK 占了 2 个字节。VARCHAR 用 1～2 个字节来存储字段长度,小于 255 个字符占用 1 个字节,大于 255 个字符占用 2 个字节。因此,VARCHAR 的最大有效长度由最大行大小和使用的字符集编码确定。对不同的字符编码,有效长度不一样,比如字符集是 UTF8 的,最多容纳 21845 个字符。如果字符集编码是 utf8mb4,则最大长度为 16383 个字符,如果字符数太多,则采用文本类型。CHAR、VARCHAR 存储最大字符数如图 3-6 所示。

```
mysql> CREATE TABLE 字符长度(字符串1 char(267),字符串2 varchar(18690));
ERROR 1074 (42000): Column length too big for column '字符串1' (max = 255); use BLOB
or TEXT instead
mysql> CREATE TABLE 字符长度(字符串1 char(255),字符串2 varchar(18690));
ERROR 1074 (42000): Column length too big for column '字符串2' (max = 16383); use BLO
B or TEXT instead
mysql> CREATE TABLE 字符长度(字符串1 char(255),字符串2 text(18690));
Query OK, 0 rows affected (0.04 sec)
```

图 3-6　CHAR、VARCHAR 存储最大字符数

VARCHAR 值保存时只保存需要的字符数,另加一个字节来记录长度(如果列声明的长度超过 255,则使用两个字节)。VARCHAR 值保存时不进行填充。当值保存和检索时尾部的空格仍保留。VARCHAR 存储变长数据可节约存储空间,但存储效率没有 CHAR 高。如果一个字段可能的值是不固定长度的,而且长度可能超过 50 个字符,把它定义为 VARCHAR(50)是合适的。从存储空间上考虑,用 VARCHAR 合适;从查询效率上考虑,用 CHAR 合适,关键是根据实际情况找到权衡点。比如,VARCHAR(100)的最大长度是 100,但是,不是每条记录都要占用 100 个字节。而是在这个最大值范围内,使用多少分配多少,VARCHAR 类型实际占用的空间为字符串的实际长度加一,这样可有效节约系统的存储空间。

TEXT 类型是一种特殊的字符串类型。TEXT 只能保存字符数据。TEXT 类型包括 TINYTEXT、TEXT、MEDIUMTEXT、LONGTEXT。这种字符串类型实际使用并不是太多,一般用来直接存储一个比较大的文本,比如说一篇文章、一则新闻。

 创建顾客信息表,表名为顾客信息,运行结果如图 3-7 所示。

```
CREATE TABLE 顾客信息(
买家 ID CHAR(10),
姓名 CHAR(10),
家庭住址  VARCHAR(50),
联系电话 CHAR(11),
备注 TEXT);
```

◆ 3.2.4　日期类型

MySQL 主要支持 5 种日期类型,即 DATETIME、DATE、TIMESTAMP、TIME 和 YEAR,如表 3-5 所示。其中每种类型都有其取值范围,如赋予它一个不合法的值,将会被 "0" 代替。

```
mysql> CREATE TABLE 顾客信息(
    -> 买家ID CHAR(10),
    -> 姓名 CHAR(10),
    -> 家庭住址  VARCHAR(50),
    -> 联系电话 CHAR(11),
    -> 备注 TEXT);
Query OK, 0 rows affected (0.03 sec)
```

图 3-7   创建顾客信息表

表 3-5   日期类型

类　　型	取 值 范 围	说　　明
DATE	1000－01－01～9999－12－31	日期,格式为 YYYY－MM－DD
TIME	－838:59:59～ 838:59:59	时间,格式为 HH:MM:SS
DATETIME	1000－01－01 00:00:00～ 9999－12－31 23:59:59	日期和时间,格式为 YYYY－MM－DD HH:MM:SS
TIMESTAMP	1970－01－01 00:00:00～ 2037 年的某个时间	时间标签,在处理报告时使用显示格式取决于 M 的值
YEAR	1901～2155	年份可指定两位数字和四位数字的格式

DATETIME 与 TIMESTAMP 都是日期和时间的混合类型,区别在于表示的取值范围不同,DATETIME 的取值范围为 1000～9999,TIMESTAMP 的取值范围为 1970～2037。如果将 NULL 插入 TIMESTAMP 字段后,该字段的值则是 MySQL 服务器当前的日期和时间。而且同一个 TIMESTAMP 类型的日期或时间,不同的时区,显示结果不同。

YEAR 表示年份;YEAR 类型是一个有效利用 1 字节类型表示年份的。MySQL 检索以 YYYY 格式显示 YEAR 值,其范围是 1901 到 2155。YEAR 类型的最大优点是,当指定一个在'00 '到'99 '范围的 2 位字符串或者一个在'00 '到'69 '和'70 '到'99 '范围的值会被变换到 2000 到 2069 范围和 1970 到 1999 的 YEAR 值。

 例 3.5   创建包含有日期类型的表 today,SQL 语句如下,运行结果如图 3-8 所示。

```
CREATE TABLE today(T1  DATETIME,T2  DATE,T3  TIME,T4  TIMESTAMP,T5  YEAR);
```

```
mysql> CREATE TABLE today(
    -> T1  DATETIME,
    -> T2  DATE,
    -> T3  TIME,
    -> T4  TIMESTAMP,
    -> T5  YEAR);
Query OK, 0 rows affected (0.05 sec)
```

图 3-8   today 表

◆ 3.2.5 复合类型

MySQL 支持两种复合类型，即 ENUM 枚举类型和 SET 集合类型，如表 3-6 所示。

表 3-6　复合类型

类　　型	最　大　值	说　　明
ENUM("value1"，"value2"，…)	65535	该类型的字段只能容纳所列值之一或为 NULL
SET（"value1"，"value2"，…）	64	该类型的字段可以容纳一组值或为 NULL

ENUM 类型的字段只允许从集合中选择某一个值，类似于单选按钮的功能，一个 ENUM 类型的数据最多可以包含 65535 个元素。例如，定义一个人的性别只能从集合{'男'，'女'}中选择其中一个值。

SET 类型的字段可以允许从集合中选择多个值，类似于复选框的功能，一个 SET 类型最多可以包含 64 个元素。例如，定义一个人的爱好可以从集合{'看书'，'唱歌'，'跳舞'，'打乒乓球'，'旅游'，'游泳'}中选择其中一个或多个值。

ENUM 和 SET 类型在数据库内部并不是用字符的方式存储的，而是使用一系列的数字，因此数据处理时效率更高。

 例 3.6　　　　创建学生兴趣表，包含字段有学号、姓名、性别、爱好，运行结果如图 3-9 所示。

```
CREATE TABLE 学生兴趣(
学号　CHAR(10),
姓名　CHAR(10),
性别　ENUM('男','女'),
爱好　SET('看书','唱歌','跳舞','打乒乓球','旅游','游泳'));
```

```
mysql> CREATE TABLE 学生兴趣(
    -> 学号　CHAR(10),
    -> 姓名　CHAR(10),
    -> 性别　ENUM('男','女'),
    -> 爱好　SET('看书','唱歌','跳舞','打乒乓球','旅游','游泳'));
Query OK, 0 rows affected (0.08 sec)
```

图 3-9　创建学生兴趣表

◆ 3.2.6 二进制类型

二进制类型是在数据库中存储二进制数据的数据类型，主要用于存储由'0'和'1'组成的字符串。因此从某种意义上讲，二进制类型的数据是一种特殊格式的字符串。二进制类型与字符串类型的区别在于：字符串类型的数据以字符为单位进行存储，因此存在多种字符集、多种字符序；而二进制类型的数据按字节为单位进行存储，仅存在二进制字符集 BINARY。二进制类型包括 BINARY、VARBINARY、BIT、TINYBLOB、BLOB、MEDIUMBLOB、LONGBLOB，如表 3-7 所示。

表 3-7 二进制类型

类　　型	取值范围	说　　明
BINARY	0～255	固定长度,存储二进制数
VARBINARY		可变长度,存储二进制数
BIT	0～64	固定长度,存储二进制数
TINYBLOB	0～255	可变长度,存储二进制数
BLOB	$0～2^{16}-1$	可变长度,存储图片、声音
MEDIUMBLOB	$0～2^{24}-1$	可变长度,存储图片、声音、视频
LONGBLOB	$0～2^{32}-1$	可变长度,存储图片、声音、视频

BINARY 类型的长度是固定的,在创建表时就指定了。不足最大长度的空间由'\0'补全。例如,BINARY(50)就是指定 BINARY 类型的长度为50。

VARBINARY 类型的长度是可变的,在创建表时指定了最大长度。指定好了VARBINARY 类型的最大值以后,其长度可以在0到最大长度之间。例如,VARBINARY(50)的最大字节长度是50,但是,不是每条记录的字节长度都是50。在这个最大值范围内,使用多少分配多少。VARBINARY 类型实际占用的空间为实际长度加一,这样可以有效地节约存储空间。

BIT 类型也是在创建表时指定了最大长度,最大字节长度为64。例如,BIT(4)就是数据类型为 BIT 类型,长度为4。若字段的类型为 BIT(4),则存储的数据是从0到15。因为,变成二进制以后,15的值为1111,长度为4。如果插入的值为16,其二进制数为10000,长度为5,超过了最大长度,因此,大于等于16的数是不能插入 BIT(4)类型的字段中的。

BLOB 类型是一种特殊的二进制类型。BLOB 可以用来保存数据量很大的二进制数据,如图片等。BLOB 类型包括 TINYBLOB、BLOB、MEDIUMBLOB、LONGBLOB。这几种 BLOB 类型最大的区别就是能够保存的最大长度不同。LONGBLOB 的长度最大,TINYBLOB 的长度最小。BLOB 类型与 TEXT 类型很类似,不同点在于 BLOB 类型用于存储二进制数据,BLOB 类型数据是根据其二进制编码进行比较和排序的,而 TEXT 类型是以文本模式进行比较和排序的。BLOB 类型主要用来存储图片、PDF 文档等二进制文件。通常情况下,可以将图片、PDF 文档存储在文件系统中,然后在数据库中存储这些文件的路径。这种方式存储比直接存储在数据库中简单,但是访问速度比存储在数据库中慢。

3.2.7 选择合适的数据类型

选择合适的数据类型,不仅可以节省储存空间,还可以有效地提高数据的计算性能。在创建表时,使用哪种数据类型,应遵循以下原则:

(1)在符合应用要求(取值范围、精度)的前提下,尽量使用"短"数据类型,例如字段的值永远不超过127,则使用 TINYINT 比 INT 好。

(2)数据类型越简单越好。

(3)在 MySQL 中,应该用内置的日期和时间数据类型,而不是用字符串来存储日期和时间。

(4)对于字段值完全由数字组成的,也不执行加减乘除运算的,可以选择字符串类型。

(5)尽量采用精度比较精确小数类型(例如 DECIMAL),而不采用浮点数类型。使用精确小数类型不仅能够保证数据计算更为精确,还可以节省储存空间,例如货物单价、员工的工资、网上购物交付金额等。

(6)尽量避免使用 NULL 字段,建议将字段指定为 NOT NULL 约束。

在创建表时,使用字符串类型时应遵循以下原则:

(1)从速度方面考虑,要选择固定的列,可以使用 CHAR 类型。

(2)要节省空间,使用动态的列,可以使用 VARCHAR 类型。

(3)要将列中的内容限制在一种选择,可以使用 ENUM 类型。

(4)允许在一个列中有多于一个的条目,可以使用 SET 类型。

(5)如果要搜索的内容不区分大小写,可以使用 TEXT 类型。

在为字段选择某种数据类型时,应该注意所要表示的值的范围和存储需求,只需选择能覆盖要取值的范围的最小类型即可。选择较大的类型会对存储空间造成浪费,处理起来没有选择较小的类型那样有效。

3.3 修改表结构

创建数据表时如果结构设计不完整或数据类型选择错误,可使用 ALTER TABLE 语句修改表的结构。表结构的修改有增加字段、删除字段、修改数据类型、字段名重命名等内容。

1. 增加字段

在表中增加字段,可以在表的任何位置增加,默认时加在表最右侧,语法结构为

```
ALTER TABLE 表名 ADD 新字段名 新数据类型 [ FIRST | AFTER 旧字段名 ];
```

> 说明:
>
> 表名:用户数据库中有多张表,要指出修改的表名。
>
> 新字段名:要添加的字段名。
>
> 新数据类型:和创建表时选择数据类型原则一致。
>
> [ ]:可选项,在运行代码时其中的内容可以省略。
>
> FIRST:将新字段添加到表的最左侧。
>
> AFTER 旧字段名:将新字段添加到表中原有的某个字段的后面。

2. 删除字段

删除表中的某个字段,语法结构为

```
ALTER TABLE 表名 DROP 字段名;
```

3. 修改字段的数据类型

修改表中某个字段的数据类型,和原数据类型无关,新的数据类型可以是数值类型、字符串类型及日期类型等,语法结构为

```
ALTER TABLE 表名 MODIFY 字段名 新数据类型;
```

4. 修改字段名

表中的字段名如果命名错误,可以重命名该字段,语法结构为

```
ALTER TABLE 表名 CHANGE 旧字段名 新字段名 数据类型;
```

例 3.7 根据要求修改顾客信息表,表结构如表 3-8 所示。具体要求如下:

(1)在"姓名"字段之前(左侧)增加"顾客编号"字段,数据类型为字符串类型,长度为 10;

(2)在字段"性别"后(右侧)增加"年龄"字段,数据类型为最小整型;

(3)在“联系方式”字段后增加“家庭住址”字段，数据类型为可变字符串类型，长度为 50；
(4)将“省份证”字段名修改为“身份证号”；
(5)将“联系方式”的数据类型修改为字符串类型，长度为 11；
(6)删除“爱好”字段。

表 3-8 顾客信息

姓名	省份证	性别	联系方式	爱好

```
ALTER TABLE 顾客信息  ADD  顾客编号  CHAR(10)  FIRST;
ALTER TABLE 顾客信息  ADD  年龄  TINYINT  AFTER  性别;
ALTER TABLE 顾客信息  ADD  家庭住址  VARCHAR(50) ;
ALTER TABLE 顾客信息  CHANGE  省份证  身份证号 CHAR(18);
ALTER TABLE 顾客信息  MODIFY  联系方式  CHAR(11);
ALTER TABLE 顾客信息  DROP  爱好;
```

运行结果如图 3-10 所示，修改后的表结构如图 3-11 所示。

```
mysql> ALTER TABLE 顾客信息  ADD  顾客编号  CHAR(10)  FIRST;
Query OK, 0 rows affected (0.09 sec)
Records: 0  Duplicates: 0  Warnings: 0

mysql> ALTER TABLE 顾客信息  ADD  年龄  TINYINT  AFTER  性别;
Query OK, 0 rows affected (0.08 sec)
Records: 0  Duplicates: 0  Warnings: 0

mysql> ALTER TABLE 顾客信息  ADD  家庭住址  VARCHAR(50) ;
Query OK, 0 rows affected (0.02 sec)
Records: 0  Duplicates: 0  Warnings: 0

mysql> ALTER TABLE 顾客信息  CHANGE  省份证  身份证号 CHAR(18);
Query OK, 0 rows affected (0.08 sec)
Records: 0  Duplicates: 0  Warnings: 0

mysql> ALTER TABLE 顾客信息  MODIFY  联系方式  CHAR(11);
Query OK, 0 rows affected (0.01 sec)
Records: 0  Duplicates: 0  Warnings: 0

mysql> ALTER TABLE 顾客信息  DROP  爱好;
Query OK, 0 rows affected (0.13 sec)
Records: 0  Duplicates: 0  Warnings: 0
```

图 3-10 修改顾客信息表结构

```
mysql> desc 顾客信息 ;
+----------+-------------+------+-----+---------+-------+
| Field    | Type        | Null | Key | Default | Extra |
+----------+-------------+------+-----+---------+-------+
| 顾客编号 | char(10)    | YES  |     | NULL    |       |
| 姓名     | char(10)    | YES  |     | NULL    |       |
| 身份证号 | char(18)    | YES  |     | NULL    |       |
| 性别     | char(10)    | YES  |     | NULL    |       |
| 年龄     | tinyint(4)  | YES  |     | NULL    |       |
| 联系方式 | char(11)    | YES  |     | NULL    |       |
| 家庭住址 | varchar(50) | YES  |     | NULL    |       |
+----------+-------------+------+-----+---------+-------+
7 rows in set (0.01 sec)
```

图 3-11 修改后的表结构

3.4 数据更新

数据更新操作包括数据插入、数据修改和数据删除等操作。数据表结构创建成功后,要向表插入数据,在使用数据过程中出现错误的数据时,可以修改数据,也可以删除数据。

◆ 3.4.1 插入数据

1. INSERT 语句

MySQL 数据库中常用 INSERT 语句插入数据,使用一次可以插入一行数据(一条记录)或插入多行数据(多条记录),语法格式为

语法格式 1:

```
INSERT [INTO]表名 [(字段列表)] VALUES (字段值 1,字段值 2,字段值 3,…)
```

语法格式 2:

```
INSERT [INTO] 表名 SET 字段 1= 值 1, 字段 2= 值 2
```

> **说明:**
>
> INTO:该关键字可以省略。
>
> 字段列表:表中的字段列表可以省略,也可以列出其中的部分字段。
>
> VALUES:指定表中每个字段的具体取值,并且按表中字段的存放次序给出。
>
> 字段值:与表中字段的数据类型一致,如果字段的数据类型是数值型,则字段值不需要加单引号或双引号,其他数据类型的值都必须加单引号或双引号,例如,5、6.908、"张三"、"2018-12-12"等。

 例 3.8 　　使用 INSERT 语句向学生信息表和班级信息表插入数据。

• 插入一行数据:

```
INSERT INTO 学生信息(学号,姓名,性别,年龄,联系方式)
VALUES('64001001','玛丽', '女', 22, '18980088888');
```

• 插入一行数据,省略字段列表:

当插入数据的个数和表的字段个数相同时,字段列表可以省略。

```
INSERT INTO 学生信息 VALUES('64001001','玛丽','女', 22, '18980088888');
```

• 插入多行数据,如图 3-12 所示:

```
INSERT INTO 学生信息(学号,姓名,性别,年龄,联系方式) VALUES
('64001001','小强','男', 21 ,'18980086666'),
('64001002','马六','男', 22,'18980084444'),
('64001003','王五','女', 10, '18980083333'),
('64001005','田七','女', 22, '18980081111');
INSERT INTO classes(class_no,class_name,de_name) VALUES
(null, '2022 计科 1 班', '计算机学院'),
(null, '2022 计科 5 班', '计算机学院'),
(null, '2022 计应 5 班', '计算机学院'),
(null,·'2022 网络 1 班', '计算机学院');
```

数据插入除了插入已给定的值，还可以插入表中字段值的计算、表达式、数据查询结果（详细讲解见5.6节）等。

```
mysql> INSERT INTO 学生信息(学号,姓名,性别,年龄,联系方式) VALUES
    -> ('64001001','小强','男',21,'18980086666'),
    -> ('64001002','马六','男',22,'18980084444'),
    -> ('64001003','王五','女',10,'18980083333'),
    -> ('64001005','田七','女',22,'18980081111');
Query OK, 4 rows affected (0.01 sec)
Records: 4  Duplicates: 0  Warnings: 0
```

图 3-12   插入多行数据

例 3.9   向表销售统计（商品编号，销售数量，销售单价，销售金额）插入数据，因为销售金额＝销售数量×销售单价，在插入数据时不需要给出销售金额的具体取值，可以由销售数量乘以销售单价的计算获得。SQL语句格式为

```
INSERT INTO 销售统计(商品编号,销售数量,销售单价,销售金额)
    VALUES("64001001",200,50.89,销售数量* 销售单价);
```

插入数据时每执行一次INSERT语句都会在表中生成新的数据行。还可以使用REPLACE语句完成数据插入。

2. REPLACE

REPLACE语句与INSERT语句使用方法基本相同，唯一的区别是如果插入新记录的值和表中具有唯一索引或唯一约束的旧记录值相同，则REPLACE会在新记录被插入之前，删除旧记录，而INSERT语句会产生一个错误。

REPLACE语句的语法格式为

语法格式1：

```
REPLACE INTO 表名 [(字段列表)] VALUES (值列表);
```

语法格式2：

```
REPLACE [INTO]目标表名[(字段列表1)] SELECT (字段列表2) FROM 源表 WHERE 条件表达式;
```

语法格式3：

```
REPLACE [INTO]表名 SET 字段1= 值1, 字段2= 值2;
```

例 3.10   使用INSERT和REPLACE语句分别向表插入一行重复的数据，如图3-13所示。

3.4.2   修改数据

可以修改数据表中一个字段或多个字段的全部值，也可修改满足条件的数据行和列的部分值，语法格式为

```
UPDATE 表名
SET 字段名1= 值1[,字段名2= 值2,…,字段名N= 值N]
[WHERE 条件表达式]
```

其中：

WHERE子句是可选的，如果省略则表示表中对应的字段值都被更新。

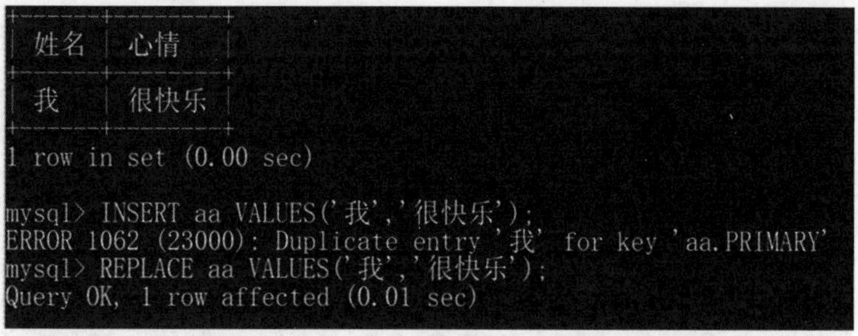

图 3-13　INSERT 和 REPLACE 的区别

值,可以是表达式、表字段的计算、指定的数据、查询结果等。

UPDATE 语句有两种用法:

• 修改表中一个字段或几个字段的所有数据:

> UPDATE 表名
>
> SET 字段名 1= 值 1[,字段名 2= 值 2,…,字段名 N= 值 N];

• 修改表中满足条件的数据:

> UPDATE 表名
>
> SET 字段名 1= 值 1[,字段名 2= 值 2,…,字段名 N= 值 N]
>
> WHERE 条件表达式;

例 3.11　根据学生信息表(见表 3-9),完成以下数据修改。运行结果如图 3-14 所示。运行后表数据如图 3-15 所示。

表 3-9　学生信息

学号	姓名	性别	年龄	联系方式
64001001	小强	男	21	18980086666
64001002	马六	男	22	18980084444
64001003	王五	女	10	18980083333
64001005	田七	女	22	18980081111

(1)将所有学生的"联系方式"修改为"无":

> UPDATE 学生信息　SET　联系方式= "无";

(2)把所有女生的年龄增加 5 岁:

> UPDATE 学生信息　SET 年龄= 年龄 + 5 WHERE 性别= '女';

(3)把学号为"64001001"的联系方式修改为"13545388888":

> UPDATE 学生信息 SET　联系方式 = '13545388888' WHERE 学号 = '64001001';

3.4.3　删除数据

(1)用 DELETE 语句删除记录,语句格式为

> DELETE FROM 表名 [WHERE 条件表达式];

说明:如果没有指定 WHERE 子句(省略了 WHERE 子句),那么该表的所有记录都将被删除,但表结构依然存在。所以 DELETE 语句有两种用法:

• 删除表中所有数据:

```
mysql> UPDATE  学生信息  SET  联系方式="无";
Query OK, 4 rows affected (0.01 sec)
Rows matched: 4  Changed: 4  Warnings: 0

mysql> UPDATE  学生信息  SET 年龄=年龄 +5 WHERE 性别='女';
Query OK, 2 rows affected (0.00 sec)
Rows matched: 2  Changed: 2  Warnings: 0

mysql> UPDATE  学生信息  SET  联系方式='13545388888'
    -> WHERE 学号='64001001';
Query OK, 1 row affected (0.01 sec)
Rows matched: 1  Changed: 1  Warnings: 0
```

图 3-14　UPDATE 语句用法

```
mysql> SELECT * FROM 学生信息;
+----------+------+------+------+-------------+
| 学号     | 姓名 | 性别 | 年龄 | 联系方式    |
+----------+------+------+------+-------------+
| 64001001 | 小强 | 男   |   21 | 13545388888 |
| 64001002 | 马六 | 男   |   22 | 无          |
| 64001003 | 王五 | 女   |   15 | 无          |
| 64001005 | 田七 | 女   |   27 | 无          |
4 rows in set (0.00 sec)
```

图 3-15　修改后的表数据

```
DELETE FROM 表名;
```

例如，删除学生信息表 student 的所有数据：

```
DELETE FROM student;
```

• 删除部分数据（满足条件的数据）：

```
DELETE FROM 表名 WHERE 条件;
```

例如，删除学生信息表 student 的班级编号为 1 的学生信息：

```
DELETE FROM student WHERE 班级编号= 1;
```

（2）用 TRUNCATE TABLE 语句完全清空一个表，语法格式为

```
TRUNCATE [TABLE] 表名
```

从逻辑上说，TRUNCATE 语句与"DELETE FROM 表名"语句作用相同，但是在某些情况下，两者在使用上有所区别。例如：清空记录的表如果是父表，那么 TRUNCATE 命令将永远执行失败。如果使用 TRUNCATE TABLE 成功清空表记录，那么会重新设置自增型字段的计数器。TRUNCATE TABLE 语句不支持事务的回滚，删除的数据不能恢复，并且不会触发触发器程序的运行。而使用 DELETE 语句删除的数据是可以恢复的。

3.5　综合案例

在 MySQL 环境下，创建学生选课数据库和图书销售数据库。以后章节的内容将基于这两个数据库完成。

第 3 章
数据表的操作

47

```
create database choose;     # 创建数据库 choose
use choose                  # 打开数据库 choose
# 创建部门信息表 department
create table department(
学院编号 int auto_increment primary key,
学院名称 char(20) not null unique
)engine= InnoDB;
# 向 department 表插入数据
insert into department values(null,'机电工程学院');
insert into department values(null,'土木工程学院');
insert into department values(null,'计算机学院');
insert into department values(null,'管理工程学院');
insert into department values(null,'生物工程学院');
# 创建班级信息表 classes
create table classes(
班级编号 char(4)  primary key,  # 设置班级编号为主键
班级名称 char(20) not null unique, # 设置班级名称不允许为空,且唯一
学院编号 int,
constraint d_c_fk foreign key(学院编号) references department(学院编号)
)engine= innodb;
# 向 classes 表插入数据
insert into classes values('01','21 计算机科学与技术 1 班',3);
insert into classes values('02', '22 计算机科学与技术 2 班',3);
insert into classes values('03', '22 计算机科学与技术 3 班',3);
insert into classes values('04','21 信息管理 1 班',4);
insert into classes values('05', '20 机电 1 班',1);
insert into classes values('06', '19 机电 2 班',1);
insert into classes values('07','21 生工 1 班',5);
# 创建学生信息表 student
create table student(
学号 char(11) primary key,# 学号不允许重复
姓名 char(10) not null,    # 学生姓名不允许为空
性别 enum('男','女'),
出生日期 datetime,
班级编号  char(4),
constraint s_c_fk foreign key(班级编号) references classes(班级编号)
    # 设置班级编号为外键
)engine= innodb;
# 向学生信息表插入数据
insert into student values
('01640401','新月','女','2002-02-20 00:00:01','01');
insert into student values
```

```
('01640402','李白','男','2002-02-20 00:00:01','01'),
('01640403','黄飞鸿','男','2001-02-20','01'),
('01640404','黄蓉','女','2003-03-18','02'),
('01640405','胡歌','男','2002-04- 01','03'),
('01640406','马丽','女','2001-03-04','04'),
('01640407','马小跳','男','2002-3-4','02');
# 创建课程信息表 course
create table course(
课程号 int auto_increment primary key,   # 设置课程号为自动增长型,且为主键
课程名称 char(10) not null,        # 设置课程名不允许为空
学分 int default 4,                      # 设置学分的默认值为 4
学院编号 int,
constraint   c_fk foreign key(学院编号) references department(学院编号)
)engine= innodb;
# 向 course 表插人数据
insert into course values( null,'java 语言程序设计',3,1);
insert into course values( null, 'MySQL 数据库',2,2);
insert into course values( null, 'c 语言程序设计',4,1);
insert into course values( null,'c+ +',2,2);
insert into course values( null, '数据库原理',2,5);
insert into course values( null, '高等数学',5,1);
# 创建学生选课信息表 choose
create table choose(
学号 char(11),
课程号 int,
成绩 tinyint unsigned,
primary key (学号,课程号),
选课时间 datetime default now(),
constraint choose_student_fk foreign key(学号) references student(学号),
constraint choose_course_fk foreign key(课程号) references course(课程号)
)engine= innodb;
# 向 choose 插入数据
insert into choose(学号,课程号,成绩) values
('01640401',2,40),
('01640401',1,50),
('01640401',3,60),
('01640402',2,70),
('01640403',1,80),
('01640403',2,90),
('01640404',3,0 ),
('01640405',1,0 );
# 图书销售数据库
```

```
create database book;
use book;
# 创建书店信息表 bookstore
create table bookstore(
书店 id char(10) primary key,
书店名 char(40) unique,
书店地址 char(60)default '地址不详',
书店电话 char(12) not null,
书店面积 float
)engine= innodb;
# 插入数据
insert bookstore values('1','紫光书店','武生院东区','13623123542',20.5);
insert bookstore values('2','黄菊书店','武生院西区','13624312542',30.6);
insert bookstore values('3','绿荷书店','武生院南区','11452112542',70.2);
insert bookstore values('4','蓝天书店','武生院北区','13123243542',80.3);
insert bookstore values('5','红日书店','武生院学子区','11234543242',90.5);
# 创建线上买家信息表 buyer
create table buyer(
买家 id char(10) primary key,
姓名 char(10) not null,
性别 enum('男','女') default '男',
家庭住址  varchar(10),
联系电话 char(11) unique);
# 插入数据
insert buyer values('buyer1','彭万里','男','武生院学子南 101','157895614');
insert buyer values('buyer2','高大山','男','武生院学子南 102','1592345435');
insert buyer values('buyer3','孙子涵','女','武生院东八 101','18879451689');
insert buyer values('buyer4','孙丹','女','武生院东八 102','18295621876');
insert buyer values('buyer5','马建国','男','武生院北一 101','15984651894');
insert buyer values('buyer6','王卫国','男','武生院北一 102','18879456213');
insert buyer values('buyer7','周利人','男','武生院柏园 101','18879136513');
# 创建图书信息表 book
create table book(
图书编号 char(10) primary key,
图书名称 char(20) not null unique,
作者 varchar(18) not null,
单价 decimal(5,2) default 0,
出版商 char(16) )engine= innodb;
# 插入数据
insert into book values('a2018001','围城','钱钟书',18,'晨光出版社');
insert book values('a2018002','鬼谷子','奥里森 马丁',42,'北方文艺出版社');
insert book values('a2018003','人性的弱点','戴尔.卡耐基',15,'人民出版社');
```

```
insert book values('a2018004','时间简史','史蒂芬.霍金',50,'科学技术出版社');
insert into book values('a2018005','方与圆','文德',6.8,'海天出版社');
insert into book values('a2018006','朗读者','董卿',10.5,'人民大学出版社');
insert book values('a2018007','巴黎圣母院','维克多.雨果',28,'人民文学出版社');
insert into book values('a2018008','活着','余华',10.5,'邮电出版社');
# 创建 onsale 表
create table onsale(
书店 id char(10),
图书编号 char(10),
上架数量 int default 0,
constraint onsale_bookstore_fk foreign key(书店 id) references bookstore(书店
id),
constraint onsale_book_fk foreign key(图书编号) references book(图书编号)
)engine= innodb;
# 插入数据
insert into onsale values('1','a2018001',425);
insert into onsale values('1','a2018004',360);
insert into onsale values('1','a2018005',125);
insert into onsale values('1','a2018007',285);
insert into onsale values('2','a2018003',389);
insert into onsale values('2','a2018008',500);
insert into onsale values('3','a2018001',444);
insert into onsale values('3','a2018006',310);
insert into onsale values('3','a2018005',428);
insert into onsale values('4','a2018004',205);
insert into onsale values('4','a2018006',466);
insert into onsale values('4','a2018007',400);
insert into onsale values('5','a2018001',405);
insert into onsale values('5','a2018002',410);
insert into onsale values('5','a2018003',330);
insert into onsale values('5','a2018005',445);
insert into onsale values('5','a2018006',421);
insert into onsale values('5','a2018008',460);
# 创建 dingdan 表
create table dingdan(
订单 id char(20) primary key,
买家 id char(10),
书店 id char(10),
图书编号 char(10),
下单数量 int,
下单时间 datetime not null,
constraint dingdan_buyer_fk foreign key(买家 id) references buyer(买家 id),
```

```
        constraint dingdan_bookstore_fk foreign key(书店 id) references bookstore(书
        店 id),
        constraint dingdan_book_fk foreign key(图书编号) references book(图书编号)
    )engine= innodb;
    # 向 dingdan 表插入数据
    insert dingdan values('100001', 'buyer1','3','a2018001', 5 ,'2018-11-12 10:18:26
    ');
        insert dingdan values('100002','buyer2','1','a2018005',2 ,'2018-11-12 16:45:36
    ');
        insert dingdan values('100003', 'buyer3','5','a2018001', 6 ,'2018-11-13 09:16:20
    ');
        insert dingdan values('100004','buyer4','3','a2018005',1 ,'2018-11-13 13:25:31
    ');
        insert dingdan values('100005', 'buyer5','2','a2018008', 4 ,'2018-11-14 15:11:24
    ');
        insert dingdan values('100006', 'buyer6','4','a2018006', 2 ,'2018-11-15 11:29:37
    ');
        insert dingdan values('100007','buyer7','5','a2018006', 4 ,'2018-11-15 15:19:25
    ');
```

 习题

一、单选题

1. 以下不属于 MySQL 基本数据类型的是(　　)。

A. 整数类型　　　　　　　　　　B. 日期时间类型

C. 字符串类型　　　　　　　　　D. 枚举类型

2. MySQL 中以下(　　)数据类型不可以表示小数。

A. INT　　　　　　B. FLOAT　　　　C. DOUBLE　　　D. DECIMAL

3. 以下选项不属于 MySQL 支持的字符串类型是(　　)。

A. CHAR　　　　　B. VARCHAR　　　C. TEXT　　　　　D. DECIMAL

4. 创建数据表的语法格式是(　　)。

A. SHOW [FULL]COLUMNS　FROM　数据表名 [FROM　数据库名];

B. CREATE[TEMPORARY] TABLE [IF NOT EXISTS]数据表名(字段名 数据类型,…)

C. ALTER[IGNORE] TABLE 数据表名 ALTER_SPEC[,ALTER_SPEC]…

D. DROP TABLE 数据表名;名(字段 1,字段 2,…) VALUES (值 1,值 2,…)

5. 插入记录的语法格式是(　　)。

A. INSERT　FROM 数据表

B. INSERT　INTO 数据表名(字段 1,字段 2,…) VALUES (值 1,值 2,…)

C. INSERT　WHERE 数据表名（字段 1,字段 2，…）VALUES（值 1，值 2，…）

D. INSERT　INTO FROM 数据表名（字段 1,字段 2，…）VALUES（值 1，值 2，…）

二、简答题

1. 如何把原来的数据表重命名？

2. TRUNCATE 命令与 DELETE 命令有什么区别？

第 **4** 章　数据完整性

数据库中的数据大部分是从外界输入的,而数据的输入由于种种原因,会发生输入无效或信息错误的情况。为防止数据库中存在不符合语义规定的数据和因错误信息的输入输出造成无效操作,而提出数据库完整性。保证输入的数据符合规定,成为数据库系统尤其是多用户的关系数据库系统首要关注的问题。本章将讲述数据完整性的概念及其在 MySQL 实验环境中的实现方法。

本章要点:
- ◆ 数据完整性的类型
- ◆ 约束类型
- ◆ 修改表结构设置约束
- ◆ 删除约束
- ◆ 设置自增字段

4.1　数据完整性的类型

数据的完整性是指数据的正确性和相容性,数据的正确性是指数据是符合现实世界语义、反映当前实际状况的。数据的相容性是指数据库同一对象在不同关系表中的数据是符合逻辑的。

例如,学生的学号必须唯一,性别只能是男或女,学生年龄的取值范围为 16～40 的整数,学生所选的课程必须是学校开设的课程,学生所在的院系必须是学校已成立的院系等。如果定义学生的年龄为 1000 岁,则是不符合语义的、不正确的数据。

数据的完整性和安全性是两个既有联系又不尽相同的概念。数据的完整性是为了防止数据库中存在不符合语义的数据,也就是防止数据库中存在不正确的数据。数据的安全性是保护数据库,防止恶意破坏和非法存取。因此,完整性检查和控制的防范对象是不合语义的、不正确的数据,防止它们进入数据库。安全性控制的防范对象是非法用户和非法操作,防止它们对数据库数据的非法存取。

为维护数据的完整性,数据库管理系统必须能够实现如下功能。

1. 提供定义完整性约束条件的机制

完整性约束条件也称为完整性规则,是数据库中的数据必须满足的语义约束条件。它表达了给定的数据模型中数据及其联系所具有的制约和依存规则,用以限定符合数据模型的数据库状态以及状态的变化,以保证数据的正确性、有效性和相容性。SQL 标准使用了一系列概念来描述完整性,包括关系模型的实体完整性、参照完整性和用户定义完整性。这些完整性一般由 SQL 的数据定义语句来实现,它们作为数据库模式的一部分存入数据字典中。

2. 提供完整性检查的方法

数据库管理系统中检查数据是否满足完整性约束条件的机制称为完整性检查。一般在INSERT、UPDATE、DELETE语句执行后开始检查,也可以在事务提交时检查。检查这些操作执行后数据库中的数据是否违背了完整性约束条件。

3. 进行违约处理

数据库管理系统若发现用户的操作违背了完整性约束条件将采取一定的动作,如拒绝执行该操作或级联执行其他操作,进行违约处理以保证数据的完整性。

MySQL 数据库将数据完整性解释为:存储在数据库中的所有数据值均正确。如果数据库中存储有不正确的数据值,则称为该数据库已丧失数据完整性。为了保证数据的完整性,MySQL 提供了定义、检查和控制数据完整性机制。根据数据完整性措施作用的数据库对象和范围不同,数据完整性分为实体完整性、域完整性、参照完整性和用户自定义完整性等。

◆ 4.1.1 实体完整性

实体完整性也称为行的完整性,是指数据表中的所有行都是唯一的、确定的,所有的记录都是可以区分的。实体完整性规定了表中的主键值必须是唯一的,而且所有主属性的值都不能为空值,这样才能有效地标识每一个实体记录,保证实体记录的完整性。例如,学生表中的学号字段(主键)对应的值每一行都不相同。

◆ 4.1.2 域完整性

域完整性是指列的值域的完整性,通常指数据的有效性,它包括属性列中数据具有正确的数据类型、格式、值域范围、是否允许为空值等。域完整性是由确定表结构时所定义的字段的属性决定的,可以确保不会输入无效的值。例如,学生表中的性别字段值只能取"男"或"女"。

◆ 4.1.3 参照完整性

现实世界中的实体之间往往存在着某种联系,在关系模型中,实体以及实体之间的联系都是用关系来表示的,这就存在着关系与关系之间的引用和被引用关系。参照完整性是对关系数据库中建立关联关系的数据表之间的参照引用,保证参照表与被参照表中数据的一致性。对于永久关系的数据表,在更新、插入或删除记录时,如果只改其一不改其二,就会影响数据的完整性。准确地说,参照完整性属于表与表之间的规则,是通过设置外码(外键)实现的(详细讲解见 4.2.4 节)。如学生实体和专业实体的关系模式可以表示为:

学生(学号,姓名,性别,专业号,年龄)

专业(专业号,专业名)

这两个关系之间存在着属性的引用(含有相同的属性专业号),学生关系引用了专业关系的主码(主键)专业号的值,专业号则是学生关系的外码。如果对参照表和被参照表进行增加、删除、修改操作,则有可能会破坏参照完整性。实施了参照完整性后,对表中主键字段进行操作时数据库管理系统会自动地检查主键。如果对主键的修改违背了参照完整性的要求,数据库管理系统根据不同的策略执行相应的处理。一般的策略有如下几种:

(1)拒绝操作:不允许该操作进行,该策略一般设置为默认处理策略。

(2)级联(CASCADE)操作:当删除或修改被参照表的数据时会导致参照表的数据不一致性,从而同时删除或修改参照表中相应数据。

(3)设置为空值:当删除或修改被参照表的某一条记录,导致参照表的数据不一致时,则将参照表的所有不一致的若干条记录中的属性值设置为空。

4.1.4 用户自定义完整性

用户自定义完整性是指针对某一具体应用的关系数据库的约束条件,它反映某一具体应用所涉及的数据必须满足的语义要求,也称为域完整性或语义完整性。它是用户定义某个具体数据库所涉及的数据必须满足的约束条件,是由具体应用环境来决定的。例如,约定学生成绩的数据必须小于或等于 100,约定每位公民的身份证号为 18 位,约定学生的学号必须以 21064 开头等。

特点:

• 是针对某一具体应用领域定义的数据约束条件;

• 反映某一具体应用所涉及的数据必须满足应用语义的要求;

• 实际上就是指明关系中属性的取值范围,防止属性的值与应用语义矛盾;

• 关系模型应提供定义和检验这类完整性的机制,以便用统一的系统方法处理它们,而不要由应用程序承担这一功能。

4.2 约束类型

为了维护数据的完整性,数据库管理系统 DBMS 必须要提供一种机制来检查数据库中的数据。这些加在数据库数据之上的语义约束条件就称为数据完整性约束条件。

约束是在表中定义的用于维护数据库完整性的一些规则。通过为表中的列定义约束可以防止将错误的数据插入表中,也可以保持表与表之间数据的一致性。为表设置约束是解决数据完整性的主要方法。MySQL 数据库设置了相关约束,通过定义字段的取值规则来维护数据完整性。

MySQL 数据库支持的约束有:PRIMARY KEY(主键)约束、NOT NULL(非空)约束、UNIQUE(唯一)约束、FOREIGN KEY(外键)约束和 DEFAULT(默认)约束。在 MySQL 中,为表创建约束有两种方法:

(1)在创建表时设置约束,使用 CREATE TABLE 语句实现。

(2)通过修改表结构设置约束,使用 ALTER TABLE 语句实现。

4.2.1 主键约束

MySQL 数据库规定数据表中不能有重复的记录值出现,一张表有多个字段,如果保证有一个字段的值是不重复的,则该表中就不可能存在完全相同的几条记录。因此,创建数据表时要把表中关键的字段设置为主键。

　　主键用于唯一标识表中的每一条记录，是数据表的一个字段或多个字段组合。例如，在"学生信息"表中要区分每一个学生，区分的唯一标志不是姓名，也不是出生日期，更不能是班级，而是每个学生唯一的学号，所以要把学号字段设为主键。当字段被设置为主键时，该字段的值就不能为空，也不能重复。设置主键有两种情况：

　　（1）如果一张表的主键是单个字段。在创建表结构时，在该字段的数据类型后加上"PRIMARY KEY"关键字，就可以为该字段添加主键约束，语法结构为：

字段名　数据类型 PRIMARY KEY

或

CONSTRAINT 约束名称 PRIMARY KEY(字段名)

 例 4.1　　　　将学生信息表中的学号字段设置为主键。

CREATE TABLE 学生信息(
学号 CHAR(10) PRIMARY KEY,
姓名 CHAR(10),
年龄 TINYINT,
出生日期 DATETIME);

或

CREATE TABLE 学生信息(
学号 CHAR(10),
姓名 CHAR(10),
年龄 TINYINT,
出生日期 DATETIME,
CONSTRAINT ST_PK PRIMARY KEY(学号));

　　其中 ST_PK 是主键约束名。

　　（2）如果一张表的单个字段无法被定义为主键，则需要把多个字段组合共同设置为主键，即复合主键，语法结构为：

CONSTRAINT 约束名称 PRIMARY KEY (字段名 1, 字段名 2)

例 4.2　　　　创建学生选课表，并添加主键。该表中，一个学生可以选修多门课程，一门课程可以被多个学生选修，因此学号和课程号都不能单独被设置为主键，需要把学号和课程号共同设置为主键。运行结果如图 4-1 所示。

CREATE TABLE 学生选课(
学号 CHAR(10),
课程号 CHAR(10),
成绩 INT,
PRIMARY KEY(学号,课程号));

或

CREATE TABLE 学生选课(
学号 CHAR(10),
课程号 CHAR(10),
成绩 INT,
CONSTRAINT S_C_PK PRIMARY KEY(学号,课程号));

```
mysql> CREATE TABLE 学生选课(
    -> 学号 CHAR(10),
    -> 课程号 CHAR(10),
    -> 成绩 INT,
    -> PRIMARY KEY(学号,课程号));
Query OK, 0 rows affected (0.04 sec)
```

图 4-1　学生选课表设置主键

如果表中的主键是复合主键，也可以为该表新增一个字段类似于表中的序号，并设置为自动增长型数据，再设置主键。自增型字段的初始值从 1 开始递增，且步长为 1。

例 4.3　创建课程信息表，并将课程号设置为主键。

```
CREATE TABLE 课程信息(
课程号 INT PRIMARY KEY,
课程名称 CHAR(10) ,
学分 INT);
```

4.2.2　唯一约束

在一张数据表中，有时除主键具有唯一性特征外，表中其他的字段也需要具有唯一性。例如，在班级信息表中，字段“班级代码”和“班级名称”的值都不能重复，都具有唯一性特征。“班级名称”虽不是主键，但可以通过添加唯一约束设置它的唯一性，这时就需要在创建表时添加唯一约束。语法格式为：

```
字段名　数据类型　UNIQUE
```

例 4.4　创建班级信息表，并将班级编号设置为主键，班级名称设置为唯一约束。

```
CREATE TABLE 班级信息(
班级编号 CHAR(10) PRIMARY KEY,
班级名称 CHAR(20) UNIQUE,
辅导员 CHAR(20)
);
```

4.2.3　非空约束

非空约束用来强制数据的域完整性，用来设定某个字段的值不能为空。对于使用了非空约束的字段，如果用户在插入数据时没有指定值，数据库管理系统就会报错，拒绝数据插入。语法格式为：

```
字段名　数据类型　NOT NULL;
```

比如，在学生信息表中，如果不添加学生姓名，那么这条学生信息无效，这时就可以为学生姓名字段设置非空约束。

4.2.4　默认约束

默认约束指定某列的默认值。例如，男性同学较多，性别就可以默认为‘男’。如果插入一条新的记录时没有为这个字段赋值，那么系统会自动为这个字段赋值‘男’。语法格式为

字段名　数据类型　DEFAULT　默认值

◆ 4.2.5　外键约束

数据库中的表与表之间的数据是有关联性的，为了防止数据丢失或无意义的数据在数据库中扩散，使的数据不一致，需要设置外键。一张表中的字段值恰好引用了另外一张表的字段值（该字段的值通常是主键值，也可以是被设置为唯一约束的字段值），那么该字段就是本表的外键。被引用的表是主表（父表），引用的表是从表（子表），外键在从表或子表中设置。外键是实现强制关联数据的参照完整性，具体地说，就是从表中每条记录外键的值必须是主表中存在的。因此，如果在两个表之间建立了关联关系，则对一个数据表进行的操作就要影响到另一张表中的记录。一张表可以添加多个外键，实现多张表的数据关联。外键的作用主要表现在以下三个方面：

（1）禁止在从表中插入主表中不存在的数据。

（2）禁止由于修改主表中主键的值，导致从表中相应的外键值孤立。

（3）禁止删除在从表中有对应记录的主表记录。

设置外键的语法格式为：

CONSTRAINT 约束名称 FOREIGN KEY(字段名) REFERENCES 主表名(字段名)

例 4.5　　　在 choose 数据库中为学生选课表添加外键约束。学生选课表的学号和课程号的数据分别引用主表学生信息表和课程信息表中的主键数据。因此，要把学生选课表的学号和课程号分别设置为外键。运行结果如图 4-2 所示。

```
CREATE TABLE 学生选课(
学号 CHAR(10),
课程号 int,
成绩 INT,
CONSTRAINT  S_C_PK  PRIMARY KEY(学号,课程号),
CONSTRAINT C_FK  FOREIGN KEY(课程号) REFERENCES 课程信息(课程号),
CONSTRAINT S_FK  FOREIGN KEY(学号) REFERENCES 学生信息(学号));
```

其中：S_C_PK 是主键约束名，C_FK 和 S_FK 分别是外键约束名。

```
mysql> CREATE TABLE 学生选课(
    -> 学号 CHAR(10),
    -> 课程号 int,
    -> 成绩 INT,
    -> CONSTRAINT  S_C_PK  PRIMARY KEY(学号,课程号),
    -> CONSTRAINT C_FK  FOREIGN KEY(课程号) REFERENCES 课程信息(课程号),
    -> CONSTRAINT S_FK  FOREIGN KEY(学号) REFERENCES 学生信息(学号));
Query OK, 0 rows affected (0.06 sec)
```

图 4-2　创建设置外键的表

例 4.6　　　在图书销售管理数据库中，创建一张 book 表，根据表 4-1 的描述创建表。运行结果如图 4-3 所示。

表 4-1 book 表结构

字段名称	数据类型	字段长度	说明
图书编号	CHAR	10	设置为主键
书名	VARCHAR	30	添加非空、唯一约束
作者	VARCHAR	30	默认值为"作者不详"
单价	DECIMAL(5,2)		默认值为 0
出版社	CHAR	12	不能为空

```
CREATE TABLE book
(图书编号 CHAR(10) PRIMARY KEY,
书名 VARCHAR(30) UNIQUE NOT NULL,
作者 VARCHAR(30) DEFAULT '作者不详',
单价 DECIMAL(5,2) DEFAULT 0,
出版社 CHAR(12) NOT NULL
);
```

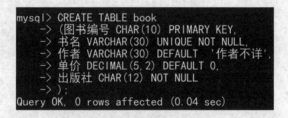

图 4-3 创建 book 表

4.2.6 检查约束

检查约束(CHECK)是检查某个字段值是否符合要求(由用户定义)。

SQL 中的检查约束属于完整性约束的一种,可以用于约束表中的某个字段或者一些字段必须满足某个条件。例如用户名必须大写、银行账户余额不能小于零、身份证号必须是 18 位等。常见的数据库都实现了检查约束,例如 Oracle、SQL Server、PostgreSQL 以及 SQLite。然而 MySQL 一直以来没有真正实现该功能,即便在 MySQL 8.0 中增加了新功能——检查约束(CHECK 约束),但是在 MySQL 8.0.16 之前的版本中,虽然在 CREATE TABLE 语句允许 CHECK 语法,但实际上解析之后会忽略该子句,CHECK 检查约束无效。[可以使用触发器(详见 8.2 节)实现检查约束的功能。]直到 MySQL 8.0.28 版本才实现了该功能,CHECK 约束是实现用户自定义完整性的。

如果给表的某个字段设置了检查约束,在修改或者添加数据时检查约束就会判断,判断添加的数据是否符合检查约束的判断条件,如果检查失败,数据被拒绝添加或修改。

检查约束使用 CHECK 关键字,语法格式为

> 字段名 数据类型 CHECK 表达式

其中,"表达式"用于指定需要检查的限定条件。

例 4.7　　　　创建学生信息表 student ,要求学号字段的值必须以 2022 开头,学生的年龄要求在 18 岁到 25 岁之间,学生姓名不能以'王'字打头。代码运行结果如图 4-4 所示。

```
CREATE TABLE student(
学号 CHAR(10) PRIMARY KEY CHECK (学号 LIKE '2022%'),
姓名 CHAR(20) CHECK(姓名    NOT LIKE '王%'),
年龄 TINYINT CHECK (年龄 > = 18 AND 年龄< = 25));
```

```
mysql> CREATE TABLE student(
    -> 学号 CHAR(10) PRIMARY KEY CHECK (学号 LIKE '2022%'),
    -> 姓名 CHAR(20) CHECK( 姓名 NOT LIKE '王%'),
    -> 年龄 TINYINT CHECK (年龄 >=18 AND 年龄<=25));
Query OK, 0 rows affected (0.04 sec)
```

图 4-4　创建表时设置 CHECK 约束

分别向 student 表插入三行错误的数据和三行正确的数据，观察 CHECK 约束的作用，如图 4-5 所示。

```
mysql> insert student(学号) values('1001110');
ERROR 3819 (HY000): Check constraint 'student_chk_1' is violated.
mysql> insert student (学号) values('20221110') ;
Query OK, 1 row affected (0.00 sec)

mysql> insert student(学号,姓名) values('20221111','王三');
ERROR 3819 (HY000): Check constraint 'student_chk_2' is violated.
mysql> insert student(学号, 姓名)values('20221111','李三');
Query OK, 1 row affected (0.00 sec)

mysql> insert student values('20220002','里斯',34);
ERROR 3819 (HY000): Check constraint 'student_chk_3' is violated.
mysql> insert student values('20220002','里斯',23);
Query OK, 1 row affected (0.01 sec)
```

图 4-5　插入错误数据和正确数据对比

给字段设置了检查约束，在插入数据时，MySQL 数据库会自动检查数据是否满足条件，如果不满足则会拒绝数据的插入。并且 MySQL 数据库会为每个 CHECK 约束自动创建约束名称，如图 4-5 中的 student_chk_1、student_chk_2、student_chk_3。删除 CHECK 约束会根据约束名删除。

4.3　修改表结构设置约束

使用 CREATE TABLE 语句可以添加相关约束，也可以通过修改表结构语句 ALTER TABLE 命令为已经创建好的数据表设置约束。

1. 使用 ALTER TABLE 设置主键约束和外键约束

语法格式如下：

ALTER TABLE 表名 ADD CONSTRAINT 约束名 约束类型(字段名 [,…N])

其中约束类型可以是 PRIMARY KEY、FOREIGN KEY、CHECK 约束。而 NOT NULL、UNIQUE 、DEFAULT 约束可以通过修改表结构中的字段实现。

 例 4.8　　　给例 4.5 的学生选课表添加主键和外键（通过修改表结构添加主键和

外键)。

```
ALTER  TABLE 学生选课  ADD CONSTRAINT  s_c_fk PRIMARY KEY(学号, 课程号);
#主键约束
ALTER  TABLE 学生选课  ADD CONSTRAINT  c_fk  FOREIGN KEY(课程号)
       REFERENCES 课程信息(课程号);  # 外键约束
ALTER  TABLE 学生选课  ADD CONSTRAINT s_fk FOREIGN KEY(学号)
       REFERENCES 学生信息(学号));  # 外键约束
```

例 4.9 学生选课数据库中的院系表结构和班级信息表结构如图 4-6 所示，这两张表没有设置任何约束，使用 ALTER TABLE 语句为班级信息表设置主键约束和外键约束，为院系表设置主键约束。

```
ALTER  TABLE 院系  ADD CONSTRAINT  y_fk PRIMARY KEY(学院编号);    # 主键约束
ALTER  TABLE  班级信息  ADD CONSTRAINT  b_fk PRIMARY KEY(班级编号);
# 主键约束
ALTER  TABLE  班级信息  ADD CONSTRAINT yb_fk FOREIGN KEY(学院编号)
       REFERENCES 院系(学院编号);  # 外键约束
```

```
mysql> DESC 院系;
+----------+----------+------+-----+---------+-------+
| Field    | Type     | Null | Key | Default | Extra |
+----------+----------+------+-----+---------+-------+
| 学院编号 | char(10) | YES  |     | NULL    |       |
| 学院名称 | char(20) | YES  |     | NULL    |       |
+----------+----------+------+-----+---------+-------+
2 rows in set (0.01 sec)

mysql> DESC 班级信息;
+----------+----------+------+-----+---------+-------+
| Field    | Type     | Null | Key | Default | Extra |
+----------+----------+------+-----+---------+-------+
| 班级编号 | char(4)  | YES  |     | NULL    |       |
| 班级名称 | char(20) | YES  |     | NULL    |       |
| 学院编号 | char(10) | YES  |     | NULL    |       |
+----------+----------+------+-----+---------+-------+
```

图 4-6 表结构

2. 添加检查约束

语法格式如下：

```
ALTER TABLE  表名 ADD CONSTRAINT [约束名] CHECK(约束条件) [[NOT] ENFORCED];
```

其中：

[ ]表示可以省略，不填约束名的话，MySQL 会自动生成约束名；

ENFORCED 表示是否强制，默认是强制的，即会对改变的数据进行约束，NOT ENFORCED 表示 CHECK 约束不作用。

3. 使用 ALTER TABLE 设置非空约束、唯一约束、默认约束

语法格式如下：

```
ALTER  TABLE  表名 MODIFY  字段名  数据类型  约束类型
```

其中约束类型是 NOT NULL、UNIQUE 、DEFAULT。

例 4.10 为学生选课数据库中班级信息表的班级名称字段添加非空约束并设置默认值为"计科 1 班"，代码运行结果如图 4-7 所示。

```
ALTER   TABLE 班级信息 MODIFY 班级名称 CHAR(20) NOT NULL;              # 非空约束
ALTER   TABLE 班级信息 MODIFY 班级名称 CHAR(20) DEFAULT "计科 1 班";   # 默认约束
ALTER   TABLE 班级信息 MODIFY 班级名称 CHAR(20) UNIQUE;               # 唯一约束
```

可以同时添加非空、默认、唯一约束：

```
ALTER   TABLE 班级信息 MODIFY 班级名称 CHAR(20) DEFAULT "计科 1 班" NOT NULL
UNIQUE;
```

```
mysql> ALTER  TABLE  班级信息 MODIFY 班级名称 CHAR(20) NOT NULL;
Query OK, 0 rows affected (0.08 sec)
Records: 0  Duplicates: 0  Warnings: 0

mysql> ALTER  TABLE  班级信息 MODIFY 班级名称 CHAR(20) DEFAULT "计科1班";
Query OK, 0 rows affected (0.06 sec)
Records: 0  Duplicates: 0  Warnings: 0

mysql> ALTER  TABLE  班级信息 MODIFY 班级名称 CHAR(20) UNIQUE;
Query OK, 0 rows affected (0.02 sec)
Records: 0  Duplicates: 0  Warnings: 0

mysql> #同时添加非空、默认、唯一约束:
mysql> ALTER  TABLE  班级信息 MODIFY 班级名称 CHAR(20) DEFAULT "计科1班" NOT NULL UNIQUE;
Query OK, 0 rows affected, 1 warning (0.08 sec)
Records: 0  Duplicates: 0  Warnings: 1
```

图 4-7 设置非空约束、默认约束、唯一约束

4.4 删除约束

（1）删除主键约束。

删除表的主键约束条件的语法格式比较简单，语法格式为：

```
ALTER TABLE 表名 DROP PRIMARY KEY;
```

（2）删除外键约束。

删除外键约束时，需指定外键约束名称，因为一张表可设置多个外键，语法格式为：

```
ALTER TABLE 表名 DROP FOREIGN KEY 约束名;
```

（3）删除唯一约束。

使用删除索引的方法删除唯一约束，语法格式为：

```
ALTER TABLE 表名 DROP  INDEX  字段名;
```

（4）删除默认与非空约束。

使用修改表结构的方法删除约束，语法格式为：

```
ALTER TABLE 表名 MODIFY  字段名   数据类型;
```

（5）删除检查约束。

删除检查约束时，需指定约束名称，因为一张表可设置多个 CHECK 约束，语法格式为：

```
ALTER TABLE 表名 DROP CHECK 约束名;
```

外键约束

例 4.11 创建书店信息表 bookstore，并设置书店 id 为主键，书店名为唯一约

束,书店地址为默认约束,值为"地址不详",书店电话为非空约束,书店面积大小在 50~100 之间。表结构如图 4-8 所示。删除该表的所有约束,运行结果如图 4-9 所示。

```
CREATE TABLE bookstore(
书店 id CHAR(10) PRIMARY KEY,
书店名 CHAR(40) UNIQUE,
书店地址 CHAR(60) DEFAULT '地址不详',
书店电话 CHAR(12) NOT NULL,
书店面积 FLOAT CHECK (书店面积> 50 AND 书店面积< 100));
```

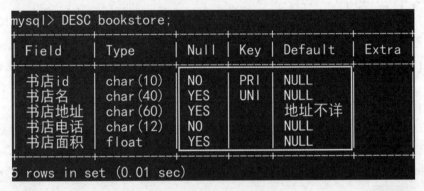

图 4-8   bookstore 表结构

```
mysql> ALTER TABLE bookstore  DROP PRIMARY KEY;          #删除主键约束
Query OK, 0 rows affected (0.09 sec)
Records: 0  Duplicates: 0  Warnings: 0

mysql> ALTER TABLE bookstore  DROP INDEX 书店名;          #删除唯一约束
Query OK, 0 rows affected (0.01 sec)
Records: 0  Duplicates: 0  Warnings: 0

mysql> ALTER TABLE bookstore MODIFY 书店地址 varchar(60);  #删除默认约束
Query OK, 0 rows affected (0.08 sec)
Records: 0  Duplicates: 0  Warnings: 0

mysql> ALTER TABLE bookstore MODIFY 书店电话 char(12);    #删除非空约束
Query OK, 0 rows affected (0.06 sec)
Records: 0  Duplicates: 0  Warnings: 0

mysql> ALTER TABLE bookstore  DROP CHECK bookstore_chk_1;  删除检查约束
Query OK, 0 rows affected (0.02 sec)
Records: 0  Duplicates: 0  Warnings: 0
```

图 4-9   删除约束

MySQL 提供了许多实现数据完整性的方法。除了本节介绍的约束外,还有前面 3.2 节介绍的数据类型和后面 8.2 节的触发器等都可以实现数据完整性。对于某一问题可能存在多种解决办法,应该根据系统的实际要求,从数据完整性实现的功能和系统开销综合考虑。

4.5 设置自增字段

为了避免数据表出现重复的记录,在创建数据表时会为每一张表设置主键,主键也可以提高数据的查询效率。有时数据表的主键需要多个字段组合成复合主键,但复合主键会造成数据更新、数据插入性能降低。这时尽量给表设计一个与业务无关的字段作为主键，如序号。这样的字段可以设置初始值，可以按照某一步长在插入数据时该字段的值会自动增长。MySQL 通过 AUTO_INCREMENT 属性定义自增字段，AUTO_INCREMENT 是数据列的一种属性，只适用于整数类型数据列。

使用自增字段（AUTO_INCREMENT）需要遵循以下规则：

（1）每张表只能有一个自增字段，数据类型一般是整数。AUTO_INCREMENT 数据列序号的最大值受该列的数据类型约束，如 TINYINT 数据列的最大编号是 127，一旦达到上限，AUTO_INCREMENT 就会失效。

（2）自增字段必须被设置为主键（PRIMARY KEY）或者创建唯一索引（UNIQUE），以避免序号重复。

（3）自增字段必须是非空（NOT NULL）属性，MySQL 会自动为自增字段设置非空约束。

修改自增字段的初始值，语法格式如下：

```
ALTER TABLE 表名 AUTO_INCREMENT= 新的初始值;
```

修改自增字段的步长，语法格式如下：

```
SET @@AUTO_INCREMENT_INCREMENT= 步长;
```

例 4.12　创建数据表例子，如图 4-10 所示。SQL 语句如下：

```
CREATE TABLE 例子(序号 TINYINT AUTO_INCREMENT PRIMARY KEY);    # 创建例子表
INSERT 例子 VALUES(NULL),(NULL),(NULL),(NULL);              # 添加 4 条记录
SET @@AUTO_INCREMENT_INCREMENT= 10;        # 修改自增字段的步长为 10
ALTER  TABLE 例子 AUTO_INCREMENT= 20;    # 修改自增字段的初始值为 20
```

　　（a）自增字段的默认值　　　（b）修改自增字段的初始值和步长

图 4-10　设置自增字段的数据表

 习题

一、单选题

1.主键约束是保证（　　）完整性的一个重要措施。

A.实体　　　　　　B.域　　　　　　　C.参照　　　　　　D.以上都不对

2.(　　)是用来实现参照完整性的。

A. 主键约束　　　　　B. 外键约束　　　　　C. 非空约束　　　　　D. 唯一约束

二、填空题

1. 有学生信息表(学号,姓名,年龄,身份证号),该表的主键是_____。

2. 假设有两张表:职工(职工号,姓名,年龄,职务,工资,部门号),部门(部门号,名称,经理名,电话)。职工表的主键是_____,部门表的主键是_____,_____是外键。

三、简答题

1. 什么是数据完整性?

2. 什么是外键约束?简述外键约束的作用。

3. 根据表 4-2 的描述创建学生兴趣 enjoy 表,并根据说明设置相应的约束。

表 4-2　enjoy 表结构

字 段 名 称	数 据 类 型	说　　　　明
stuNo	字符	学号,该列必填,学号不能重复
stuSex	字符	学生性别,该列必填,且只能是"男"或"女"。因为男生较多,默认为"男"
StuID	数值	身份证号是唯一的
stuAge	数值	学生年龄,该列必填
stuSeat	数值	学生的座位号,不用人工输入,采用自动编号方式
stuAddress	字符	学生地址,如没有填写,默认为"地址不详"

第 5 章　数据查询

数据库中最常用的操作是从表中检索所需的数据，即数据查询。本章结合学生选课数据库和图书销售管理数据库详细讲解数据查询子句 SELECT 的用法。通过本章的学习，用户可以从数据库表中检索所需要的数据。

本章要点：

◆ SELECT 语句概述

◆ 简单查询

◆ 聚合函数与 GROUP BY 子句

◆ 多表连接查询

◆ 嵌套查询

◆ 数据查询与数据更新

◆ 合并查询结果

5.1　SELECT 语句概述

数据查询操作中使用频率最高的 SQL 语句是 SELECT 语句。数据查询过程如图 5-1 所示，数据库用户在客户端编写 SELECT 语句，然后发送给 MySQL 服务器，MySQL 服务器实例将 SELECT 语句进行解析、编译、执行，从数据表中查询满足条件的若干记录，将查询的结果集返回客户端。

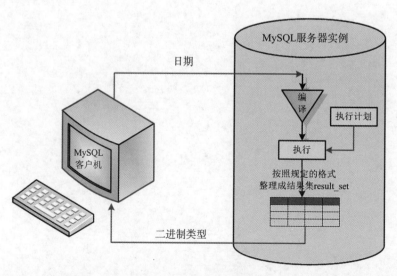

图 5-1　数据查询过程

SELECT 语句使用非常灵活,功能丰富,语法格式为

```
SELECT [ALL | DISTINCT]字段列表
FROM   表名
[WHERE 条件表达式]
[GROUP BY 字段名]
[HAVING 条件表达式]
[ORDER BY 字段名 [ASC| DESC]
[LIMIT   [行号,] 行数 ]
```

> **说明:**
>
> [ ]:是可选项,可省略。
>
> SELECT 子句:指定由查询返回的列。
>
> FROM 子句:用于指定数据源,指定字段列表所在的表或视图。
>
> WHERE 子句:用于指定记录的查询条件。
>
> DISTINCT :去掉查询结果中重复的记录。
>
> GROUP BY 子句:用于对查询的数据进行分组。
>
> HAVING 子句:通常与 GROUP BY 子句一起使用,用于查询分组后的数据二次筛选。
>
> ORDER BY 子句:用于对查询结果的数据进行排序,ASC 升序, DESC 降序,默认为升序。
>
> LIMIT 子句:用于显示查询结果集的记录数。

5.2 简单查询

简单查询主要是基于一张表的数据筛选和数据统计。

◆ ### 5.2.1 查询指定的字段

数据表中有多个字段,用户可根据需要选择表中一个字段或其中的几个字段输出。只在查询语句 SELECT 后面列出要查询的字段名即可,字段之间用","分隔。语法格式为

```
SELECT 字段列表  FROM   表名;
```

 查询学生信息表 student 中的学号、姓名。

```
SELECT 学号,姓名 FROM  student;
```

查询学生信息表 student 中的所有字段:

```
SELECT   学号,姓名,性别,出生日期,班级编号 FROM  student;
```

如果要输出表中的全部字段,可改为"SELECT * FROM student;",即打开表,
" * "代表所有的字段,如图 5-2 所示。SELECT 子句除了可以跟字段名,还可以跟表达式、字符串、函数等。

 查询学生信息表 student 的学号、姓名、年龄。

```
SELECT  学号, 姓名, YEAR(NOW()) - YEAR(出生日期)  FROM  student;
```

SELECT 子句中的字段名或关于字段的计算表达式都会自动地作为查询结果的列名,如果列名太长或不直观,可以用别名对列进行重命名。例 5.2 的 SQL 语句可以改为

```
SELECT   学号, 姓名, YEAR(NOW()) - YEAR(出生日期)  AS  年龄  FROM student;
```

数据查询

```
mysql> SELECT  *  FROM  student;
+----------+--------+------+---------------------+----------+
| 学号     | 姓名   | 性别 | 出生日期            | 班级编号 |
+----------+--------+------+---------------------+----------+
| 01640401 | 新月   | 女   | 2002-02-20 00:00:01 | 01       |
| 01640402 | 李白   | 男   | 2002-02-20 00:00:01 | 01       |
| 01640403 | 黄飞鸿 | 男   | 2001-02-20 00:00:00 | 01       |
| 01640404 | 黄蓉   | 女   | 2003-03-18 00:00:00 | 02       |
| 01640405 | 胡歌   | 男   | 2002-04-01 00:00:00 | 03       |
| 01640406 | 马丽   | 女   | 2001-03-04 00:00:00 | 04       |
| 01640407 | 马小跳 | 男   | 2002-03-04 00:00:00 | 02       |
+----------+--------+------+---------------------+----------+
7 rows in set (0.00 sec)
```

图 5-2　打开 student 表

使用 AS 关键字对查询结果中的列名重命名，即为别名（AS 也可以省略）。运行结果如图 5-3 所示。

```
mysql> SELECT  学号,姓名,YEAR(NOW())-YEAR(出生日期)
    -> AS 年龄 FROM student;
+----------+--------+------+
| 学号     | 姓名   | 年龄 |
+----------+--------+------+
| 01640401 | 新月   | 20   |
| 01640402 | 李白   | 20   |
| 01640403 | 黄飞鸿 | 21   |
| 01640404 | 黄蓉   | 19   |
| 01640405 | 胡歌   | 20   |
| 01640406 | 马丽   | 21   |
| 01640407 | 马小跳 | 20   |
+----------+--------+------+
7 rows in set (0.00 sec)
```

图 5-3　字段重命名

例 5.3　　查询图书信息表 book 的折后价（优惠 2.5 折），折后价＝单价×0.75。

```
SELECT  图书名,单价* 0.75  折后价  FROM  book;
```

折后价是别名，不是数据表 book 的字段，是由 book 表中的单价字段计算后获得的，其中省略了 AS 关键字。

◆ 5.2.2　条件查询

每次查询数据时不必返回表中的所有记录，可以只查询表中的部分记录。因此，需要对查询的某个字段增加限制条件。例如，查询性别为"女"的学生信息，或查询年龄在 18 岁到 25 岁之间的学生信息等。其中的"女"就是对性别字段值的限制条件。为了限制 SELECT 语句检索出来的记录集，可使用 WHERE 子句，它给出选择记录的条件，返回结果是一个布尔值。条件表达式的结果返回真（TRUE），将该记录加入查询结果集中；返回假（FALSE），继续查询下一条记录，直到扫描完表的全部记录。语法格式为

```
SELECT  字段列表  FROM  表名  WHERE 条件表达式;
```

例 5.4　　查询课程信息表 course 中学分少于 4 的课程信息。

```
SELECT  *  FROM  course  WHERE  学分<4;
```

在 WHERE 子句中表达式常用的运算符有算术运算符、比较运算符和逻辑运算符。还可以使用圆括号将一个表达式分成几个部分。也可以使用常量函数来完成运算。常用的比较运算符如表 5-1 所示。

表 5-1　比较运算符

运 算 符	说 明	运 算 符	说 明
<	小于	! =或 <>	不等于
<=	小于或等于	>=	大于或等于
=	等于	>	大于

 查询书店信息表 bookstore 中"绿荷书店"的联系方式。

```
SELECT  书店电话  FROM bookstore  WHERE 书店名 = "绿荷书店";
```

5.2.3　多条件查询

如果查询语句中有多个条件,可使用逻辑运算符连接。常用的逻辑运算符如表 5-2 所示。

表 5-2　逻辑运算符

运 算 符	说 明
NOT 或 !	逻辑非
OR 或 ||	逻辑或
AND 或 &&	逻辑与

1. 带 AND 的多条件查询

AND 关键字可以用来连接多个查询条件。使用 AND 关键字时,只有所有的查询条件结果都为真,WHERE 子句的最终结果为真,记录被加到结果集中。不满足这些查询条件的其中任何一个,WHERE 子句的最终结果为假,记录将被忽略。语法格式为

```
SELECT 字段列表 FROM 表名 WHERE 条件表达式 1 AND 条件表达式 2 […AND 条件表达式 N];
```

WHERE 子句中可以同时使用多个 AND 关键字来连接多个条件表达式。

 在学生信息表 student 中查询"01"班的"女"生有哪些?运行结果如图 5-4 所示。

```
SELECT 学号, 姓名, 出生日期 FROM student
WHERE 班级编号 = '01' AND 性别 = '女';
```

当多个条件表示的是一个取值范围时,可用 BETWEEN……AND 代替,该子句用于判断某个字段的值是否在指定的范围内。例如判断学生成绩是否属于良好,条件描述为"成绩 >=80 AND 成绩 <=90"等价于"成绩 BETWEEN 80 AND 90"。如果字段的值在指定范围内,则满足查询条件,该记录将被加到查询结果集中;如果不在指定范围内,该记录不被查询。BETWEEN……AND 的语法格式为

```
SELECT 字段列表 FROM 表名
WHERE 字段名 [NOT] BETWEEN 值 1 AND 值 2;
```

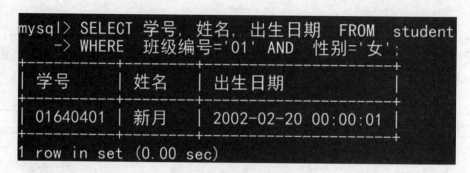

图 5-4 多条件 AND 查询

其中：

NOT 是可选参数，加上 NOT 表示不在指定范围内；

值 1 表示范围的起始值；

值 2 表示范围的终止值。

例 5.7　在课程信息表 course 查询学分在（2,4）范围内的课程信息。运行效果如图 5-5 所示。

方法一：SELECT　*　FROM course　WHERE 学分 > = 2 AND 学分 < = 4;

方法二：SELECT　*　FROM course　WHERE 学分 BETWEEN 2 AND 4;

```
mysql> SELECT * FROM course WHERE 学分 BETWEEN 2 AND 4;
| 课程号 | 课程名称       | 学分 | 学院编号 |
|     1 | java语言程序设计 |   3 |      1 |
|     2 | MySQL数据库    |   2 |      2 |
|     3 | c语言程序设计   |   4 |      1 |
|     4 | c++          |   2 |      2 |
|     5 | 数据库原理     |   2 |      5 |
5 rows in set (0.05 sec)
```

图 5-5　BETWEEN……AND 用法

2. 带 OR 的多条件查询

OR 关键字用来连接多个查询条件，但是与 AND 关键字不同，OR 关键字只要满足查询条件中的任何一个，那么此记录就会被加到查询结果集中。如果不满足所有的查询条件，记录不被查询。语法格式为

SELECT 字段列表 FROM 表名 WHERE 条件表达式 1 OR 条件表达式 2 […OR 条件表达式 N];

可以同时使用多个 OR 关键字连接多个条件表达式。

例 5.8　在学生信息表 student 中查询"01"班、"02"班、"03"班的学生详细信息，运行结果如图 5-6 所示。

SELECT * FROM student

WHERE 班级编号 = '01' OR 班级编号 = '02' OR 班级编号 = '03';

当判断某个字段的值是否在指定的集合中，可用 IN 关键字代替多条件逻辑或 OR。用 IN 关键字可以判断字段的值是否在集合中，如果在则该记录被加到查询结果集，否则该记录不被查询。语法格式为

图 5-6　多条件 OR 查询

SELECT 字段列表 FROM 表名 WHERE 字段名 [NOT] IN(值 1,值 2……值 N);

其中：

NOT 是可选参数,加上 NOT 表示不在集合内满足条件；

值表示集合中的元素,各元素之间用逗号隔开,字符型元素需要加上单引号。

例 5.9　　用 IN 关键字查询学生信息表 student 中"01"班、"02"班、"03"班的学生详细信息。

SELECT * FROM student WHERE 班级编号 IN('01','02','03');

◆　5.2.4　模糊查询

数据查询时当条件值不确定,也就是说不能对字符串进行精确查询,可以使用 LIKE 运算符与通配符实现模糊查询,LIKE 是判断一个字符串是否与给定的模式匹配。MySQL 中常用的通配符有两种："%"和下划线"_"。

"%"可以匹配一个或多个字符,可以代表任意长度的字符串,长度可以为 0。例如,"明%技"表示以"明"开头、以"技"结尾的任意长度的字符串。该字符串可以代表"明日科技""明日编程科技""明日图书科技"等字符串。

"_"只匹配一个字符。例如,M_N 表示以 M 开头、以 N 结尾的 3 个字符。中间的"_"可以代表任意一个字符。在 MySQL 环境中字符串"P"和"明"都算作一个字符,在这点上英文字母和中文是没有区别的。语法格式为

字段名 [NOT] LIKE 模式

例 5.10　　查询课程信息中课程名称包含"数据库"字符的课程名称和学分。

SELECT 课程名称,学分 FROM 课程信息 WHERE 课程名称 LIKE '%数据库%';

例 5.11　　查询学生信息表中姓名的第二个字是"蓉"的学生信息。运行效果如图 5-7 所示。

SELECT * FROM student WHERE 姓名 LIKE '_蓉%';

◆　5.2.5　空值查询

IS NULL 关键字可以用来判断字段的值是否为空值 NULL(IS NOT NULL 恰恰相反)。如果字段的值是空值,则满足查询条件,该记录将被加入查询结果集。如果字段的值

```
mysql> SELECT  *  FROM  student  WHERE 姓名 LIKE  '_蓉%';
+----------+--------+--------+---------------------+----------+
| 学号     | 姓名   | 性别   | 出生日期            | 班级编号 |
+----------+--------+--------+---------------------+----------+
| 01640404 | 黄蓉   | 女     | 2003-03-18 00:00:00 | 02       |
+----------+--------+--------+---------------------+----------+
1 row in set (0.00 sec)
```

图 5-7　LIKE 查询

不是空值，则不满足查询条件。其语法格式为

```
表达式 IS [NOT]  NULL
```

例 5.12　　查询学生选课表中成绩为空的信息。结果如图 5-8 所示。

```
SELECT 学号, 课程号,成绩 FROM choose WHERE 成绩 IS NULL;
```

这里的"成绩 IS NULL"不能写成"成绩＝NULL"，因为 NULL 是一个不确定的数，不能使用比较运算符"＝""！＝"进行比较。

学号	课程号	成绩
01640404	3	NULL
01640405	1	NULL

图 5-8　空值查询

5.2.6　查询结果排序

SELECT 语句的查询结果集的排序由数据库系统动态确定，往往是无序的，ORDER BY 子句用于对查询结果集排序。结果集中的记录按照一个或多个字段的值进行排序，排序的方向可以是升序（ASC）或降序（DESC），默认为升序。ORDER BY 子句的语法格式为

```
ORDER BY 字段名 1  [ASC|DESC]  [… ,字段名 N  [ASC|DESC] ]
```

ORDER BY 子句对查询的结果进行升序和降序排列，不改变数据的存储位置。在默认情况下，ORDER BY 按升序输出结果。如果要按降序排列，可以使用 DESC。当对含有 NULL 值的字段进行排序时，如果是按升序排列，NULL 值将出现在最前面，如果是按降序排列，NULL 值将出现在最后。

例 5.13　　查询学生选课表 choose 选修"1"号课程的成绩，并按成绩降序排列，如果成绩相同则按学号排序。运行结果如图 5-9 所示。

```
SELECT 学号,课程号,成绩 FROM choose
WHERE  课程号='1'
ORDER BY 成绩  DESC, 学号;
```

ORDER BY 子句中的排序字段名可以是数据表的字段，还可以是查询结果中的字段。

例 5.14　　查询学生信息表 student 中学生的详细信息，按年龄升序排列。运行结果如图 5-10 所示。

```
SELECT 学号, 姓名, 性别, YEAR(NOW())- YEAR(出生日期) 年龄, 班级编号
FROM  student  ORDER BY 年龄 ;
```

```
mysql> SELECT  学号,课程号,成绩  FROM  choose
    -> WHERE  课程号='1'
    -> ORDER BY 成绩  DESC, 学号;
+-----------+---------+--------+
| 学号       | 课程号   | 成绩    |
+-----------+---------+--------+
| 01640403  | 1       | 80     |
| 01640401  | 1       | 50     |
+-----------+---------+--------+
2 rows in set (0.01 sec)
```

图 5-9　查询结果排序

```
mysql> SELECT 学号,姓名,性别,YEAR(NOW())-YEAR(出生日期)  年龄,
    -> 班级编号 FROM  student   ORDER BY  年龄;
+-----------+-------+--------+-------+-----------+
| 学号       | 姓名   | 性别    | 年龄   | 班级编号    |
+-----------+-------+--------+-------+-----------+
| 01640404  | 黄蓉   | 女      | 19    | 02        |
| 01640401  | 新月   | 女      | 20    | 01        |
| 01640402  | 李白   | 男      | 20    | 01        |
| 01640405  | 胡歌   | 男      | 20    | 03        |
| 01640407  | 马小跳 | 男      | 20    | 02        |
| 01640403  | 黄飞鸿 | 男      | 21    | 01        |
| 01640406  | 马丽   | 女      | 21    | 04        |
+-----------+-------+--------+-------+-----------+
7 rows in set (0.00 sec)
```

图 5-10　按查询结果中的字段排序

5.2.7　LIMIT 子句

查询表中的前几条或者中间某几条连续的记录,可以使用 LIMIT 子句实现。语法格式为

```
SELECT 字段列表
FROM 数据源
LIMIT [start,]length;
```

start 表示从第几行记录开始检索,length 表示检索记录的行数。数据表中第一行记录的 start 值为 0。当查询结果集从第一行开始输出,start 可以省略。

 查询学生选课表中选修"1"号课程的前三名学生的学号、课程号、成绩。

```
SELECT 学号,课程号,成绩 FROM choose
WHERE  课程号='1'
ORDER BY 成绩  DESC , 学号
LIMIT 3;
```

5.2.8　去除重复行

用 DISTINCT 关键字可以去除查询结果中的重复记录,语法格式为

```
SELECT DISTINCT 字段名 FROM 表名;
```

例 5.16　查询选了课的学生学号，如图 5-11 所示。

```
SELECT DISTINCT 学号 FROM choose;
```

图 5-11　去除重复行

5.3　聚合函数与 GROUP BY 子句

聚合函数用于对一组值进行计算并返回一个汇总值，例如使用聚合函数可以统计学生信息表中的总人数、计算学生的总成绩或平均分、某门课程成绩的最高分或最低分等。常用的聚合函数如表 5-3 所示。

表 5-3　MySQL 聚合函数

函　数	作　用
COUNT(字段名)	返回某字段的总行数或表的总行数
MAX(字段名)	返回某字段的最大值
MIN(字段名)	返回某字段的最小值
AVG(字段名)	返回某字段的平均值
SUM(字段名)	返回某字段值的和

◆ 5.3.1　COUNT()函数

COUNT()函数返回所选择集合中非 NULL 值的行的数目，根据表中的某个字段统计总行数。统计结果如果和表的总记录数相等，那么 COUNT()函数中的参数可以用"＊"代替，如 COUNT(＊)，统计时包含 NULL 值的行。COUNT(＊)是经过内部优化的，能够快速地返回表中所有的记录总数。

例 5.17　查询学生信息表 student 中学生的总人数。运行结果如图 5-12 所示。

```
SELECT COUNT(学号) AS 总人数  FROM student;
```

或者

```
SELECT COUNT(＊) 总人数  FROM student;
```

例 5.18　查询学生信息表 student 中女生的人数。

```
SELECT COUNT(学号)  AS 总人数  FROM  student WHERE 性别= '女';
```

或者

```
mysql> SELECT COUNT(*) 总人数  FROM  student;
+---------+
| 总人数 |
+---------+
|       7 |
+---------+
1 row in set (0.00 sec)
```

图 5-12 统计 student 表的学生人数

```
SELECT COUNT(* )总人数  FROM  student  WHERE 性别= '女';
```

5.3.2 MAX()函数与 MIN()函数

MAX()函数用于统计数据表中某个字段值的最大值。

MIN()函数可以求出表中某个字段值的最小值。

例 5.19 查询学生选课表中“1” 号课程成绩的最高分和最低分。

```
SELECT  MAX(成绩),MIN(成绩) FROM choose WHERE 课程号= '1';
```

5.3.3 SUM()函数与 AVG()函数

SUM()函数可以求出表中某个字段取值的总和。

AVG()函数可以求出表中某个字段取值的平均值。

注意:这两个函数的参数都要求字段的数据类型必须是数值型。

例 5.20 查询订单表 dingdan 中平均下单数量和总的下单数量。

```
SELECT  SUM(下单数量),AVG(下单数量) FROM dingdan;
```

例 5.21 查询订单表 dingdan 中“2”号买家的平均下单数量和总的下单数量。

```
SELECT  买家 ID, SUM(下单数量),AVG(下单数量)
FROM dingdan
WHERE 买家 ID= 'buyer2';
```

如果要查询订单表中每位买家的总的下单数量,假设数据库中有 10 000 个买家,是否要执行 10 000 条查询语句? 当然不是,可以先按照买家 ID 把数据分组后再统计,这样就方便很多。

5.3.4 分组查询 GROUP BY 子句

GROUP BY 子句将查询的数据按照某个字段(或多个字段)进行分组(字段值相同的记录作为一个分组),通过 GROUP BY 子句可以将数据划分到不同的组中,再统计每一组内的数据,实现对记录的分组查询。在查询时,所查询的字段必须包含在分组的字段中,目的是使查询到的数据没有矛盾。语法格式为

```
SELECT 字段列表 FROM 表名
GROUP BY 字段列表
```

例 5.22 将学生信息表 student 按照“班级编号”分组,统计各班级的学生人数。

运行结果如图 5-13 所示。

```
SELECT 班级编号,COUNT(* ) 学生人数 FROM  student GROUP BY  班级编号;
```

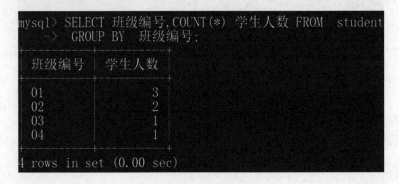

图 5-13 统计各班人数

例 5.23 查询订单表 dingdan 中每位买家的平均下单数量和总的下单数量。

```
SELECT  买家 ID, SUM(下单数量),AVG(下单数量)
FROM dingdan
GROUP BY 买家 ID;
```

例 5.24 统计每个学生选修了多少门课程，以及该学生所获得的总成绩和平均成绩。运行结果如图 5-14 所示，将查询结果列重命名如图 5-15 所示。

```
SELECT 学号,COUNT(课程号),SUM(成绩),AVG(成绩)
FROM  choose GROUP BY 学号;
```

或者

```
SELECT 学号,COUNT(课程号) 课程门数,SUM(成绩) 总成绩 ,AVG(成绩) 平均成绩
FROM choose
GROUP BY 学号;
```

```
mysql> SELECT  学号,COUNT(课程号),SUM(成绩),AVG(成绩)
    -> FROM  choose  GROUP BY 学号;
```

学号	COUNT(课程号)	SUM(成绩)	AVG(成绩)
01640401	3	150	50.0000
01640402	1	70	70.0000
01640403	2	170	85.0000
01640404	1	0	0.0000
01640405	1	0	0.0000

图 5-14 聚合函数与分组

5.3.5 HAVING 子句

HAVING 子句用于设置分组或聚合函数的过滤筛选条件，HAVING 子句通常与 GROUP BY 子句一起使用。HAVING 子句语法格式与 WHERE 子句语法格式类似，HAVING 子句语法格式为

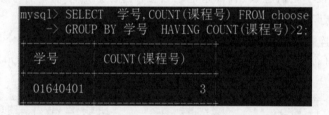

图 5-15　查询结果列重命名

```
SELECT　字段列表　FROM　表名
GROUP BY 字段名
HAVING 条件表达式
```

其中条件表达式是一个逻辑表达式,用于指定分组后的数据或查询结果的筛选条件。

例 5.25　　　　　　统计选课门数超过 2 门的学号和课程门数,运行结果如图 5-16 所示。

```
SELECT 学号,COUNT(课程号) FROM　choose
GROUP BY 学号
HAVING COUNT(课程号) > 2;
```

图 5-16　HAVING 子句

HAVING 子句与 WHERE 子句一样,都是用于条件筛选的。但又有区别:

①WHERE 是针对磁盘数据进行判断,即对表中原有的字段的条件判断。进入内存之后,会进行分组操作,分组结果就需要 HAVING 来处理。

②分组统计的结果或者统计函数结果都只能使用 HAVING 子句。

③HAVING 能够判断字段的别名(查询结果集中包含的字段),WHERE 不能。

例 5.26　　　　　　查询学生信息表 student 的学生年龄在 18 岁到 25 岁之间的学生信息。

```
SELECT 学号,姓名,YEAR(NOW())- YEAR(出生日期)　年龄 FROM student
WHERE YEAR(NOW())- YEAR(出生日期) BETWEEN 18 AND 25;
```

或者

```
SELECT 学号,姓名,YEAR(NOW())- YEAR(出生日期)　年龄 FROM student
HAVING　年龄 BETWEEN 18 AND 25;
```

5.4 多表连接查询

数据库设计时为了避免数据冗余，将大量数据分成若干数据表存放，表与表之间的数据关联性通过设置外键实现。在检索数据时需要对多张表的数据进行筛选，筛选出满足用户要求的数据。查询时查询语句中的 FROM 子句指定多个数据源，表连接的语法格式为

```
SELECT 字段列表
FROM 表名 1  [连接类型]  JOIN  表名 2  ON  表 1 和表 2 之间的连接条件
```

> 说明：
> 连接类型：主要有 INNER 连接（内连接）和 OUTER 连接（外连接），而外连接又分为 LEFT 连接（左外连接，简称为左连接）、RIGHT 连接（右外连接，简称为右连接）以及 FULL 连接（完全外连接，简称为完全连接）。
> ON：表与表之间的连接条件，表 1 中的字段值和表 2 中的字段值进行比较，条件为真时两张表中的记录连接。

5.4.1 全连接

表与表之间的连接没有任何条件筛选，连接后的结果集包含连接表的全部数据，结果集中的字段数是连接表字段数总和，记录数是连接表记录数的乘积。例如，班级信息表（有 2 条记录数据）全连接学生信息表（有 2 条记录数据），连接后的结果集有 4 条记录数据。连接学生信息表和班级信息表的 SQL 语句为"SELECT student. * , classes . * FROM classes JOIN student;"，连接结果集如图 5-17 所示。FROM 子句产生的是一个中间结果，表中的每条记录都是与其他表中记录交叉产生所有可能的组合，也就是笛卡儿积。

student

学号	姓名	班级编号
1001	李佳	01
1002	玛丽	02

classes

班级编号	班级名称
01	计科
02	网工

student JOIN classes

学号	姓名	班级编号	班级编号	班级名称
1001	李佳	01	01	计科
1002	玛丽	02	01	计科
1001	李佳	01	02	网工
1002	玛丽	02	02	网工

图 5-17 全连接结果集

5.4.2 内连接

全连接后的结果集存在很多无效数据，严重影响数据检索性能。按照某种条件筛选连接表时，结果集中都是满足要求的记录，这种表连接的方式是内连接（INNER JOIN）。内连

连接查询

接后的结果集中记录数据会少很多,可以缩短检索数据的响应时间,提高查询效率。内连接查询使用比较运算符将不同表中的数据根据要求进行比较操作,并列出这些表中与连接条件相匹配的数据行,组成新的记录。因此,在内连接查询中,只有满足条件的记录才能出现在结果集中。语法格式为

```
SELECT 字段列表
FROM 表名1  [INNER]  JOIN  表名2  ON  表1和表2之间的连接条件
```

其中 INNER 关键字可以省略,只需指定 ON 的条件。

例 5.27 基于图书销售数据库,查询 4 号订单买家的详细信息。运行结果如图 5-18 所示。

```
SELECT buyer.*  FROM dingdan JOIN buyer
ON dingdan.买家 id= buyer.买家 id
WHERE 订单 id= 100004;
```

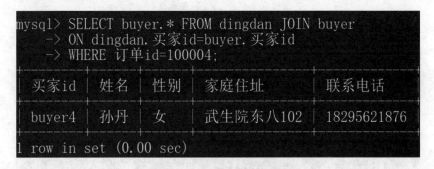

图 5-18 查询买家信息

例 5.28 基于学生选课数据库,查询学生的详细信息。运行结果如图 5-19 所示。

```
SELECT 学号,姓名,student .班级编号,班级名称
FROM student  JOIN  classes
ON student .班级编号= classes.班级编号;
```

两张数据表连接时如果存在相同的字段名,在使用该字段时需要指出具体的表名,即表名.字段名。例如,"student. 班级编号"。SELECT 查询语句中所有的子句仍然适用于表的连接查询,只是在 FROM 子句多了数据源。

◆ 5.4.3 自然连接

自然连接(NATURAL JOIN)是一种特殊的等值连接,要求两张数据表中进行连接的字段必须具有相同的名称,无须添加连接条件,并且在结果中消除重复的字段。语法格式为

```
SELECT 字段列表 FROM 表名1  NATURAL  JOIN  表名2
```

例 5.29 基于学生选课数据库,查询学生的详细信息。运行结果如图 5-20 所示。

```
SELECT 学号,姓名,班级编号,班级名称 FROM student  NATURAL JOIN  classes;
```

例 5.30 基于学生选课数据库,查询班级人数少于 2 人的班级信息。运行结果

```
mysql> SELECT 学号,姓名,student .班级编号,班级名称
    -> FROM student  JOIN  classes
    -> ON student .班级编号=classes.班级编号;
+----------+--------+----------+--------------------+
| 学号     | 姓名   | 班级编号 | 班级名称           |
+----------+--------+----------+--------------------+
| 01640406 | 马丽   | 04       | 21信息管理1班       |
| 01640401 | 新月   | 01       | 21计算机科学与技术1班 |
| 01640402 | 李白   | 01       | 21计算机科学与技术1班 |
| 01640403 | 黄飞鸿 | 01       | 21计算机科学与技术1班 |
| 01640404 | 黄蓉   | 02       | 22计算机科学与技术2班 |
| 01640407 | 马小跳 | 02       | 22计算机科学与技术2班 |
| 01640405 | 胡歌   | 03       | 22计算机科学与技术3班 |
+----------+--------+----------+--------------------+
7 rows in set (0.00 sec)
```

图 5-19　内连接查询学生信息

```
mysql> SELECT 学号,姓名,班级编号,班级名称
    -> FROM student  NATURAL JOIN  classes;
+----------+--------+----------+--------------------+
| 学号     | 姓名   | 班级编号 | 班级名称           |
+----------+--------+----------+--------------------+
| 01640406 | 马丽   | 04       | 21信息管理1班       |
| 01640401 | 新月   | 01       | 21计算机科学与技术1班 |
| 01640402 | 李白   | 01       | 21计算机科学与技术1班 |
| 01640403 | 黄飞鸿 | 01       | 21计算机科学与技术1班 |
| 01640404 | 黄蓉   | 02       | 22计算机科学与技术2班 |
| 01640407 | 马小跳 | 02       | 22计算机科学与技术2班 |
| 01640405 | 李白   | 03       | 22计算机科学与技术3班 |
+----------+--------+----------+--------------------+
7 rows in set (0.00 sec)
```

图 5-20　自然连接查询学生信息

如图 5-21 所示。

```
# 自然连接                              # 内连接
SELECT COUNT(学号) 人数,班级名称         SELECT COUNT(学号) 人数,班级名称
FROM student NATURALJOIN classes        FROM student  JOIN  classes
GROUP BY 班级编号                        ON student .班级编号= classes.班级编号
HAVINGCOUNT(学号)< 2;                    GROUP BY student .班级编号
                                         HAVING COUNT(学号)< 2;
```

 例 5.31　　基于学生选课数据库,查询每个学生的选课门数,运行结果如图 5-22 所示。

```
SELECT student.学号,姓名,COUNT(课程号) 选课门数
FROM student  JOIN choose
ON student.学号= choose.学号
GROUP BY  student.学号;
```

```
mysql> SELECT COUNT(学号) 人数,班级名称  FROM student  NATURAL JOIN  classes
    ->  GROUP BY 班级编号      HAVING COUNT(学号)<2;           #自然连接
+------+------------------------+
| 人数 | 班级名称               |
+------+------------------------+
|    1 | 22计算机科学与技术3班   |
|    1 | 21信息管理1班           |
+------+------------------------+
2 rows in set (0.00 sec)

mysql> SELECT COUNT(学号) 人数,班级名称  FROM student  JOIN  classes
    -> ON student.班级编号=classes.班级编号                    # 内连接
    -> GROUP BY student.班级编号
    -> HAVING COUNT(学号)<2;
+------+------------------------+
| 人数 | 班级名称               |
+------+------------------------+
|    1 | 22计算机科学与技术3班   |
|    1 | 21信息管理1班           |
+------+------------------------+
2 rows in set (0.00 sec)
```

图 5-21　班级人数少于 2 人的班级名称和人数

```
mysql> SELECT student.学号,姓名,COUNT(课程号) 选课门数
    -> FROM student  JOIN  choose
    -> ON student.学号=choose.学号
    -> GROUP BY  student.学号;
+----------+--------+----------+
| 学号     | 姓名   | 选课门数 |
+----------+--------+----------+
| 01640401 | 新月   |        3 |
| 01640402 | 李白   |        1 |
| 01640403 | 黄飞鸿 |        2 |
| 01640404 | 黄蓉   |        1 |
| 01640405 | 胡歌   |        1 |
+----------+--------+----------+
5 rows in set (0.00 sec)
```

图 5-22　查询学生的选课门数

5.4.4　外连接

外连接(OUTER JOIN)又分为左连接(LEFT JOIN)、右连接(RIGHT JOIN)和完全连接(FULL JOIN)。与内连接不同,外连接(左连接或右连接)的连接条件只筛选一张表的数据,对另一张表不进行筛选(该表的所有记录出现在结果集中)。

1.左连接

左连接的语法格式为

```
FROM表1  LEFT  JOIN表2  ON  表1和表2之间的连接条件
```

表 1 左连接表 2,查询结果集中包含表 1 的全部记录,然后表 1 按指定的连接条件与表 2 进行连接,若表 2 中没有满足连接条件的记录,则结果集中表 2 相应的字段填入 NULL。

例 5.32　将例 5.31 中的连接改为左连接,查询每个学生的选课门数,查询结果中也包含没有选课的学生信息,运行结果如图 5-23 所示。

```
SELECT student.学号,姓名,COUNT(课程号) 选课门数
FROM student LEFT JOIN choose
ON student.学号= choose.学号
GROUP BY student.学号;
```

图 5-23　统计每个学生的选课门数

2. 右连接

右连接的语法格式为

```
FROM 表1  RIGHT  JOIN  表2  ON  表1和表2之间的连接条件
```

表1右连接表2,意味着查询结果集中须包含表2的全部记录,然后表2按指定的连接条件与表1进行连接,若表1中没有满足连接条件的记录,则结果集中表1相应的字段填入NULL。

例 5.33　　　基于学生信息表 student 和班级信息表 classes 查询每个班级的男生人数,即使班级没有男生也要输出该班级信息。运行结果如图 5-24 所示。

```
SELECT 班级名称,性别,COUNT(学号) FROM student RIGHT JOIN  classes
ON student.班级编号= classes.班级编号
AND  性别= '男'
GROUP BY 班级名称;
```

图 5-24　右连接统计每个班级的男生人数

注意:这里的 AND 性别='男'不能改为 WHERE 性别='男',因为使用 WHERE 子句,连接结果集中不包含性别为空的记录。

3. 表的自身连接

如果两张表连接时使用同一张表的数据,称为表的自身连接,语法格式为

```
FROM 表1  a  JOIN  表1 b  ON a 和 b 之间的连接条件
```

a 与 b 是表1的别名,连接时相当于表1被使用两次。

例 5.34　　查询学生信息表 student 的出生日期比"马丽"出生日期晚的学生学号、姓名、出生日期。运行结果如图 5-25 所示。

```
SELECT a.学号,a.姓名,a.出生日期,b.姓名,b.出生日期
FROM student  a  JOIN student  b
ON a.出生日期>b.出生日期
WHERE b.姓名='马丽';
```

```
mysql> SELECT a.学号,a.姓名,a.出生日期,b.姓名,b.出生日期
    -> FROM student  a  JOIN student  b
    -> ON a.出生日期>b.出生日期  WHERE b.姓名='马丽';

| 学号     | 姓名   | 出生日期            | 姓名 | 出生日期            |
| 01640401 | 新月   | 2002-02-20 00:00:01 | 马丽 | 2001-03-04 00:00:00 |
| 01640402 | 李白   | 2002-02-20 00:00:01 | 马丽 | 2001-03-04 00:00:00 |
| 01640404 | 黄蓉   | 2003-03-18 00:00:00 | 马丽 | 2001-03-04 00:00:00 |
| 01640405 | 胡歌   | 2002-04-01 00:00:00 | 马丽 | 2001-03-04 00:00:00 |
| 01640407 | 马小跳 | 2002-03-04 00:00:00 | 马丽 | 2001-03-04 00:00:00 |

5 rows in set (0.00 sec)
```

图 5-25　表自身连接查询

5.5 嵌套查询

将一个查询语句块嵌套在另一个查询语句块的条件子句中的查询称为嵌套查询,又称子查询。子查询不仅嵌套在 SELECT 语句中,还可以嵌套在 UPDATE 语句、INSERT 语句、DELETE 语句中。包含子查询的 SELECT 语句称为主查询。为了标记子查询与主查询之间的关系,通常子查询必须写在小括号()里。子查询可以包含查询语句中的所有子句,嵌套在主查询 SELECT 语句中的 WHERE 子句或者 HAVING 子句中。也就是主查询数据表中的字段值和子查询的结果进行条件比较,条件成立则主查询表中的记录加入结果集。本节主要介绍将子查询嵌套在主查询的 WHERE 子句中。

5.5.1　比较运算符子查询

如果子查询结果返回的是一个单值,则可使用比较运算符和主查询连接,语法格式为

```
SELECT 字段列表
FROM 表 1
WHERE 表1中字段名 > =  (SELECT 表2中字段
                        FROM 表 2
                        WHERE 条件表达式)
```

子查询

其中"＞="可以是比较运算符中任何一种,如"＞""＜""＜=""="">"! =""! ＜""!
＞""＜＞"等。

例 5.35　　　查询 xiadan 数据库中买家"彭万里"购买的图书总数量。运行结果如
图 5-26 所示。

```
SELECT SUM(下单数量) FROM  xiadan
WHERE 买家 ID= (SELECT 买家 ID
FROM buyer
WHERE 姓名= '彭万里');
```

```
mysql> SELECT  SUM(下单数量)  FROM  xiadan WHERE  买家ID=
    -> (SELECT  买家ID FROM  buyer WHERE  姓名='彭万里');

 SUM(下单数量) |

            5 |

1 row in set (0.00 sec)
```

图 5-26　比较运算符子查询

例 5.36　　　查询"21 信息管理 1 班"的学生信息。可以分步查询:
步骤 1,在班级信息表 classes 中查询"21 信息管理 1 班"的班级编号:

```
SELECT 班级编号 FROM  classes
WHERE 班级名称= '21 信息管理 1 班';
```

步骤 2,在学生信息表 student 中查询对应的班级编号的学生信息:

```
SELECT *  FROM  student WHERE 班级编号= '04';
```

步骤 3,嵌套两个查询。班级编号"04"是查询中的中间结果,可以用 SELECT 语句代
替。运行结果如图 5-27 所示。

```
SELECT *  FROM  student
WHERE 班级编号= (SELECT 班级编号
                FROM  classes
                WHERE 班级名称= '21 信息管理 1 班');
```

```
mysql> SELECT  *  FROM  student WHERE  班级编号=
    -> (SELECT  班级编号  FROM  classes WHERE  班级名称='21信息管理1班');

 学号      | 姓名  | 性别 | 出生日期              | 班级编号 |

 01640406 | 马丽  | 女   | 2001-03-04 00:00:00  | 04       |

1 row in set (0.01 sec)
```

图 5-27　比较运算符子查询

◆ 5.5.2　IN 运算符子查询

当子查询的结果是多个值(一个列表)时,与主查询连接时只能用 IN 运算符。IN 运算
符用于主查询表中的字段值或字段表达式的值与子查询结果的一列值进行比较,如果字段
值或字段表达式的值是此列中的任何一个值,则条件表达式的结果为 TRUE,否则为

FALSE。语法格式为

```
SELECT 字段列表
FROM 表 1
WHERE 表 1 中字段名 [NOT] IN (SELECT 表 2 中字段
                              FROM 表 2
                              WHERE 条件表达式)
```

其中,[NOT]表示否定,判断字段值或字段表达式的值不在子查询结果列表中,可省略。

例 5.37 基于课程信息表 course 和学生选课表 choose 查询学号为“01640403”的学生选修了哪些课程。运行结果如图 5-28 所示。

```
SELECT *  FROM course
WHERE  课程号 in(SELECT 课程号
                 FROM choose
                 WHERE 学号= "01640403");
```

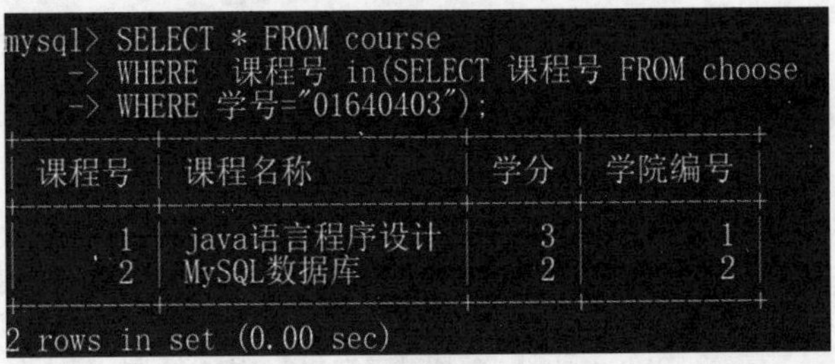

```
mysql> SELECT * FROM course
    -> WHERE  课程号 in(SELECT 课程号 FROM choose
    -> WHERE 学号="01640403");
+--------+--------------------+------+----------+
| 课程号 | 课程名称           | 学分 | 学院编号 |
+--------+--------------------+------+----------+
|      1 | java语言程序设计   |    3 |        1 |
|      2 | MySQL数据库        |    2 |        2 |
+--------+--------------------+------+----------+
2 rows in set (0.00 sec)
```

图 5-28　IN 子查询

在学生选课数据库中,每个学生不只选修一门课。所以子查询的结果是一个列表,嵌套在主查询中用 IN 运算符。

一个查询语句中可以嵌套多个子查询。例如,在例 5.34 中如果给定的查询条件是按照学生姓名查询而不是学号,则 SQL 语句可以改为

```
SELECT *  FROM course
WHERE  课程号 in(SELECT 课程号
                 FROM choose
                 WHERE 学号= (SELECT 学号
                              FROM student
                              WHERE 姓名= '黄飞鸿'));
```

运行结果如图 5-29 所示。

5.5.3　EXISTS 运算符子查询

EXISTS 逻辑运算符用于检测子查询的结果集是否含有记录,如果结果集中至少包含一条记录,则 EXISTS 的结果为 TRUE,否则为 FALSE。在 EXISTS 前面加上 NOT 时,与上述结果恰恰相反。使用 EXISTS 运算符时,子查询不返回查询结果,而是返回一个真假值。当返回的值为 TRUE 时,主查询语句将进行查询;当返回的值为 FALSE 时,主查询语句不进行查询或者查询不出任何记录。语法格式为

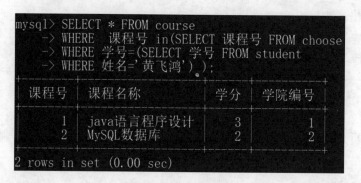

图 5-29　多个子查询

```
SELECT *
FROM 表 1
WHERE NOT  EXISTS (SELECT *
                   FROM 表 2
                   WHERE 条件表达式);
```

例 5.38　查询没有被任何学生选修的课程信息。

```
SELECT *
FROM course
WHERE NOT  EXISTS (SELECT *
                   FROM choose
                   WHERE choose.课程号= course.课程号);
```

◆ 5.5.4　ANY、ALL 运算符子查询

ANY、ALL 运算符与比较运算符一起使用。带 ANY 运算符时,主查询某个字段值或字段表达式的值与子查询返回的一列值逐一进行比较,若某次的比较结果为 TRUE,则整个表达式的值为 TRUE,否则为 FALSE。带 ALL 运算符时,主查询某个字段值或字段表达式的值与子查询返回的一列值逐一进行比较,若每次的比较结果都为 TRUE,则整个表达式的值为 TRUE,否则为 FALSE。ANY 或 ALL 与比较运算符连用的语义如表 5-4 所示。

表 5-4　ANY、ALL 与比较运算符

运　算　符	语　　义	运　算　符	语　　义
＞ANY	大于子查询结果中的某个值	＞ALL	大于子查询结果中的所有值
＞＝ANY	大于等于子查询结果中的某个值	＞＝ALL	大于等于子查询结果中的所有值
＜ANY	小于子查询结果中的某个值	＜ALL	小于子查询结果中的所有值
＜＝ANY	小于等于子查询结果中的某个值	＜＝ALL	小于等于子查询结果中的所有值
＝ANY	等于子查询结果中的某个值	＝ALL	等于子查询结果中的所有值
！＝ANY	不等于子查询结果中的某个值	！＝ALL	不等于子查询结果中的所有值

以＞＝ALL 为例，语法格式为

```
SELECT 字段列表
FROM 表 1
WHERE 表 1 中字段或表达式 > = ALL (SELECT 表 2 中字段
                                FROM 表 2
                                [WHERE 条件表达式])
```

例 5.39 使用"＞＝ALL"的子查询查询图书信息表 book 中的图书单价最高的图书信息。

```
SELECT  *  FROM  book
WHERE 单价 > = ALL(SELECT 单价
                  FROM  book);
```

例 5.40 查询 tbl1 表的 NUM1 字段值大于 tbl2 表中的 NUM2 字段值的任何 1 个值的 NUM1 字段值。

创建表 tbl1 和 tbl2：

```
CREATE TABLE tbl1( NUM1 INT NOT NULL);
CREATE TABLE tbl2( NUM2 INT NOT NULL);
```

向表 tbl1 和 tbl2 插入数据：

```
INSERT INTO tbl1 VALUES(1), (5), (13), (27);
INSERT INTO tbl2 VALUES(6), (13), (11), (20);
```

查询：

```
SELECT NUM1 FROM tbl1 WHERE NUM1 > ANY (SELECT NUM2 FROM tbl2);
```

其结果为：

```
+-------+
| NUM1 |
+-------+
|   13  |
|   27  |
+-------+
```

在子查询中，返回 tbl2 表的所有 NUM2 字段值是(6,13,11,20)，然后将 tbl1 中的 NUM1 字段的每一个值与之进行比较，只要大于 NUM2 的任意一个数即为符合条件，将其加入查询结果集中。

5.6 数据查询与数据更新

子查询不仅可以嵌套在 SELECT 语句中，还可以嵌套在 UPDATE 语句、INSERT 语句、DELETE 语句中。

5.6.1 数据查询与数据插入

数据插入 INSERT 语句中使用 SELECT 语句，可以将数据表的查询结果添加到目标表中，语法格式为

```
INSERT   INTO 目标表名 [(字段列表 1)]   SELECT   字段列表 2
                                    FROM 数据源
                                    [WHERE   条件表达式]
```

> **说明：**
> 字段列表 1 与字段列表 2 的字段个数必须相同，对应字段的数据类型保持一致，字段列表 1 如果省略，则字段列表 2 必须和目标表的结构一致。
> SELECT 查询语句可以包含所有的查询子句，如 GROUP   BY、HAVING 子句等。
> 数据源可以是多张数据表，WHERE 子句可省略。

例 5.41   复制 student 表结构为学生表，将 student 表中"女"生的学生信息添加到学生表中。SQL 语句如下。

复制表结构：

```
CREATE   TABLE 学生 LIKE student;
```

插入数据：

```
INSERT   INTO 学生  SELECT 学号, 姓名, 性别, 出生日期, 班级编号
                   FROM student
                   WHERE   性别= '女';
```

打开学生表，观察数据：

```
SELECT *  FROM 学生;
```

5.6.2 数据查询与数据修改

数据修改语句"UPDATE 表 SET 列名＝值   WHERE   条件表达式"中的 SET 子句值可用查询结果代替（查询结果必须是单值），WHERE 子句可用嵌套子查询，语句格式为

```
UPDATE 目标表名
SET 字段名=（SELECT   字段名或表达式
              FROM 数据源
              WHERE 条件表达式 ）
WHERE 目标表中的字段名 比较运算符（SELECT   字段名或表达式
                              FROM 数据源
                              WHERE   条件表达式 ）
```

其中的运算符可以是比较运算符、IN 运算符等。

例 5.42   学生"李白"想转班级，从"20 机电 1 班"转到"21 计算机科学与技术 1 班"。数据修改前后对比如图 5-30 所示。

```
UPDATE student
SET 班级编号=（SELECT   班级编号
              FROM  classes
              WHERE 班级名称= '21 计算机科学与技术 1 班'）
WHERE 班级编号 =（SELECT   班级编号
               FROM classes
               WHERE 班级名称= '20 机电 1 班' and 姓名= '李白'）
```

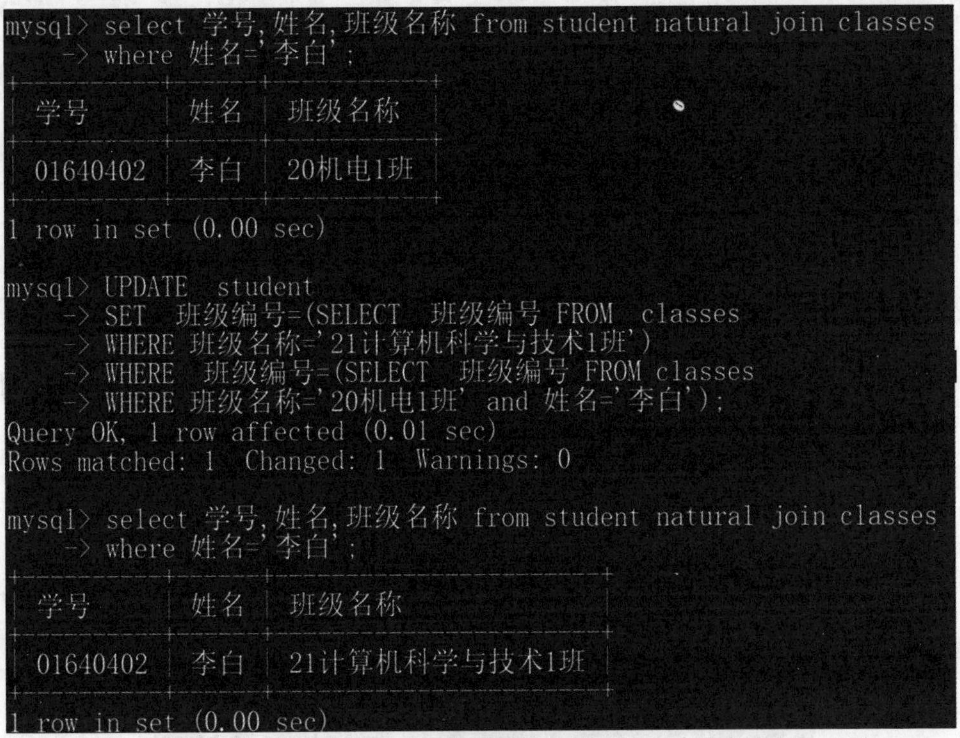

```
mysql> select 学号,姓名,班级名称 from student natural join classes
    -> where 姓名='李白';
```

学号	姓名	班级名称
01640402	李白	20机电1班

```
1 row in set (0.00 sec)

mysql> UPDATE  student
    -> SET  班级编号=(SELECT  班级编号 FROM  classes
    -> WHERE 班级名称='21计算机科学与技术1班')
    -> WHERE  班级编号=(SELECT  班级编号 FROM classes
    -> WHERE 班级名称='20机电1班' and 姓名='李白');
Query OK, 1 row affected (0.01 sec)
Rows matched: 1  Changed: 1  Warnings: 0

mysql> select 学号,姓名,班级名称 from student natural join classes
    -> where 姓名='李白';
```

学号	姓名	班级名称
01640402	李白	21计算机科学与技术1班

```
1 row in set (0.00 sec)
```

图 5-30　UPDATE 语句嵌套 SELECT 语句

◆ 5.6.3　数据查询与数据删除

数据删除语句"DELETE FROM　表　WHERE　条件表达式"中的 WHERE 子句可嵌套子查询,语法结构为

```
DELETE FROM 表名
WHERE 字段名 比较运算符(SELECT  字段名或表达式
                FROM 数据源
                WHERE 条件表达式 )
```

例 5.43　删除学生"黄蓉"选修了"C++"课程的记录。

```
DELETE FROM  choose
WHERE 学号=（SELECT 学号 FROM  student WHERE 姓名="黄蓉"）
AND  课程号=（SELECT  课程号 FROM course WHERE 课程名称='C++'）;
```

5.7　合并查询结果

合并查询结果是将多个 SELECT 语句的查询结果合并到一起。因为某种情况下,需要将几个 SELECT 语句查询出来的结果合并起来显示,但要求每个查询结果的结构是一致的。合并查询结果使用 UNION 和 UNION ALL 关键字。UNION 关键字是将所有的查询结果合并到一起,然后去除相同记录;而 UNION ALL 关键字则只是简单地将结果合并到一起。语法格式为

```
SELECT  字段名,…FROM TABLE1
UNION[ALL]
SELECT  字段名,…FROM TABLE2
```

例 5.44   例 5.40 中 tbl1 表的 NUM1 字段值大于 8 的查询结果与 tbl2 表的
NUM2 字段值大于 8 的结果合并,使用 UNION 连接。

```
SELECT NUM1 FROM tbl1 WHERE NUM1> 8
UNION
SELECT NUM2 FROM tbl2 WHERE NUM2> 8;
```

例 5.45   查询课程信息表 course 中课程号为"1"或"2"的课程信息,使用
UNION 连接,运行结果如图 5-31 所示。

```
SELECT *  FROM course WHERE 课程号= 1
UNION
SELECT *  FROM course WHERE 课程号= 2;
```

图 5-31   查询结果合并

习题

一、单选题

1.查询 tb_book 表中 books 字段和 row 字段的记录,查询语句是(   )。

A. SELECT books,row FROM tb_book;

B. SELECT * FROM tb_book;

C. SELECT tb_book FROM books,row;

D. SELECT * FROM tb_book books,row;

2.查询 tb_book 表中 books 字段中包含"SQL"字符的记录,查询语句是(   )。

A. SELECT * FROM tb_book WHERE books LIKE '%SQL%';

B. SELECT books FROM tb_book WHERE LIKE '%SQL%';

C. SELECT ＊ FROM books WHERE '％SQL％';

D. SELECT books FROM tb_book WHERE '％SQL％';

3.对 tb_book 表中的数据,按 ID 序号进行升序排列,查询语句是(　　　)。

A. SELECT ＊ FROM tb_book ORDER BY ID ASC;

B. SELECT ID FROM tb_book ORDER BY ASC;

C. SELECT ID FROM tb_book ORDER BY DESC;

D. SELECT ＊ FROM tb_book ORDER BY ID DESC;

4.查询 tb_book 表中前 2 条记录,并按 ID 序号进行升序排列,查询语句是(　　　)。

A. SELECT ＊ FROM tb_book ORDER BY ID DESC LIMIT 2;

B. SELECT ＊ FROM tb_book ORDER BY ID ASC LIMIT 2;

C. SELECT ID FROM tb_book ORDER BY ID DESC 2;

D. SELECT ID FROM tb_book ORDER BY ID ASC 2;

5.查询 AA1 数据表中 ID＝1 的记录,语法格式是(　　　)。

A. SELECT ＊ INTO AA1 WHERE ID＝1;

B. SELECT ＊ WHERE AA1 WHERE ID＝1;

C. SELECT ＊ DELETE AA1 WHERE ID＝1;

D. SELECT ＊ FROM AA1 WHERE ID＝1;

6.查询 AA1 数据表中的所有数据,并按降序排列,语法格式是(　　　)。

A. SELECT ＊ FROM AA1 GROUP BY ID DESC;

B. SELECT ＊ FROM AA1 ORDER BY ID ASC;

C. SELECT ＊ FROM AA1 ORDER BY ID DESC;

D. SELECT ＊ FROM AA1 ID ORDER BY DESC;

7.使用 SELECT 语句在表中查询数据时至少应包括(　　　)。

A. 仅"SELECT 表达式项"

B. "SELECT ＊|字段名表"和"FROM 表名"

C. "SELECT ＊|字段名表"和"GROUP BY 字段"

D. "SELECT ＊|字段名表"和"WHERE 条件表达式"

8.在 SELECT 语句中,可以使用(　　　)去掉查询结果中的重复行。

A. TOP　　　　　B. ALL　　　　　C. UNION　　　　　D. DISTINCT

9.在 SELECT 语句中,将查询结果集中数据再次条件筛选的子句是(　　　)。

A. FROM　　　　B. ORDER BY　　C. HAVING　　　　D. WHERE

10.以下聚合函数中用来求最大值的是(　　　)。

A. MAX()　　　　B. SUM()　　　　C. COUNT()　　　　D. AVG()

二、简答题

1.什么是内连接、外连接?

2.怎样理解 HAVING 子句与 WHERE 子句之间的区别?

3.MySQL 如何使用 LIKE 关键字实现模糊查询?

4.什么是子查询?

第6章 索引及视图

索引和视图都是数据库对象。索引是一种特殊类型的数据库对象,它保存着数据表中一字段或几字段组合的排序结构。为数据表增加索引,可以提高数据的检索效率。视图使得数据查询更加便捷、安全。本章首先讲解索引的基本概念、使用索引的意义、创建索引的方法,以及视图的基本概念、视图的操作及使用。本章的学习,能让读者了解索引可以优化数据库系统的性能、掌握视图可以简化数据查询的操作。

本章要点:
◆ 索引
◆ 视图

6.1 索引

创建数据表时,初学者通常只关注该表有哪些字段、字段的数据类型及约束条件等信息,数据库表中另一个重要的概念"索引"很容易被忽视。

◆ 6.1.1 理解索引

索引是一种特殊的文件(InnoDB 数据表上的索引是表空间的一个组成部分),它们包含着对数据表里所有记录的引用指针。索引在数据库中的作用与目录在书籍中的作用类似,都用来提高查找信息的速度。试想从一本书中查找需要的内容,可以从第一页开始,一页一页地去顺序查找;也可以利用书中的目录来快速查找,书中的目录是一个词语字段表,其中注明了包含各个词的页码。查找内容时,先在目录中找到相关的页码,然后按照页码找到内容。两者相比,利用目录查找内容要比一页一页地查找速度快很多。那么在数据库中查找数据时,也存在两种方法:一种是全表扫描,即查找所需要的数据要从表的第一条记录开始扫描,一直到表的最后一条记录;另一种是使用索引,索引是一个表中所包含值的字段表,其中注明了表中包含各个值的行所在的存储位置,使用索引查找数据时,先从索引对象中获得相关字段的存储位置,然后再直接去其存储位置查找所需信息,这样就无须对整个表进行扫描,从而可以快速找到所需数据。

◆ 6.1.2 索引代价

索引不是万能的,索引可以加快数据检索操作,但会使数据修改操作变慢。每修改一次数据记录,索引就必须刷新一次。为了在某种程度上弥补这一缺陷,许多 SQL 命令都有一个 DELAY_KEY_WRITE 项。这个选项的作用是暂时制止 MySQL 在该命令每插入一条新记录和每修改一个数据之后立刻对索引进行刷新,对索引的刷新将等到全部记录插入或修改完毕之后再进行。在需要把许多新记录插入某个数据表的场合,DELAY_KEY_WRITE 选项的作用将非常明显。另外,索引还会在硬盘上占用相当大的空间。

从理论上讲,完全可以为数据表里的每个字段分别创建一个索引,但 MySQL 把同一个数据表里的索引总数限制为 16 个。既然使用索引可以提高系统的性能,大大加快数据检索的速度,是不是数据表中的每一字段都可以建立索引呢?在实际应用中,为每一字段都建立索引是不可取的,因为使用索引要付出一定的代价:

• 创建索引需要占用数据表以外的物理存储空间。例如,要建立一个聚集索引,需要大约 1.2 倍于数据大小的空间。

• 创建索引和维护索引要花费一定的时间。

• 当对表进行更新操作时,索引需要被重建,这样就降低了数据的维护速度。一张表如果建有大量索引会影响 INSERT、UPDATE 和 DELETE 语句的性能,因为表中的数据更改时,所有索引都需进行适当的调整。在修改表的内容时,索引必须进行更新,有时可能需要重构。因此,索引越多,所花的时间越长。如果有一个索引很少利用或从不使用,那么它会不必要地减缓表的修改速度。

索引的实质是数据库表的字段值的复制,该字段值称为索引的关键字。因此,为数据表建立索引时,为了能够有效地提高数据的检索效率,需要掌握一些设计索引的原则:

(1)主键字段一定要建立索引。

(2)表的某个字段值离散度越高,该字段越适合选作索引的关键字。

(3)占用储存空间少的字段更适合选作索引的关键字。对于定义为 TEXT 和二进制数据类型的字段不需要建立索引。

(4)较频繁地作为 WHERE 查询条件的字段应该创建索引,分组字段或者排序字段应该创建索引,两个表的连接字段(即外键)应该创建索引。

(5)更新频繁的字段不适合创建索引。

(6)出现在 SELECT 子句后的字段不应该创建索引。

搜索的索引字段,不一定是所要选择的字段。换句话说,最适合索引的字段是出现在 WHERE 子句中的字段,或连接子句中指定的字段,而不是出现在 SELECT 关键字后的选择字段表中的字段,例如:

```
SELECT
性别                         ←不适合做索引字段
FROM student JOIN choose
ON student.学号 = choose.学号   ←适合做索引字段
WHERE
课程号 = 值                    ←适合做索引字段
```

当然,所选择的字段和用于 WHERE 子句的字段也可能是相同的。关键是,字段出现在选择字段表中不是该字段应该做索引的标志。出现在连接子句中的字段或出现在形如 ON student.学号 = choose.学号中的字段是很适合做索引的字段。

◆ 6.1.3 索引分类

根据索引的存储结构不同将其分为两类:聚簇索引和非聚簇索引。在创建数据表时,

MySQL 数据库会自动将表中的所有记录主键值的"备份"和每条记录所在的起始页组成一张索引表，这种索引称为主键索引，主键索引也称为聚簇索引。除主键索引外的其他索引称为非聚簇索引。一张数据表只能创建一个聚簇索引，可以创建多个非聚簇索引。创建索引后，当存储引擎为 MyISAM 时，数据表会有两个文件：MYI 索引文件和 MYD 数据文件。MySQL 首先根据 MYI 索引文件中的"表记录指针"，找到对应的 MYD 数据文件中的表记录所在的物理地址查找数据。例如为 student 表添加主键索引，如图 6-1 所示。

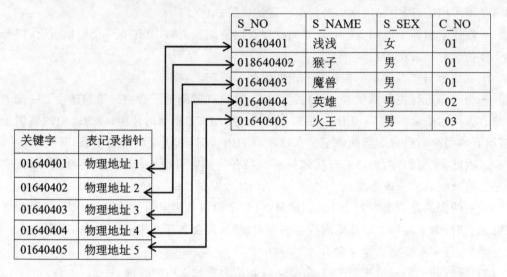

图 6-1 student 表的主键索引

MySQL 的聚簇索引与其他数据库管理系统的不同之处在于，即便一张数据表没有设置主键，MySQL 也会为该表创建一个"隐式"的主键。

1. 主键索引

为数据表中的主键字段创建一个索引，这个索引就是所谓的"主键索引"。主键索引在定义时使用的关键字是 PRIMARY KEY，而不是 UNIQUE。

2. 普通索引

普通索引（由关键字 KEY 或 INDEX 定义的索引）的任务是加快对数据的访问速度。因此，应该只为那些最经常出现查询条件（WHERE COLUMN＝）或排序条件（ORDER BY COLUMN）中的字段创建索引。只要有可能，就应该选择一个数据最整齐、最紧凑的数据列字段（如一个整数类型的字段）来创建索引。普通索引允许被索引的数据列包含重复的值。比如说，因为人有可能同名，所以同一个姓名在同一个"员工个人资料"数据表里可能出现两次或更多次。如果能确定某个字段将只包含彼此各不相同的值，在为这个字段创建索引的时候，就应该用关键字 UNIQUE 把它定义为一个索引。这么做的好处：一是简化了 MySQL 对这个索引的管理工作，这个索引也因此而变得更有效率；二是 MySQL 会在有新记录插入数据表时，自动检查新记录的这个字段的值是否已经在某个记录的这个字段里出现过了，如果是，MySQL 将拒绝插入那条新记录。在为 CHAR 和 VARCHAR 类型的字段定义索引时，可以把索引的长度限制为一个给定的字符个数（这个数字必须小于这个字段所允许的最大字符个数），这样可以生成一个尺寸比较小、检索速度却比较快的索引文件。而数据库中的字符串数据大都以各种各样的名字为主，把索引的长度设置为 10～15 个字符就会把搜索范围缩小到很少的几条数据记录了。

3. 唯一索引（UNIQUE INDEX）

索引字段的值必须唯一，但允许有空值（注意和主键不同）。如果是组合索引，则组合值须唯一，其创建方法和普通索引类似。

4. 复合索引

索引可以覆盖多个字段，例如 INDEX（COLUMN A，COLUMN B）索引。这种索引的特点是 MySQL 可以有选择地使用一个这样的索引。如果查询操作只需要用到 COLUMN A 数据列上的一个索引，就可以使用复合索引 INDEX（COLUMN A，COLUMN B）。不过，这种用法仅适用于在复合索引中排列在前的数据列组合。比如说，INDEX（A，B，C）可以当作 A 或（A，B）的索引来使用，但不能当作 B、C 或（B，C）的索引来使用。

5. 全文索引

在为 BLOB 和 TEXT 类型的字段创建索引时，如果字段里存放的是由多个单词构成的较大段文字，普通索引就没什么作用了。普通索引必须对索引的长度做出限制。MySQL 所允许的最大全文索引文本字段上的普通索引只能加快对出现字段内容最前面的字符串（也就是字段内容开头的字符）进行检索操作。如果处理的数据量很大，响应时间就会很长。对于超大文本的索引要使用全文索引（FULL-TEXTINDEX），在生成全文索引时，MySQL 将把在文本中出现的所有单词创建为一份清单，查询操作将根据这份清单去检索有关的数据记录。

6. 短索引

如果对串字段进行索引，应该指定一个前缀长度，只要有可能就应该这样做。例如，有一个 CHAR(90) 字段，如果在前 9 个或 20 个字符内，多数值是唯一的，那么就不要对整个字段进行索引。对前 9 个或 20 个字符进行索引能够节省大量索引空间，也可能会使查询更快。较小的索引涉及的磁盘 I/O 较少，较短的值比较起来更快。更为重要的是，对于较短的键值，索引高速缓存中的块能容纳更多的键值，因此，MySQL 也可以在内存中容纳更多的值，这增加了找到行而不用读取索引中较多块的可能性。（当然，应该利用一些常识。如仅用字段值的第一个字符进行索引是不可能有多大好处的，因为这个索引中不会有许多不同的值。）

◆ 6.1.4 创建索引

创建索引有两种方法。

1. 在创建表的同时创建索引

在创建表的同时创建索引，语法格式为

```
CREATE TABLE 表名(
字段名 1 数据类型 [约束条件],
…
[其他约束条件],
…
[ UNIQUE | FULLTEXT] INDEX [索引名] ( 字段名 [(长度)][ ASC | DESC])) ENGINE= 存储
引擎类型;
```

其中：

[ ]表示可选项。

[UNIQUE]用来指定创建索引的类型为唯一索引。

[FULLTEXT]用来指定创建的索引的类型是全文索引。

[ASC|DESC]用来指定索引字段的排序方式，ASC 是升序，DESC 是降序。如果省略则默认按升序排序。

例 6.1　　　　使用 SQL 语句为 book 表的每个字段按照要求创建索引，图书编号创建唯一索引，书名创建普通索引，图书简介创建全文索引，单价和出版日期创建复合索引，存储引擎为 MyISAM。执行结果如图 6-2 所示。

```
CREATE TABLE book(
图书编号 CHAR(20) PRIMARY KEY,      # 定义 ISBN 为主键
书名 CHAR(20) NOT NULL,
图书简介 TEXT NOT NULL,
单价 DECIMAL(5,2),
出版日期 DATE NOT NULL,
UNIQUE INDEX isbn_unique (图书编号), # 为图书编号字段创建名为 isbn_unique 的唯一索引
INDEX name_index (书名(20)),        # 为书名字段创建名为 name_index 的普通索引
FULLTEXT INDEX brief_fulltext (图书简介),
# 为图书简介字段创建名为 brief_fulltext 的全文索引
INDEX complex_index (单价,出版日期)
# 为单价字段和出版日期字段创建名为 complex_index 的复合索引
) ENGINE= MYISAM;
```

```
mysql> CREATE TABLE book(
    -> 图书编号 CHAR(20)  PRIMARY KEY,
    -> 书名  CHAR(20) NOT NULL,
    -> 图书简介 TEXT NOT NULL,
    -> 单价  DECIMAL(5,2),
    -> 出版日期  DATE  NOT NULL,
    -> UNIQUE INDEX isbn_unique (图书编号),
    -> INDEX name_index (书名(20)),
    -> FULLTEXT INDEX brief_fulltext (图书简介),
    -> INDEX complex_index (单价,出版日期)
    -> ) ENGINE=MYISAM;
Query OK, 0 rows affected (0.02 sec)
```

图 6-2　创建索引执行结果

为表创建索引时，可以是为表中的其中一字段添加索引，也可以是为两字段或两字段以上的组合字段添加复合索引。

2. 在已存在的表上创建索引

MySQL 可以通过修改表的结构为已创建好的表添加索引，语法格式如下。

语法格式一：

```
CREATE [ UNIQUE | FULLTEXT ] INDEX 索引名 ON 表名 ( 字段名  [ ASC | DESC ] )
```

语法格式二：

```
ALTER TABLE 表名 ADD [ UNIQUE | FULLTEXT ] INDEX 索引名 ( 字段名 [ ASC | DESC ] )
```

例 6.2　　　　为 book 表的图书简介 brief_introduction 字段添加全文索引，执行结

果如图 6-3 所示。

```
ALTER TABLE book ADD FULLTEXT INDEX b1 (brief_introduction);
```

```
mysql> ALTER TABLE book ADD FULLTEXT INDEX b1 (brief_introduction);
Query OK, 0 rows affected (0.05 sec)
Records: 0  Duplicates: 0  Warnings: 0
```

图 6-3 在已存在的表上添加索引

◆ 6.1.5 删除索引

为一张表创建太多的索引会降低数据库的性能,此时可以考虑将索引删除,语法格式为

```
DROP INDEX 索引名 ON 表名;
```

 删除 book 表的索引 b1,SQL 语句如下,运行结果如图 6-4 所示。

```
DROP INDEX b1 on book;
```

```
mysql> DROP INDEX b1 on book;
Query OK, 0 rows affected (0.05 sec)
Records: 0  Duplicates: 0  Warnings: 0
```

图 6-4 删除索引

◆ 6.1.6 索引对数据查询的影响

1. 索引对单张表查询的影响

索引是用来快速找出在某个字段上的特定值的记录。如果数据表没有添加索引,MySQL 不得不从表中的第一条记录开始查找,直到读完整张表,才能查询出相关的数据。表越大,花费时间越多。如果表对于查询的字段有一个索引,MySQL 能快速到达一个位置去查找数据文件,没有必要遍历所有的数据。假如一张表有 900 行,如果采用顺序查找数据,则需要读取 900 行,如果在该字段上添加索引,那么查找速度会快很多倍。

例 6.4 假设数据库有一张存放各门课程的学生成绩表 GRADE,执行下面的 SQL 语句可打开该表:

```
SELECT *  FROM GRADE;
```

```
+------+---------+-------+--------+--------+
| ID   | NAME    | C ++  | MYSQL  | JAVA   |
+------+---------+-------+--------+--------+
|    9 | TOM     |    55 |     93 |     57 |
|   11 | PAUL    |    79 |     52 |     75 |
|   12 | MARRY   |    54 |     99 |     74 |
|   13 | TINA    |    99 |     93 |     49 |
|   14 | WILLIAM |    43 |     43 |     52 |
|   15 | STONE   |    42 |     40 |     51 |
|   15 | SMITH   |    49 |     49 |     79 |
|   17 | BLACK   |    49 |     53 |     47 |
|   19 | WHITE   |    94 |     31 |     52 |
+------+---------+-------+--------+--------+
```

对该表进行一个特定的查询，比如要查找出所有 MySQL 成绩不及格的学生姓名，执行下面的 SQL 语句，数据库就不得不做一个全表的扫描，速度很慢。

```
SELECT NAME,MYSQL FROM GRADE WHERE MYSQL< 60;
```

```
+----------+----------+
| NAME     | MYSQL    |
+----------+----------+
| PAUL     |    52    |
| WILLIAM  |    43    |
| STONE    |    40    |
| SMITH    |    49    |
| BLACK    |    53    |
| WHITE    |    31    |
+----------+----------+
```

其中，WHERE 条件不得不匹配每条记录，以检查是否符合条件。对于记录数比较小的表来讲查询速度不会很慢。但是对于一个存储数据达到成千上万的记录的表来讲，检索所花的时间是十分可观的。如果为该表中的 MYSQL 字段创建一个索引，那么这样字段的逻辑顺序就会发生变化，SQL 语句如下。

```
ALTER TABLE GRADE ADD INDEX (MYSQL) ;
```

```
+------------------+
| INDEX FOR MYSQL  |
+------------------+
|              31  |
|              40  |
|              43  |
|              49  |
|              52  |
|              53  |
|              93  |
|              99  |
|              93  |
+------------------+
```

此索引存储在索引文件中，包含表中每行的 MYSQL 字段值，但此索引是在 MySQL 的基础上按升序排列的。现在，要查找分数小于 60 的所有行，那么可以扫描索引，结果得出 6 行。然后到达分数为 93 的行，这个值大于查找的条件，由于索引值是排序的，因此在读到该行记录时，就不需要继续查找，此记录后面的所有记录都不要读取，这样查找速度明显要快很多。因此，执行下述查询语句：

```
SELECT NAME,MYSQL FROM GRADE WHERE MYSQL< 60;
```

其查询结果为：

```
+----------+----------+
| NAME     | MYSQL    |
+----------+----------+
| WHITE    |   31     |
| STONE    |   40     |
| WILLIAM  |   43     |
| SMITH    |   49     |
|   PAUL   |   52     |
| BLACK    |   53     |
+----------+----------+
```

这时不难发现,这个结果与未添加 MYSQL 字段索引之前的不同,它是排序的。

2. 索引对多个表查询的影响

单个表查询中使用索引消除了全表扫描,极大地加快了搜索的速度。在执行涉及多个表的连接查询时,索引会更有价值。在单个表的查询中,每个字段需要查看的值的数目就是表中的记录数目。而在多个表的查询中,可能的组合数目极大,因为这个数目为各表中记录数之积。

假如有三张未创建索引的表 T1、T2、T3,分别只包含字段 C1、C2、C3,每个表分别由含有数值 1 到 900 的 900 条记录组成。查询三张表对应值相等的记录组合,查询结果应该为 900 行,每个组合包含 3 个相等的值。如果在无索引的情况下执行此查询,找出所有组合以便得出与 WHERE 子句相配的那些组合。组合数目可能为 $900 \times 900 \times 900$,查询非常慢。如果每张表中有一百万条记录,那么查询效率会更低。如果对每张表都创建索引,就能加速查询进程,查询过程如下:

(1)先从表 T1 中选择第一行,查看此行所包含的值。

(2)使用表 T2 上的索引,直接跳到 T2 中与 T1 的值相匹配的记录;再利用表 T3 上的索引,直接跳到 T3 中与 T1 的值匹配的记录。

(3)到表 T1 的下一条记录并重复前面的过程,直到 T1 中所有的记录都被遍历一次。

查询过程对表 T1 执行了一个完全扫描,但在表 T2 和 T3 上进行索引查找,直接取出值相等的记录。此时查询要比未用索引时快很多倍。

创建索引时要注意:

(1)只有表或视图的所有者才能创建索引,并且可以随时创建。

(2)对表中已依次排字段的字段集合只能定义一个索引。

(3)在创建聚集索引时,将会对表进行复制,对表中的数据进行排序,然后删除原始的表。因此,数据库上必须有足够的空闲空间,以容纳数据副本。

(4)在使用 CREATE INDEX 语句创建索引时,必须指定索引、表以及索引所应用的字段的名称。

6.2 视图

视图

视图是一种常用的数据库对象,常用于集中、简化和定制显示数据库中的数据信息,为用户以多种角度观察数据库中的数据提供方便。为了屏蔽数据的复杂性,简化用户对数据的操作或者控制用户访问数据,保护数据安全,常为不同的用户创建不同的视图。

6.2.1 视图的基本概念

视图是一个虚拟表,其内容由查询定义。视图与表有很多相似的地方,视图也是由若干个字段以及若干条记录构成的,视图也可以作为 SELECT 语句的数据源,甚至在某些特定条件下,可以通过视图对表进行更新操作,如图 6-5 所示。视图中保存的仅仅是一条 SELECT 语句,视图中的数据源都来自数据库表,数据库表称为基本表或者基表,视图称为虚表。视图并不在数据库中以存储的数据值集形式存在,而且系统也不会在其他任何地方专门为标准视图存储数据,而是在引用视图时动态生成。

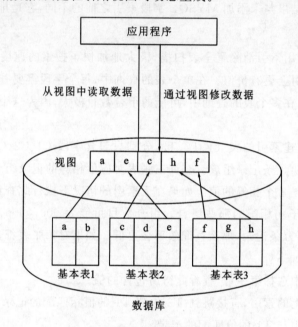

图 6-5 视图与数据表之间的关系

数据视图是另一种在一个或多个数据表上观察数据的途径,可以把数据视图看作一个能把焦点锁定在用户感兴趣的数据上的监视器,用户看到的是实时数据。

视图可以被看作虚拟表或存储查询。可通过视图访问的数据不作为独特的对象存储在数据库内。数据库内存储的是 SELECT 语句,SELECT 语句的结果集构成视图所返回的虚拟表。用户可以用引用表时所使用的方法,在 SQL 语句中通过引用视图名称来使用虚拟表。在授权许可的情况下,用户还可以通过视图来插入、更改和删除数据。视图常见的示例有:

(1)基表的行和字段的子集。

(2)两个或多个基表的连接。

(3)两个或多个基表的联合。

(4)基表和另一个视图或视图的子集的结合。

(5)基表的统计概要。

由基表构成的视图如图 6-6 所示。

学号	姓名	性别	出生年月	班级编号
2018001	张三	男	2012-02-20 00:00:00	01
2018002	李四	女	1990-03-19 00:00:00	02
2018003	王五	男	1992-04-01 00:00:00	12

"student" 表

学号	姓名	课程名	教师编号
2018001	张三	java 语言程序设计	001
2018002	李四	MySQL 数据库	002
2018003	王五	c 语言程序设计	003

视图

课程号	课程名	学分	状态	教师编号
1	java 语言程序设计	2	已审核	001
2	MySQL 数据库	4	已审核	002
3	c 语言程序设计	4	已审核	003

"course" 表

图 6-6 视图与基表

6.2.2 视图的作用

视图最终是定义在基表上的,对视图的一切操作最终也要转换为对基表的操作,而且对于非行字段子集视图进行查询或更新时还有可能出现问题。既然如此,为什么还要定义视图呢? 这是因为合理使用视图能够带来许多好处。

1. 视图能简化用户操作

使用视图可以简化数据的查询操作,对于经常使用、结构又比较复杂的 SELECT 语句,可以将其封装为一个视图。视图机制可以使用户将注意力集中在其所关心的数据上。如果这些数据不是直接来自基表,则可以通过定义视图,使用户眼中的数据库结构简单、清晰,并且可以简化用户的数据查询操作。例如,对于定义了若干张表连接的视图,就将表与表之间的连接操作对用户隐蔽起来了。也就是说,用户所做的只是对一张虚表的简单查询,而这张虚表是怎样得来的,用户无须了解。

2. 增强数据安全性

视图使不同的用户以多角度看待同一数据,同一个数据表可以为不同用户创建不同的视图,这样可以实现不同的用户只能查询或修改与之相对的数据,从而增强了数据的安全访问控制。

3. 避免数据冗余

视图保存的是一条 SELECT 语句,所有的数据保存在数据库表中,这样就可以由一张表派生出多个视图，为不同的应用程序提供服务的同时，避免了数据冗余。

4. 提高数据的逻辑独立性

视图对重构数据库提供了一定程度的逻辑独立性。数据的物理独立性是用户和用户程序不依赖于数据库的物理结构。数据的逻辑独立性是指当数据库重新构造时，如增加新的关系或对原有关系增加新的字段等，用户和用户程序不会受到影响。层次数据库和网状数据库一般能较好地支持数据的物理独立性，而对于逻辑独立性则不能完全支持。

◆ 6.2.3 创建视图

视图保存的仅仅是一条 SELECT 语句，而 SELECT 语句中的数据源可以是基表，也可以是另一个视图。创建视图的语法格式为

```
CREATE VIEW 视图名 [ (视图字段列表) ]
AS
SELECT 语句
```

其中，参数含义如下：

（1）SELECT 语句：可以是任意复杂的 SELECT 语句，但通常不许含有 ORDER BY 语句和 DISTINCT 语句。

（2）视图字段列表：视图中的字段名。可以在 SELECT 语句中指派字段名。如果未指定字段名，则视图中的字段将获得与 SELECT 语句中的字段相同的名称。

（3）视图名：为了区分视图与基本表，在命名视图时，建议在视图名的前缀或后缀添加"VEIW"。

（4）如果 CREATE VIEW 语句仅指定了视图名，省略了组成视图的各个属性字段名，则隐含该视图由子查询中的 SELECT 语句目标字段中的诸字段组成。

 例 6.5   在 choose 数据库中，为 student 表创建视图 view1。

```
CREATE VIEW  view1(学号,姓名,性别)
AS
SELECT 学号,姓名,性别 FROM student;
```

视图被创建成功后，可以对视图进行查询，查询方法与对基表进行查询一样。查询语句格式一般都适用于视图。

例如通过上面创建好的视图 view1，可以查询"性别"为"女"的所有学生的姓名和学号。执行结果如图 6-7 所示。

```
SELECT 学号,姓名 FROM view1 WHERE 性别= '女';
```

例 6.6   教师要查询某个班学生的各门课程成绩，可以先创建所有班级的所有学生的成绩视图，然后再查询具体的某个班级。

```
CREATE VIEW view2
AS
SELECT student.学号,student.姓名,课程名称,成绩,班级名称
FROM classes JOIN student ON classes.班级编号= student.班级编号
JOIN choose ON student.学号= choose.学号
JOIN course ON course.课程号= choose.课程号;
```

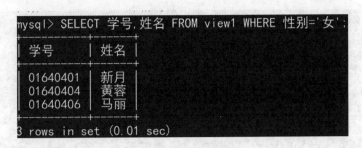

图 6-7 查询视图

如果某老师需要浏览"21 计科 1 班"的学习成绩,可执行查询语句"SELECT * FROM view2 WHERE 班级名称='21 计科 1 班';",结果如图 6-8 所示。

```
mysql> SELECT * FROM view2 WHERE 班级名称='21计科1班';
+----------+--------+------------------+--------+-------------+
| 学号     | 姓名   | 课程名称          | 成绩   | 班级名称     |
+----------+--------+------------------+--------+-------------+
| 01640401 | 新月   | java语言程序设计   | 50     | 21计科1班    |
| 01640401 | 新月   | MySQL数据库       | 40     | 21计科1班    |
| 01640401 | 新月   | c语言程序设计      | 60     | 21计科1班    |
| 01640402 | 李白   | MySQL数据库       | 70     | 21计科1班    |
| 01640403 | 黄飞鸿 | java语言程序设计   | 80     | 21计科1班    |
| 01640403 | 黄飞鸿 | MySQL数据库       | 90     | 21计科1班    |
| 01640403 | 黄飞鸿 | 数据库原理        | 65     | 21计科1班    |
+----------+--------+------------------+--------+-------------+
7 rows in set (0.01 sec)
```

图 6-8 使用视图

视图 view2 是基于数据库中不同的表创建的。当通过视图检索数据时,MySQL 将进行检查,以确保语句在每个地方引用的数据库对象都存在。而且对于经常使用的结构比较复杂的 SELECT 语句,建议将这些 SQL 语句封装为视图,可以增强代码的重用性。

例 6.7 统计每一门课程的选课人数,以及还能允许多少学生继续选课,通过视图实现。先在课程信息表中增加一个字段"选课人数上限",默认每门课的最多选课人数为 120 人。

```
ALTER TABLE course ADD 选课人数上限 INT DEFAULT 120;
CREATE VIEW av_view
AS
SELECT course.课程号,课程名称,选课人数上限, COUNT(学号) 实际选课人数,
选课人数上限- COUNT(学号) 可选人数
FROM choose RIGHT JOIN course ON choose.课程号= course.课程号
GROUP BY choose.课程号;
```

以上代码已封装到视图 av_view 中,要查看查询结果,只需打开视图,执行结果如图 6-9 所示。

```
SELECT *  FROM av_view;
```

```
mysql> CREATE VIEW av_view
    -> AS
    -> SELECT course.课程号,课程名称,选课人数上限, COUNT(学号) 实际选课人数,
    -> 选课人数上限- COUNT(学号) 可选人数
    -> FROM choose RIGHT JOIN course ON choose.课程号=course.课程号
    -> GROUP BY choose.课程号;
Query OK, 0 rows affected (0.01 sec)

mysql> SELECT * FROM av_view;
```

课程号	课程名称	选课人数上限	实际选课人数	可选人数
1	java语言程序设计	120	3	117
2	MySQL数据库	120	5	115
3	c语言程序设计	120	2	118
4	c++	120	1	119
5	数据库原理	120	1	119
6	高等数学	120	0	120

图 6-9　查询视图

◆ 6.2.4　使用视图

视图实际上是数据表的临时窗口，通过该"窗口"可以实现基表中数据的查询、修改、删除等操作。

1. 使用视图查询数据

例 6.5 运用视图实现了对数据的查询，视图可以限制用户只能访问数据库中的某些记录，限制用户只查询表中某些字段的记录。视图的查询转换为对基表的查询的过程为视图的消解（VIEW RESOLUTION）。DBMS 对视图执行查询时，首先检查其有效性，检查查询涉及的表、视图等是否在数据库中存在，如果存在，则从数据字典中取出查询涉及的视图的定义，把定义中的子查询和用户对视图的查询结合起来，转换成对基表的查询，然后再执行这个经过修改的查询。

2. 使用视图更新数据

使用视图更新数据包括数据插入（INSERT）、数据删除（DELETE）、数据修改（UPDATE）三类操作。

（1）使用视图更新数据。

 将 view1 视图中学号为"01640405"的学生的姓名改为"胡歌"。

更新前的数据如图 6-10 所示。更新后的数据如图 6-11 所示。

```
UPDATE view1  SET 姓名='胡歌' WHERE 学号='01640405';
```

（2）使用视图删除数据，语法格式为：

```
DELETE FROM < 视图名>  WHERE < 查询条件> ;
```

 删除 view1 视图中学号为"01640407"的记录。

```
DELETE FROM view1 WHERE 学号='01640407';
```

注意：在执行删除 student 表中的数据时，在 choose 表中的学号被设置了外键约束。如果 choose 表中有被删除的数据，要删除 choose 表的数据先执行"DELETE FROM choose WHERE 学号='01640407';"。通过视图删除数据如图 6-12 所示。

```
mysql> SELECT * FROM student;
+----------+--------+--------+---------------------+----------+
| 学号     | 姓名   | 性别   | 出生日期            | 班级编号 |
+----------+--------+--------+---------------------+----------+
| 01640401 | 新月   | 女     | 2002-02-20 00:00:01 | 01       |
| 01640402 | 李白   | 男     | 2002-02-20 00:00:01 | 01       |
| 01640403 | 黄飞鸿 | 男     | 2001-02-20 00:00:00 | 01       |
| 01640404 | 黄蓉   | 女     | 2003-03-18 00:00:00 | 02       |
| 01640405 | 李平   | 男     | 2002-04-01 00:00:00 | 03       |
| 01640406 | 马丽   | 女     | 2001-03-04 00:00:00 | 04       |
| 01640407 | 马小跳 | 男     | 2002-03-04 00:00:00 | 02       |
+----------+--------+--------+---------------------+----------+
7 rows in set (0.00 sec)
```

图 6-10　更新前 student 表数据

```
mysql> UPDATE view1  SET 姓名='胡歌' WHERE 学号='01640405';
Query OK, 0 rows affected (0.00 sec)
Rows matched: 1  Changed: 0  Warnings: 0

mysql> SELECT * FROM student;
+----------+--------+--------+---------------------+----------+
| 学号     | 姓名   | 性别   | 出生日期            | 班级编号 |
+----------+--------+--------+---------------------+----------+
| 01640401 | 新月   | 女     | 2002-02-20 00:00:01 | 01       |
| 01640402 | 李白   | 男     | 2002-02-20 00:00:01 | 01       |
| 01640403 | 黄飞鸿 | 男     | 2001-02-20 00:00:00 | 01       |
| 01640404 | 黄蓉   | 女     | 2003-03-18 00:00:00 | 02       |
| 01640405 | 胡歌   | 男     | 2002-04-01 00:00:00 | 03       |
| 01640406 | 马丽   | 女     | 2001-03-04 00:00:00 | 04       |
| 01640407 | 马小跳 | 男     | 2002-03-04 00:00:00 | 02       |
+----------+--------+--------+---------------------+----------+
7 rows in set (0.00 sec)
```

图 6-11　更新后 student 表数据

```
mysql> DELETE FROM view1 WHERE 学号='01640407';
Query OK, 1 row affected (0.00 sec)

mysql> SELECT * FROM student;
+----------+--------+--------+---------------------+----------+
| 学号     | 姓名   | 性别   | 出生日期            | 班级编号 |
+----------+--------+--------+---------------------+----------+
| 01640401 | 新月   | 女     | 2002-02-20 00:00:01 | 01       |
| 01640402 | 李白   | 男     | 2002-02-20 00:00:01 | 01       |
| 01640403 | 黄飞鸿 | 男     | 2001-02-20 00:00:00 | 01       |
| 01640404 | 黄蓉   | 女     | 2003-03-18 00:00:00 | 02       |
| 01640405 | 胡歌   | 男     | 2002-04-01 00:00:00 | 03       |
| 01640406 | 马丽   | 女     | 2001-03-04 00:00:00 | 04       |
+----------+--------+--------+---------------------+----------+
6 rows in set (0.01 sec)
```

图 6-12　使用视图删除数据

（3）使用视图插入数据，一般格式为：

INSERT INTO < 视图名称> VALUES('值','值',…);

 例 6.10　　　　基于 choose 数据库创建一个查看成绩不及格（成绩小于 60 分）的选课
视图 choos_view。

CREATE VIEW choos_view AS SELECT * FROM choose WHERE 成绩< 60;

向视图 choos_view 分别插入一条成绩小于 60 分的选课信息和一条成绩大于 60 分的信息，打开 choose 表，观察数据变化。执行结果如图 6-13 所示。

INSERT INTO choos_view VALUES('01640405','2',55,NOW()) ;

INSERT INTO choos_view VALUES('01640406','2',88,NOW()) ;

SELECT * FROM choose;

```
mysql> INSERT INTO choos_view VALUES('01640405','2',55,NOW());
Query OK, 1 row affected (0.02 sec)

mysql> INSERT INTO choos_view VALUES('01640406','2',88,NOW());
Query OK, 1 row affected (0.01 sec)

mysql> SELECT * FROM choose;
```

学号	课程号	成绩	选课时间
01640401	1	50	2022-03-27 15:57:34
01640401	2	40	2022-03-27 15:57:34
01640401	3	60	2022-03-27 15:57:34
01640402	2	70	2022-03-22 14:27:58
01640403	1	80	2022-03-22 14:27:58
01640403	2	90	2022-03-22 14:27:58
01640403	5	65	2022-03-22 21:09:37
01640404	3	0	2022-03-22 14:27:58
01640405	1	0	2022-03-22 14:27:58
01640405	2	55	2022-03-27 16:25:43
01640405	4	50	2022-03-22 16:36:27
01640406	2	88	2022-03-27 16:25:48

```
12 rows in set (0.00 sec)
```

图 6-13　视图插入数据没有检查视图条件

分析运行结果，成绩大于 60 分的记录被成功地插入了数据表中，因为通过视图插入数据时并没有检查视图本地的条件。MySQL 把不具备检查功能的视图称为普通视图。

由于视图是虚表，不保存数据，因此通过视图执行的数据更新操作最终要转换为对基表的更新操作。使用视图更新数据时需要注意以下几点：

• MySQL 必须能够明确地解析对视图所引用基表中的特定行所做的修改操作。不能在一个语句中对多张基表使用数据修改语句。因此，UPDATE 或 INSERT 语句中的字段必须属于视图定义中的同一张基表。

• 对于基表中需更新而又不允许空值的所有字段，它们的值在 INSERT 语句或DEFAULT 定义中指定。这将确保基表中所有需要值的字段都可以获取值。

• 在基表的字段中修改的数据必须符合对这些字段的约束，如为空性、约束、DEFAULT 定义等。

◆ 6.2.5 检查视图

MySQL 中的视图可分为普通视图与检查视图。通过检查视图更新基表的数据时,只有满足检查条件的更新语句才能成功执行。为防止用户通过视图对数据进行修改、无意或故意操作不属于视图范围内的基本数据,可在定义视图时加上 WITH CHECK OPTION 语句,这样在视图上修改数据时,DBMS 会进一步检查视图定义中的条件,若不满足条件,则拒绝执行该操作。创建检查视图的语法格式如下:

```
CREATE VIEW 视图名 [ (视图字段列表) ]
AS
SELECT 语句
WITH[ LOCAL | CASCADED ] CHECK OPTION
```

其中:

WITH CHECK OPTION:表示对视图进行 UPDATE、INSERT、DELETE 操作时要保证更新、插入、删除的记录满足视图定义中的谓词条件(即查询中的条件表达式)。

[LOCAL | CASCADED]创建视图时可以省略,它们之间的区别如图 6-14 所示。LOCAL 为本地检查视图。CASCADED 为级联检查视图,级联检查视图在视图的基础上再次创建另一个视图。

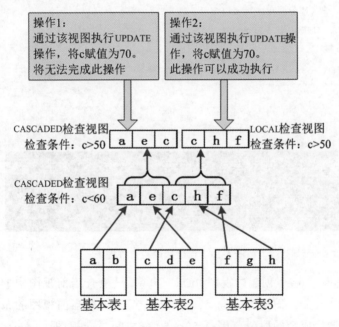

图 6-14 LOCAL 和 CASCADED 检查视图

例 6.11   创建一个学生成绩不及格(成绩小于 60 分)的检查视图 choose_view1。

```
CREATE VIEW choose_view1
AS
SELECT *  FROM CHOOSE WHERE 成绩< 60
WITH CASCADED CHECK OPTION;
```

　　向检查视图 choose_view1 插入一条成绩大于 60 分和一条成绩小于 60 分的记录，运行效果如图 6-15 所示。

```
INSERT INTO choose_view1 VALUES('01640405','3',99,NOW()) ;
INSERT INTO choose_view1 VALUES('01640405','4',33,NOW()) ;
```

```
mysql> CREATE VIEW choose_view1
    -> AS
    -> SELECT * FROM CHOOSE WHERE 成绩<60
    -> WITH CASCADED CHECK OPTION;
Query OK, 0 rows affected (0.02 sec)

mysql> INSERT INTO choose_view1 VALUES('01640405','3',99,NOW());
ERROR 1369 (HY000): CHECK OPTION failed 'choose.choose_view1'
mysql> INSERT INTO choose_view1 VALUES('01640405','4',33,NOW());
Query OK, 1 row affected (0.02 sec)
```

图 6-15　检查视图更新基表数据

　　基于视图 choose_ view1，分别创建成绩大于 50 分的 LOCAL 视图 local _view2 和 CASCADED 视图 cascaded _view3，SQL 语句如下。运行结果如图 6-16 所示。

```
CREATE VIEW local_view2
AS
SELECT *  FROM choose_view1 WHERE   成绩> 50
WITH LOCAL CHECK OPTION;


CREATE VIEW cascaded_view3
AS
SELECT *  FROM choose_view1 WHERE   成绩> 50
WITH CASCADED CHECK OPTION;
```

```
mysql> CREATE VIEW  cascaded_view3
    -> AS
    -> SELECT * FROM choose_view1 WHERE   成绩>50
    -> WITH CASCADED CHECK OPTION;
Query OK, 0 rows affected (0.01 sec)
```

图 6-16　创建级联检查视图

　　基于视图 choose_view1 创建的视图 local _view2 只检查当前视图中的条件，所以成绩的取值范围是大于 50 分。而视图 cascaded _view3 不仅检查当前视图的条件，还要检查上一级视图的条件，最后成绩的取值范围是 50～60 分之间。向视图 cascaded _view3 插入三条记录，运行 SQL 语句，结果如图 6-17 所示。

```
INSERT INTO local_view2 VALUES('01640405','3',70,NOW());
INSERT INTO cascaded_view3 VALUES('01640405','4',70,NOW());
INSERT INTO cascaded_view3 VALUES('01640405','4',40,NOW());
INSERT INTO cascaded_view3 VALUES('01640405','4',55,NOW());
```

例 6.12　　在 choose 数据库中，为"student"表创建视图，并通过视图查询所有学生的姓名、学号和出生日期，按照学号升序排序。

```
mysql> INSERT INTO cascaded_view3 VALUES('01640405','4',70,NOW());
ERROR 1369 (HY000): CHECK OPTION failed 'choose.cascaded_view3'
mysql> INSERT INTO cascaded_view3 VALUES('01640405','4',40,NOW());
ERROR 1369 (HY000): CHECK OPTION failed 'choose.cascaded_view3'
mysql> INSERT INTO cascaded_view3 VALUES('01640405','4',55,NOW());
Query OK, 1 row affected (0.01 sec)
```

图 6-17　向检查视图添加数据

```
CREATE VIEW student_view
AS
SELECT 学号,姓名,出生日期
FROM student
ORDER BY 学号 ASC;
```

例 6.13　　　　在 choose 数据库中,创建视图,查看计算机学院选修课程门数少于 3 门课程的学生学号和姓名。

```
CREATE VIEW   course_num_view
AS
SELECT student.学号,姓名,COUNT(* ) 选课门数 FROM student
JOIN classes ON student.班级编号= classes.班级编号
JOIN department ON classes.学院编号= department.学院编号
JOIN choose ON student.学号= choose.学号
WHERE 学院名称= '计算机学院'
GROUP BY  student.学号, 姓名
HAVING COUNT(* )< 3;
```

视图中的多表连接使用内连接,也可以用自然连接实现,运行结果如图 6-18 所示。

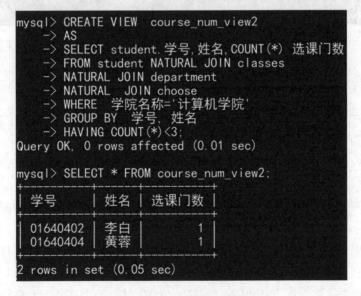

图 6-18　含统计函数视图

例 6.14　　　　在 choose 数据库中,创建视图,查看总成绩高于"黄蓉"同学总成绩的

学生的学号和姓名。运行结果如图 6-19 所示。

```
CREATE VIEW sum_view
AS
SELECT student.学号,姓名,sum(成绩) 总成绩
FROM student
JOIN choose ON student.学号= choose.学号
GROUP BY  student.学号, 姓名
HAVING SUM(成绩)> (SELECT SUM(成绩) FROM student
                  JOIN choose ON student.学号= choose.学号
                  WHERE 姓名= '黄蓉');
```

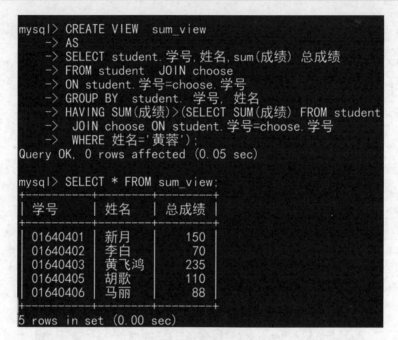

图 6-19　嵌套子查询视图

◆　6.2.6　查看视图的定义

查看视图的定义主要查看数据库中已存在视图的定义、状态和语法等信息，有以下四种方法可以查看视图定义。

（1）SHOW CREATE VIEW 视图名称，例如 SHOW CREATE VIEW score_sum_view。

（2）视图是一个虚表，可以使用查看表结构的方式查看视图的定义，如 Desc choose_view1。

（3）"SHOW TABLES;"命令不仅显示当前数据库中所有的数据表，也可以显示数据库中所有视图。

（4）MySQL 系统数据库 INFORMATION_SCHEMA 的 VIEWS 表存储了所有视图的定义，使用下面的 SELECT 语句查询该表的所有记录，也可以查看所有视图的详细信息。

```
SELECT *  FROM INFORMATION_SCHEMA.VIEWS\G;
```

◆ 6.2.7 删除视图

创建好的视图如不再使用,可以使用 DROP VIEW 语句删除视图。语句格式为:

```
DROP VIEW 视图名;
```

视图建立好后,如果导出此视图的基表被删除了,该视图将失效,但一般不会被自动删除。用户应该使用 DROP VIEW 语句将其——删除。

 例 6.15　删除 choose_view1 视图,如图 6-20 所示。

```
DROP VIEW choose_view1;
```

```
mysql> drop view choose_view1;
Query OK, 0 rows affected (0.01 sec)
```

图 6-20　删除视图

习题

一、单选题

1.在视图上不能完成的操作是(　　　)。

A.在视图上修改数据　　　　　　　　B.在视图上定义视图

C.在视图上创建基本表　　　　　　　D.查询

2.索引字段值不唯一,可以创建(　　　)。

A.主索引　　　　　B.普通索引　　　　　C.唯一索引

3.在数据库中,能提高查询速度的是(　　　)。

A.数据依赖　　　　B.视图　　　　　　　C.索引　　　　　　　D.数据压缩

二、多选题

1.关于视图说法正确的是(　　　)。

A.视图可以提高数据安全性

B.视图可以简化数据查询

C.视图是由 CREATETABLE 语句构建

D.视图是虚表

三、简答题

1.什么是索引?使用索引有什么意义?

2.创建索引时要注意哪些事项?

3.修改索引可以用 ALTER INDEX 语句吗?如果不能,说明修改索引的方法。

4.基于 course 表,建立以课程名为唯一非聚集的索引。

5.视图的作用是什么?

6.视图的类型有哪几种?

7.查询视图和查询基表的主要区别是什么?

8.使用视图对数据进行操作时需要注意的主要事项是什么?

第 **7** 章　函数

为了便于 MySQL 代码维护,以及提高 MySQL 代码的重用性,MySQL 开发人员经常将频繁使用的业务逻辑封装成存储程序。MySQL 的存储程序分为四类:函数、触发器、存储过程以及事件。本章主要介绍 MySQL 编程的基础知识、用户自定义函数的实现方法、程序控制语句、常用的系统函数。本章内容结合学生选课数据库和图书销售管理数据库编写用户自定义函数。本章的学习为将来的数据库编程奠定了坚实的基础。

本章要点:
◆ MySQL 编程基础知识
◆ 自定义函数
◆ 流程控制语句
◆ 系统函数
◆ 窗口函数

7.1　MySQL 编程基础知识

MySQL 的程序设计结构是在 SQL 基础上增加了一些程序设计语言的元素,包含常量、变量、运算符、表达式等内容。

◆ 7.1.1　常量

按照 MySQL 的数据类型进行划分,常量可分为数值型常量、十六进制常量、二进制常量、字符串常量、日期时间常量、布尔值、空值(NULL 值)等。

1. 数值型常量

数值型常量可分为整数常量和小数常量,整数常量如 1221、0、- 32 等,小数常量如 294.42、-32032.6809E10、0.148、101.5E5 等。数值型常量在使用时不需要加引号。

2. 十六进制常量

十六进制常量由数字"0"到"9"及字母"a"到"f"或字母"A"到"F"组成。表示的方法有两种。

第一种表示方法:前缀为"0x"(零 x),后面紧跟十六进制数,例如,0x0a 为十进制的 10、0xffff 为十进制的 65535。十六进制数字不区分大小写。

第二种表示方法:前缀为大写字母"X"或小写字母"x",后面紧跟十六进制数字符串,其中的十六进制数必须要加引号。例如，X'41'，X'4D5953514C'。

使用 SELECT 语句输出十六进制数时，会将十六进制数自动转换为“字符串”再进行显示。如果需要将一个字符串或数字转换为十六进制格式的字符串，可以用 HEX()函数实现。例如，“SELECT HEX('MYSQL');”。HEX()函数将“MYSQL”字符串转换为十六进制数 4D7953514C。十六进制常量的默认类型是字符串。如果以数值型结果输出，可以使用类型转换函数 CAST(... AS UNSIGNED)，或者在十六进制数后面“＋0”，例如，0x41＋0。十六进制数的输出使用 SELECT 子句，运行 SQL 语句，结果如图 7-1 所示。

```
SELECT  X'41',0x41,0x41+ 0,CAST(0x41 AS UNSIGNED),HEX(41),X'4D5953514C';
```

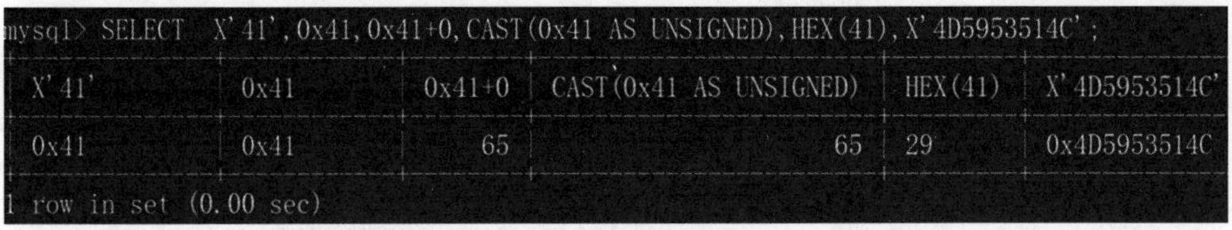

```
mysql> SELECT  X'41',0x41,0x41+0,CAST(0x41 AS UNSIGNED),HEX(41),X'4D5953514C';
+-------+------+--------+------------------------+---------+---------------+
| X'41' | 0x41 | 0x41+0 | CAST(0x41 AS UNSIGNED) | HEX(41) | X'4D5953514C' |
+-------+------+--------+------------------------+---------+---------------+
| 0x41  | 0x41 |     65 |                     65 | 29      | 0x4D5953514C  |
+-------+------+--------+------------------------+---------+---------------+
1 row in set (0.00 sec)
```

图 7-1　十六进制常量用法

3. 二进制常量

二进制常量由数字“0”和“1”组成。二进制常量的表示方法为前缀为“b”，后面紧跟一个“二进制”字符串。例如，b'111101'，b'1'，b'11'。

使用 SELECT 语句输出二进制常量。如果以数值型结果输出，在二进制数后面“＋0”。例如，b'111101'＋0。如果需要将一个字符串或数字转换为二进制数，可使用 BIN()函数实现。二进制常量的输出结果如图 7-2 所示。

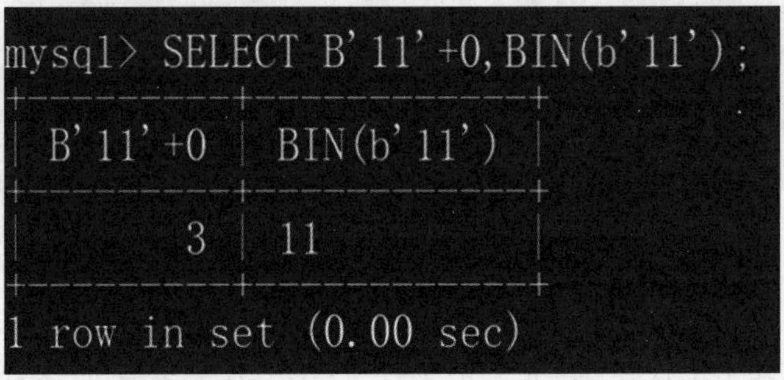

```
mysql> SELECT B'11'+0,BIN(b'11');
+---------+------------+
| B'11'+0 | BIN(b'11') |
+---------+------------+
|       3 | 11         |
+---------+------------+
1 row in set (0.00 sec)
```

图 7-2　二进制常量用法

4. 字符串常量

字符串常量是指用单引号或双引号括起来的字符序列。如 'I'm a teacher'，"you are a student" 。

字符串中使用的字符，有一些被用来表示了特定的含义，如“‘”，“%”，“_”等，这些字符不同于字符原有的含义，即为转义字符。每个转义字符以一个反斜杠(“\”)开头，常用的转义字符如表 7-1 所示。

表 7-1　转义字符及含义

转 义 字 符	含　　义
\0	一个 ASCII 0（NUL）字符
\n	一个新行符
\r	一个回车符（Windows 中使用\r\n 作为新行标志）
\t	一个定位符
\b	一个退格符
\'	一个单引号（""）符
\"	一个双引号（""）符
\\	一个反斜线（"\"）符
\%	一个"%"符。它用于在正文中搜索"%"的文字实例，否则这里"%"将解释为一个通配符
_	一个"_"符。它用于在正文中搜索"_"的文字实例，否则这里"_"将解释为一个通配符

注意：注意：NUL 字节与 NULL 值不同；NUL 为一个零值字节，而 NULL 代表没有值。

例 7.1　　输出含转义字符的字符串。运行结果如图 7-3 所示。

```
SELECT 'hello', "hello", """hello""", 'hel''lo', '\'hello';
```

图 7-3　转义字符的使用

5. 日期时间常量

日期时间常量是一个含有特殊格式的字符串，使用时要加单引号或双引号。例如'18：20：26'是一个时间常量，'2021-11-11 11：11：11'是一个日期时间常量。使用 SELECT 语句输出日期时间常量，例如，"SELECT '2021-1-1 1：01：01'"。

6. 布尔值

布尔值只包含两个可能的值：TRUE 和 FALSE。FALSE 的数字值为"0"，TRUE 的数字值为"1"。

例 7.2　　获取 TRUE 和 FALSE 的值。运行结果如图 7-4 所示。

```
SELECT TRUE, FALSE;
```

7. NULL 值

NULL 值适用于各种列类型，它通常用来表示"没有值""无数据"等意义，并且不同于数字类型的 0 或字符串类型的空字符串。

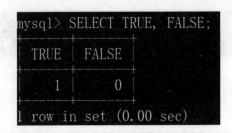

图 7-4　布尔常量

◆　7.1.2　变量

当客户机连接 MySQL 服务生成 MySQL 数据库实例时,需要定义变量保存当前 MySQL 数据库实例的属性、特征等内容。MySQL 数据库中变量分为系统变量(以@@开头)和用户自定义变量。

1. 系统变量

系统变量分为全局系统变量(GLOBAL SYSTEM VARIABLE)和会话系统变量(SESSION SYSTEM VARIABLE)。每一个 MySQL 客户机成功连接 MySQL 服务器后,都会产生与之对应的会话。在会话期间,MySQL 服务实例会在 MySQL 服务器内存中生成与该会话对应的会话系统变量,这些会话系统变量的初始值是全局系统变量值的拷贝。

1)全局系统变量

使用"SHOW GLOBAL VARIABLES;"命令可查看 MySQL 服务器中所有的全局系统变量信息。全局系统变量影响服务器整体操作。当 MySQL 服务器启动的时候,全局系统变量被初始化为默认值,并且应用于每个启动的会话。要想修改全局系统变量的值,可以在选项文件中或在命令行中指定的选项进行更改。全局系统变量作用于 SERVER 的整个生命周期,但是不能重启,即重启后所有设置的全局系统变量均失效。要想让全局系统变量重启后继续生效,需要更改相应的服务器配置文件。

例 7.3　　将全局系统变量 SORT_BUFFER_SIZE 的值改为 25000。

```
SET @@GLOBAL.SORT_BUFFER_SIZE= 25000;
```

2)会话系统变量

会话系统变量只适用于当前的会话。大多数会话系统变量的名字和全局系统变量的名字相同。当启动会话的时候,每个会话系统变量都和同名的全局系统变量的值相同。一个会话系统变量的值是可以改变的,但是这个新的值仅适用于正在运行的会话,不适用于所有其他会话。

例 7.4　　将当前会话的 SQL_WARNINGS 变量设置为 TRUE,如图 7-5 所示。

```
SET  @@SQL_WARNINGS = ON;
```

例 7.5　　基于当前会话,把系统变量 SQL_SELECT_LIMIT 的值设置为 10。这个变量决定了 SELECT 语句的结果集中的最大行数。

```
SET  @@SESSION.SQL_SELECT_LIMIT= 10;
SELECT  @@LOCAL.SQL_SELECT_LIMIT;
```

图 7-5　修改系统变量的值

执行结果如图 7-6 所示。

图 7-6　修改结果

在早期 MySQL 版本中默认的字符集是 LATIN1，该字符集不支持中文，通过修改字符集系统变量为"GBK"或"UTF8"才能处理中文字符。SQL 语句为"SET　@@CHARACTER_SET_SERVER＝GBK;"，其中的@@可以省略。如"SET　CHARACTER_SET_SERVER＝GBK;"。

2. 用户自定义变量

用户自定义变量分为局部变量(不以@开头)和用户会话变量(以@开头)。

1) 局部变量

局部变量必须定义在存储程序中(例如函数、触发器、存储过程以及事件中)，一般用在 SQL 语句块中。使用之前用 DECLARE 命令定义局部变量及其数据类型，例如，"DECLARE c　CHAR(20)"。局部变量的作用范围仅仅局限于存储程序中，脱离存储程序，局部变量没有任何意义。局部变量主要用于下面三种场合。

场合一：局部变量定义在存储程序的 BEGIN-END 语句块之间。此时局部变量首先必须使用 DECLARE 命令定义，并且必须指定局部变量的数据类型。只有定义局部变量后，才可以使用 SET 命令或者 SELECT 语句为其赋值。

场合二：局部变量作为存储过程或者函数的参数使用，此时虽然不需要使用 DECLARE 命令定义，但需要指定参数的数据类型。

场合三：局部变量也可以用在 SQL 语句中。数据检索时，如果 SELECT 语句的结果集是单个值，可以将 SELECT 语句的返回结果赋予局部变量，局部变量也可以直接嵌入 SELECT、INSERT、UPDATE 以及 DELETE 语句的条件表达式中。

2) 用户会话变量

MySQL 客户机与数据库服务器在会话期间使用的变量为用户会话变量。其作用范围只和客户机相关。例如，MySQL 客户机 1 定义了会话变量，会话期间，该会话变量一直有效；MySQL 客户机 2 不能访问 MySQL 客户机 1 定义的会话变量；MySQL 客户机 1 关闭或者 MySQL 客户机 1 与服务器断开连接后，MySQL 客户机 1 定义的所有会话变量将自动释放，以便节省 MySQL 服务器的内存空间。

用户会话变量与系统会话变量相似，变量名大小写不敏感。但又有所区别：

• 用户会话变量一般以一个"@"开头；系统会话变量以两个"@@"开头。

• 系统会话变量无须定义，可以直接使用；用户会话变量需要定义与赋值，一般情况下，用户会话变量的定义与赋值会同时进行。

用户会话变量的定义与赋值有三种方法：使用 SET 命令或者 SELECT 语句。

方法一：使用 SET 命令定义用户会话变量，并为其赋值，语法格式为

```
SET @变量名 1=值 1[,@变量名 2= 值 2,…]
```

用户会话变量的数据类型是根据赋值运算符"="右边表达式的计算结果自动分配的。也就是说，等号右边的值决定了用户会话变量的数据类型。

方法二：使用 SELECT 语句定义用户会话变量，并为其赋值，语法格式为

```
SELECT @变量名 1:=值 1[, @变量名 2:= 值 2 ,…]
```

使用":="赋值，因为在 SELECT 语句中"="是"比较"，判断"="号左右的数据是否相等。

方法三：使用 SELECT ……INTO 定义用户会话变量，并为其赋值，语法格式为

```
SELECT 值 1 INTO @变量名 1,值 2  INTO @变量名 2,…
```

变量名可以是由当前字符集的文字、数字、字符、"_"和"$"组成的字符串。为了编写程序方便，变量名建议使用由字母、数字、下划线组成的字符串。输出变量的值用 SELECT 语句，如"SELECT @a"。

例 7.6　创建用户会话变量@name 并赋值为"王林"；创建用户会话变量 user1 并赋值为 1，user2 赋值为 2，user3 赋值为 3；创建用户会话变量 user4，赋值为 user3 的值加 1。SQL 语句如下，运行结果如图 7-7 所示。

```
SELECT '王林'  INTO @name;
SET  @user1= 1, @user2= 2, @user3= 3;
SELECT  @user4:= @user3+ 1;
```

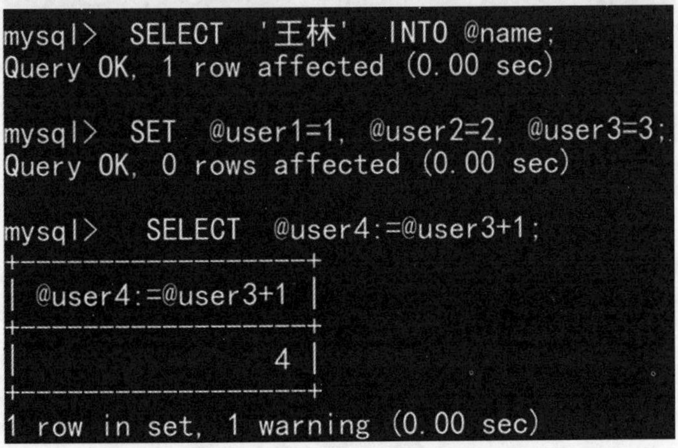

图 7-7　定义用户会话变量

使用 SELECT 语句输出各变量的值，如图 7-8 所示。

```
SELECT  @user1,@user2,@user3,@user4,@name;
```

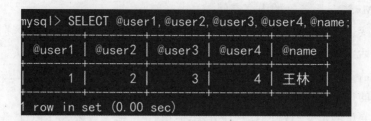

图 7-8　查看变量的值

例 7.7　可以将表达式赋值给变量，运行结果如图 7-9 所示。

```
SELECT @T2:= (@T2:= (@a:= 2)+ 5)+ 8 AS T2;
```

图 7-9　赋值同时输出变量的值

例 7.8　查询学生信息表 student 的学号为"01640401"的年龄并赋值给变量@a，查看变量的值，运行结果如图 7-10 所示。

```
SET @a= (SELECT year(now())- year(出生日期)
FROM student WHERE 学号='01640401');
```

图 7-10　查询结果赋值给变量

3）局部变量与用户会话变量的区别

（1）用户会话变量名以"@"开头，而局部变量名前面没有"@"符号。

（2）局部变量使用 DECLARE 命令定义（存储过程参数、函数参数除外），定义时必须指定局部变量的数据类型；局部变量定义后，才可以使用 SET 命令或者 SELECT 语句为其赋值。DECLARE 命令尽量写在 BEGIN-END 语句块中。用户会话变量使用 SET 命令或 SELECT 语句定义并进行赋值，定义用户会话变量时无须指定数据类型。诸如"DECLARE @STUDENT_NO INT;"的语句是错误语句，用户会话变量不能使用 DECLARE 命令定义。

（3）用户会话变量的作用范围与生存周期大于局部变量。局部变量如果作为存储过程或者函数的参数,此时在整个存储过程或函数内有效;如果定义在存储程序的 BEGIN-END 语句块中,此时仅在当前的 BEGIN-END 语句块中有效。用户会话变量在本次会话期间一直有效,直至关闭服务器连接。

(4)如果局部变量嵌入 SQL 语句中,由于局部变量名前没有"@"符号,这就要求局部变量名不能与表字段名同名,否则将出现无法预期的结果。

◆ 7.1.3 运算符

运算符是数据操作的符号,表达式是操作数用运算符按照一定的规则连接起来的有意义的式子。根据运算符功能的不同,MySQL 的运算符分为算术运算符、比较运算符、逻辑运算符以及位运算符。

1. 算术运算符

算术运算符用于两个操作数执行算术运算。MySQL 中常用的算术运算符包括加、减、乘、除、求余,其含义如表 7-2 所示。

表 7-2　算术运算符

运 算 符	含 义
+	加法运算
—	减法运算
*	乘法运算
/	除法运算
%	求余运算
DIV	除法运算,返回商。同"/"
MOD	求余运算,返回余数。同"%"

2. 比较运算符

比较运算符用于比较两个操作数之间的大小关系,运算结果要么为真(TRUE),要么为假(FALSE),要么为空(结果不确定)。MySQL 中常用的比较运算符如表 7-3 所示。

表 7-3　比较运算符

运 算 符	名 称	示 例
=	等于	ID=5
>	大于	ID>5
<	小于	ID<5
>=	大于等于	ID>=5
<=	小于等于	ID<=5
!=或<>	不等于	ID!=5
IS NULL	是否为空	ID IS NULL
BETWEEN　AND	是否在区间内	ID BETWEEN 1 AND 15
IN	是否在集合中	ID IN (3,4,5)
LIKE	字符串匹配	NAME LIKE '李%'

3. 逻辑运算符

逻辑运算符（又称为布尔运算符）对布尔值进行操作。运算结果为真时，返回 1；为假时，返回 0。MySQL 中常用的逻辑运算符如表 7-4 所示。

表 7-4　逻辑运算符

运　算　符	含　义
&& 或 AND	逻辑与
|| 或 OR	逻辑或
! 或 NOT	逻辑非
XOR	逻辑异或

4. 位运算符

位运算符是对二进制数据进行运算。如果操作数不是二进制数，会自动进行类型转换。使用 SELECT 语句输出结果时会自动转换为十进制数。MySQL 常用的位运算符如表 7-5 所示。

表 7-5　位运算符

运　算　符	含　义
&	按位与。二进制数每位上进行与运算。1 和 1 相与得 1，与 0 相与得 0
|	按位或。将操作数化为二进制数后，每位都进行或运算。1 和任何数进行或运算的结果都是 1，0 与 0 或运算结果为 0
~	按位取反。将操作数化为二进制数后，每位都进行取反运算。1 取反后为 0，0 取反后为 1
^	按位异或。二进制数的每位进行异或运算。相同的数异或后结果是 0，不同的数异或后结果为 1
<<	按位左移。"m<<n"表示 m 的二进制数向左移 n 位，右边补上 n 个 0
>>	按位右移。"m>>n"表示 m 的二进制数向右移 n 位，左边补上 n 个 0

5. 运算符的优先级

MySQL 运算符的优先级，如表 7-6 所示。按照从高到低，从左到右的级别进行运算操作。如果优先级相同，则表达式左边的运算符先运算。

表 7-6　MySQL 运算符的优先级

优　先　级	运　算　符	优　先　级	运　算　符
1	>>,<<	6	*,/,DIV,%,MOD
2	&	7	+,−
3	!	8	|
4	~	9	=,<=>,<,<=,>,>=,! =,<>, IN,IS NULL,LIKE
5	^	10	BETWEEN AND

续表

优 先 级	运 算 符	优 先 级	运 算 符
11	NOT	13	‖,OR,XOR
12	&&,AND	14	:=

7.2 自定义函数

函数存储着一系列 SQL 语句,作为数据库的一个对象存储到数据库服务器上。调用函数就是一次性执行这些语句,函数可以封装 SQL 语句,降低语句重复编写工作,为数据库编程人员提供方便。函数可以看作一个"加工作坊",这个"加工作坊"接收"调用者"传递过来的"原料"(实际上是函数的参数),然后将这些"原料""加工处理"成"产品"(实际上是函数的返回值),再把"产品"返回给"调用者"。

7.2.1 创建自定义函数

创建自定义函数时,数据库开发人员需提供函数名、函数的参数、函数体(一系列的操作)以及返回值等信息。创建自定义函数的语法格式为

```
CREATE FUNCTION 函数名(参数 1,参数 2,…)
RETURNS 返回值的数据类型
[函数选项]
BEGIN
    函数体;
    RETURN 语句;
END;
```

说明:
- 自定义函数是数据库的对象,创建自定义函数时,需要打开数据库。
- 同一个数据库内,自定义函数名不能与已有的函数名(包括系统函数名)重名,函数名不能是关键字。建议在自定义函数名时添加前缀"fn_"或者后缀"_fn"。
- 函数的参数无须使用 DECLARE 命令定义,但它仍然是局部变量,且必须定义参数的数据类型。即使没有参数,"( )"也不能省略,这时的函数为空参数函数。
- 函数必须指定返回值数据类型,且须与 RETURN 语句中的返回值的数据类型一致(如果是字符串数据类型,长度可以不同)。
- 函数体通常是 SQL 语句。
- 函数选项由以下一项或几项组成:

LANGUAGE SQL
| [NOT] DETERMINISTIC
| { CONTAINS SQL | NO SQL | READS SQL DATA | MODIFIES SQL DATA }
| SQL SECURITY { DEFINER | INVOKER }
| COMMENT '注释'

函数

> 函数选项说明：
>
> LANGUAGE SQL：默认选项，用于说明函数体使用 SQL 语言编写。
>
> DETERMINISTIC（确定性）：当函数返回不确定值时，该选项是为了防止"复制"时的不一致性的。如果函数总是对同样的输入参数产生同样的结果，则被认为它是确定的，否则就是不确定的。例如函数返回系统当前的时间，返回值是不确定的。如果既没有给定 DETERMINISTIC，也没有给定 NOT DETERMINISTIC，默认的就是 NOT DETERMINISTIC。
>
> CONTAINS SQL：表示函数体中不包含读或写数据的语句（例如 SET 命令等）。
>
> NO SQL：表示函数体中不包含 SQL 语句。
>
> READS SQL DATA：表示函数体中包含 SELECT 查询语句，但不包含更新语句。
>
> MODIFIES SQL DATA：表示函数体包含更新语句。如果上述选项没有明确指定，默认是 CONTAINS SQL。
>
> SQL SECURITY：用于指定函数的执行许可。
>
> DEFINER：表示该函数只能由创建者调用。
>
> INVOKER：表示该函数可以被其他数据库用户调用。默认值是 DEFINER。
>
> COMMENT：为函数添加功能说明等注释信息。

例 7.9　创建自定义函数，根据学号查找学生的姓名。运行效果如图 7-11 所示。

```
DELIMITER //
CREATE FUNCTION  sname_fn(a CHAR(10))
RETURNS CHAR(10)
READS SQL DATA
BEGIN
    DECLARE  s  CHAR(10);
    SELECT 姓名  INTO  s  FROM  student  WHERE  学号= a;
    RETURN s;
END; //
```

```
mysql> DELIMITER  //                    #命令起止符
mysql> CREATE  FUNCTION  sname_fn(a CHAR(10))
    -> RETURNS  CHAR(10)
    -> READS  SQL DATA
    -> BEGIN
    -> DECLARE  s  CHAR(10);
    -> SELECT  姓名  INTO s FROM student WHERE 学号=a;
    -> RETURN s;
    -> END;//
Query OK, 0 rows affected (0.01 sec)
```

图 7-11　自定义函数运行结果

例 7.10　创建自定义函数，根据学号查找学生所在的班级。在函数体中仍然可以嵌套子查询。运行效果如图 7-12 所示。

```
DELIMITER $$
CREATE FUNCTION  sclass_fn(a CHAR(10))
RETURNS CHAR(10)
READS SQL DATA
BEGIN
    DECLARE  s  CHAR(10);
    SELECT 班级名称  INTO  s  FROM  course
    WHERE 班级编号= (SELECT   班级编号
                        FROM  student
                       WHERE 学号= a);
    RETURN s;
END;$$
```

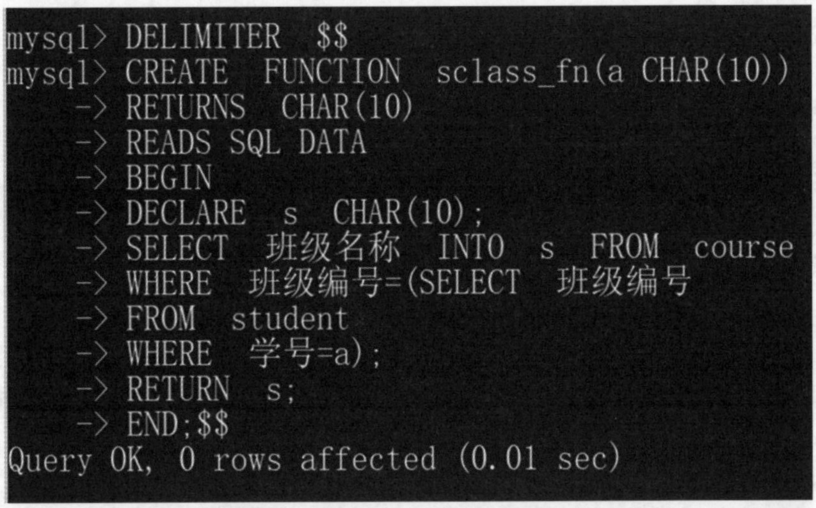

图 7-12　嵌套子查询的自定义函数

例 7.11　　创建自定义函数，根据班级名称统计该班级的学生总人数。运行效果如图 7-13 所示。

```
DELIMITER $$
CREATE  FUNCTION  cn_fn(a CHAR(20))
RETURNS  INT READS SQL DATA
BEGIN
   DECLARE  s  INT;
   SELECT COUNT(学号) INTO s FROM classes
   JOIN student ON classes.班级编号= student.班级编号
   WHERE 班级名称= a ;
   RETURN s;
   END;$$
```

在自定义函数时，不是所有的函数都需要参数。在使用函数时不需要输入任何数据，则创建函数时不需要定义参数，即空参数函数。

```
mysql> DELIMITER  $$
mysql> CREATE  FUNCTION  cn_fn(a CHAR(20))
    -> RETURNS  INT READS SQL DATA
    -> BEGIN
    ->    DECLARE  s  INT;
    ->    SELECT COUNT(学号) INTO s FROM classes
    ->    JOIN student ON classes.班级编号=student.班级编号
    ->    WHERE  班级名称=a ;
    ->    RETURN s;
    ->    END;$$
Query OK, 0 rows affected (0.00 sec)
```

图 7-13 包含连接查询的自定义函数

例 7.12   创建名字为 row_no_fn()的函数，函数功能是为查询结果集添加行号。

```
DELIMITER $$
CREATE FUNCTION row_no_fn()   RETURNS  INT
NO SQL
BEGIN
    SET  @row_no= @row_no+ 1;
    RETURN @row_no;
END;$$
```

◆ 7.2.2 自定义函数的调用

调用自定义函数与调用系统函数的方法一样，使用 SELECT 语句，例如，调用例 7.9 的
函数 sname_fn 的 SQL 语句为"SELECT sname_fn('01640403');"，输入学号后输出姓名。
使用一个 SELECT 语句可以多次调用函数。函数调用时需要输入实际的参数值，参数的个
数和数据类型与定义函数时一致。调用函数结果如图 7-14 所示。

```
mysql> SELECT sname_fn('01640403');$$

sname_fn('01640403')

黄飞鸿

1 row in set (0.00 sec)

mysql> SELECT sname_fn('01640403'),sname_fn('01640401'),
    -> sname_fn('01640402');$$

sname_fn('01640403')    sname_fn('01640401')    sname_fn('01640402')

黄飞鸿                   新月                    李白

1 row in set (0.00 sec)

mysql> SELECT sname_fn('01640403') 姓名1,sname_fn('01640401')
    -> 姓名2,sname_fn('01640402') 姓名3;$$

姓名1   姓名2   姓名3

黄飞鸿   新月   李白

1 row in set (0.00 sec)
```

图 7-14 根据学号返回姓名

空参数函数调用时不需要传递数据,例如调用例 7.12 的空参数函数,调用结果如图 7-15 所示。

图 7-15　空参数函数调用

例 7.13　　调用例 7.11 的 cn_fn 函数,根据班级名称"21 信息管理 1 班",返回该班级的学生人数。执行结果如图 7-16 所示。

图 7-16　有参数的函数调用

例 7.14　　函数创建与调用:在图书销售管理数据库中,根据书店编号查询该书店图书的上架数量,运行结果如图 7-17 所示。

```
DELIMITER $$
CREATE FUNCTION s_fn(n CHAR(10))
RETURNS CHAR(10)
READS SQL DATA
BEGIN
    DECLARE m CHAR(10);
    SET m= (SELECT SUM(上架数量) FROM onsale WHERE 书店 ID= n);
    RETURN m;
END; $$
```

◆ 7.2.3　自定义函数的删除

删除函数使用 SQL 语句"DROP FUNCTION 函数名;"。例如删除 s_fn()函数可以使

```
mysql> DELIMITER $$
mysql> CREATE FUNCTION s_fn(n CHAR(10))
    -> RETURNS CHAR(10)
    -> READS SQL DATA
    -> BEGIN
    -> DECLARE m CHAR(10);
    -> SET m=(SELECT SUM(上架数量) FROM onsale WHERE 书店ID=n);
    -> RETURN m;
    -> END;$$
Query OK, 0 rows affected (0.01 sec)

mysql> SELECT s_fn(3),s_fn(4);$$
+---------+---------+
| s_fn(3) | s_fn(4) |
+---------+---------+
| 1182    | 1071    |
+---------+---------+
1 row in set (0.06 sec)
```

图 7-17   自定义函数创建与调用

用"DROP FUNCTION s_fn;",运行结果如果 7-18 所示。

```
mysql> DROP FUNCTION s_fn;$$
Query OK, 0 rows affected (0.00 sec)
```

图 7-18   删除自定义函数

◆ 7.2.4 自定义函数的维护

函数的维护主要是查看函数的定义,常用方法有以下四种:

(1)查看当前数据库中所有的自定义函数信息,可以使用 MySQL 命令"SHOW FUNCTION STATUS;"。

(2)查看指定数据库(例如学生选课数据库 choose)中的所有自定义函数名,可以使用 SQL 语句:

```
SELECT NAME FROM MYSQL.PROC WHERE DB = 'choose' AND TYPE = 'FUNCTION';
```

(3)使用 MySQL 命令"SHOW CREATE FUNCTION 函数名;"可以查看指定函数名的详细信息。例如查看 sname_fn() 函数的详细信息,可以使用"SHOW CREATE FUNCTION sname_fn\G"。

(4)函数的信息都保存在 INFORMATION_SCHEMA 数据库中的 ROUTINES 表中,可以使用 SELECT 语句检索 ROUTINES 表,查询函数的相关信息。

```
SELECT * FROM INFORMATION_SCHEMA.ROUTINES WHERE ROUTINE_NAME= 'GET_NAME_FN'\
G;
```

7.3 流程控制语句

MySQL 提供了简单的流程控制语句,其中包括条件控制语句以及循环语句。这些流程控制语句通常放在 BEGIN-END 语句块中使用。条件控制语句分为 IF 语句和 CASE 语句。循环控制语句有 WHILE 语句、REPEAT 语句、LOOP 语句。

◆ 7.3.1 条件控制语句

1. IF 语句

IF 语句用来进行条件判断，根据不同的条件执行不同的操作。该语句在执行时首先判断 IF 后的条件是否为真，为真则执行 THEN 后的语句，如果为假则继续判断 IF 语句，直到为真为止，当以上都不满足时则执行 ELSE 语句后的内容。执行过程如图 7-19 所示。

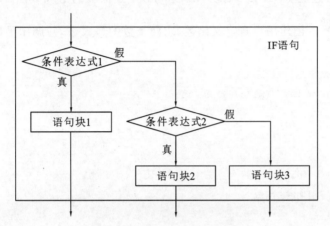

图 7-19　IF 语句的程序流程图

IF 语句的格式为

```
IF 条件表达式 1 THEN 语句块 1;
[ELSEIF 条件表达式 2　THEN 语句块 2] …
[ELSE 语句块 n]
END IF;
```

> **说明：**
> END IF 后必须以";"结束。

IF 语句根据判断条件不同，使用的格式有以下几种形式：

• 单个判断条件 IF 语句：

```
IF 条件表达式 THEN 语句块; END IF;
```

• 两个判断条件 IF 语句：

```
IF 条件表达式 1 THEN 语句块 1;
    ELSE 语句块 2;
    END IF;
```

• 多个判断条件 IF 语句：

```
IF 条件表达式 1　THEN 语句块 1;
    ELSEIF 条件表达式 2　THEN 语句块 2;
    ELSEIF 条件表达式 3　THEN 语句块 3;
    ……
    ELSE 语句块 n;
    END IF;
```

• 嵌套的 IF 语句：

```
IF 条件  THEN 语句 1；
    ELSE  IF 条件  THEN 语句 2；
        ELSE  IF 条件  THEN 语句 3；  END IF；
        END IF；
    END IF；
```

注意：每个 IF 与最近的 END IF 匹配为 IF 语句。上述嵌套的 IF 语句中有三个 IF 语句。

 创建用户自定义函数，求两个数的最大数，并调用函数，结果如图 7-20 所示。

```
DELIMITER $$
CREATE FUNCTION  fn1(a INT,b INT)
RETURNS INT
NO SQL
BEGIN
    IF a> b THEN RETURN a;
    ELSE RETURN b;
    END IF;
END;$$
SELECT fn1(20,99),fn1(3,8);
```

```
mysql> DELIMITER $$
mysql> CREATE FUNCTION  fn1(a  INT,b  INT)
    -> RETURNS  INT
    -> NO SQL
    -> BEGIN
    ->    IF a>b THEN RETURN  a;
    ->    ELSE  RETURN b;
    ->    END IF;
    -> END;$$
Query OK, 0 rows affected (0.00 sec)

mysql> SELECT fn1(20,99),fn1(3,8);$$
+------------+----------+
| fn1(20,99) | fn1(3,8) |
+------------+----------+
|         99 |        8 |
+------------+----------+
1 row in set (0.00 sec)
```

图 7-20　用 IF 语句求两个数的最大数

例 7.16　自定义无参数函数，根据系统日期返回礼貌用语。调用函数，结果如图 7-21 所示。

```
CREATE FUNCTION ss6_fn()
RETURNS CHAR(10)
NO SQL
BEGIN
```

```
DECLARE m CHAR(10);
    IF(HOUR(NOW()) > 6&&HOUR(NOW()) < 8) THEN SET m= '早上好';
    ELSEIF(HOUR(NOW()) > = 8&&HOUR(NOW()) < 12) THEN SET m= '上午好';
    ELSEIF(HOUR(NOW()) > = 12&&HOUR(NOW()) < 14) THEN SET m= '中午好';
    ELSEIF(HOUR(NOW()) > = 14&&HOUR(NOW()) < 18) THEN SET m= '下午好';
    ELSE SET m= '晚上好';
    END IF;
RETURN m;
END;$$
SELECT  NOW(), ss6_fn();
```

图 7-21　多条件 IF 语句

例 7.17　创建 name_fn() 函数，根据输入的学生学号或者买家的编号返回他们的姓名。调用函数，结果如图 7-22 所示。

```
DELIMITER $$
CREATE FUNCTION name_fn(no CHAR(20),role CHAR(20))
RETURNS CHAR(20)
READS SQL DATA
BEGIN
    DECLARE  name  CHAR(20);
    IF('学生'= ROLE)   THEN
      SELECT 姓名  INTO  name  FROM  student  WHERE  学号= no;
    ELSEIF('买家'= ROLE)   THEN
      SELECT 姓名  INTO  name  FROM  buyer WHERE  买家 id= no;
    ELSE SET name= '输入有误！';
    END IF;
RETURN  name;
END;$$
```

此函数定义了两个参数，调用时需要输入两个数据，在函数体中根据用户输入的用户类型去判断，再查询相应的数据表。函数调用的语句为"SELECT name_fn('01640401','学生'),name_fn('buyer1','买家'),name_fn('ss','ss');$$"。

2. CASE 语句

CASE 语句用于实现比 IF 语句分支更为复杂的条件判断。MySQL 中的 CASE 语句与 C 语言、Java 语言等高级程序设计语言不同。在高级程序设计语言中，每个 CASE 的分支需

```
mysql> DELIMITER  //
mysql> CREATE FUNCTION name_fn(no CHAR(20),role CHAR(20))
    -> RETURNS CHAR(20)
    -> READS SQL DATA
    -> BEGIN
    -> DECLARE  name  CHAR(20);
    -> IF('学生'=ROLE)   THEN
    -> SELECT  姓名  INTO  name FROM  student  WHERE  学号=no;
    -> ELSEIF('买家'=ROLE)    THEN
    -> SELECT  姓名  INTO  name  FROM  buyer  WHERE  买家id=no;
    -> ELSE  SET name='输入有误!';
    -> END IF;
    -> RETURN  name;
    -> END;//
Query OK, 0 rows affected (0.01 sec)

mysql> SELECT name_fn('01640401','学生'),name_fn('buyer1','买家'),
    -> name_fn('ss','ss');//
+---------------------------+--------------------------+----------------------+
| name_fn('01640401','学生') | name_fn('buyer1','买家')  | name_fn('ss','ss')   |
+---------------------------+--------------------------+----------------------+
| 新月                      | 彭万里                    | 输入有误!             |
+---------------------------+--------------------------+----------------------+
1 row in set (0.01 sec)
```

图 7-22   含 IF 语句的多参数函数调用

使用"BREAK"跳出，而 MySQL 中无须使用"BREAK"语句。流程图如图 7-23 所示。

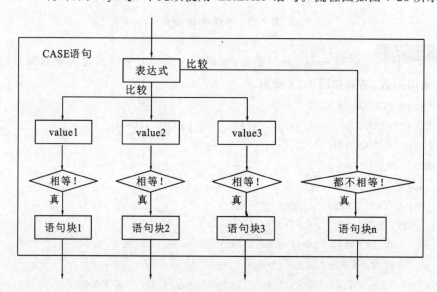

图 7-23   CASE 语句的程序流程图

语法格式为

```
CASE 表达式
WHEN Value1 THEN 语句块 1;
WHEN Value2 THEN 语句块 2;
……
ELSE 语句块 n;
END CASE;
```

例 7.18   创建 get_week_fn()函数，使该函数根据 MySQL 服务器的系统时间打印星期几。

```
DELIMITER  $$
CREATE FUNCTION get_week_fn (week_no INT) RETURNS CHAR(20)
NO SQL
BEGIN
    DECLARE  week  CHAR(20);
    CASE week_no
    WHEN 0 THEN SET week= '星期一';
    WHEN1 THEN SET week= '星期二';
    WHEN 2 THEN SET week= '星期三';
    WHEN 3 THEN SET week= '星期四';
    WHEN4 THEN SET week= '星期五';
    ELSE SET week= '今天休息 ';
    END CASE;
    RETURN  week;
END; $$
```

调用函数语句"SELECT now(),get_week_fn(weekday(now()));",结果如图 7-24 所示。

图 7-24　含 CASE 语句的函数调用

7.3.2　循环语句

MySQL 提供了三种循环语句,分别是 WHILE、REPEAT 以及 LOOP。除此以外,MySQL 还提供了 ITERATE 语句以及 LEAVE 语句用于循环的内部控制。

1. WHILE 语句

当条件表达式的值为 TRUE 时,反复执行循环体,直到条件表达式的值为 FALSE,程序流程图如图 7-25 所示。

WHILE 语句的语法格式如下:

```
[循环标签:]WHILE 条件表达式 DO
循环体;
END WHILE [循环标签];
```

> **说明:**
> END WHILE 后必须以";"结束。

例 7.19　　创建 sum1_fn()函数,返回从 1……n(n>1)的整数和。运行及调用结

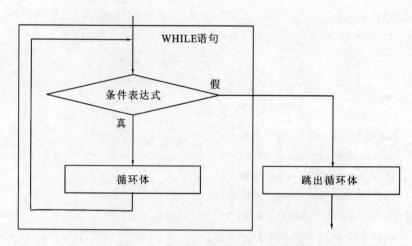

图 7-25　WHILE 语句的程序流程图

果如图 7-26 所示。

```
DELIMITER  $$
CREATE FUNCTION  sum1_fn (n  INT)
RETURNS INT
NO SQL
BEGIN
    DECLARE  sum INT DEFAULT 0;
    DECLARE  i  INT  DEFAULT  0;
    WHILE i< n  DO
        SET  i= i+ 1;
        SET  sum= sum+ i;
    END WHILE;
    RETURN sum;
END; $$
```

2. REPEAT 语句

当条件表达式的值为 FALSE 时，反复执行循环，直到条件表达式的值为 TRUE。
REPEAT 语句的语法格式为

```
[循环标签:]REPEAT
循环体；
UNTIL 条件表达式
END REPEAT [循环标签];
```

说明：
END REPEAT 后必须以";"结束。

例 7.20　创建 sum3_fn 函数，使用 REPEAT 循环语句实现从 1……n(n＞1)的
整数和。

```
mysql> DELIMITER  $$
mysql> CREATE FUNCTION  sum1_fn (n  INT)
    -> RETURNS INT
    -> NO SQL
    -> BEGIN
    -> DECLARE  sum  INT DEFAULT 0;
    -> DECLARE  i  INT  DEFAULT  0;
    -> WHILE i<n  DO
    -> SET  i=i+1;
    -> SET  sum=sum+i;
    -> END WHILE;
    -> RETURN  sum;
    -> END; $$
Query OK, 0 rows affected (0.01 sec)

mysql> SELECT sum1_fn(10), sum1_fn(100);$$
+-------------+--------------+
| sum1_fn(10) | sum1_fn(100) |
+-------------+--------------+
|          55 |         5050 |
+-------------+--------------+
1 row in set (0.00 sec)
```

图 7-26　前 n 项整数和

```
DELIMITER $$
CREATE FUNCTION  sum3_fn (n INT)
RETURNS INT
NO SQL
BEGIN
   DECLARE  sum  INT  DEFAULT 0;
   DECLARE  start  INT  DEFAULT  0;
   REPEAT
     SET  start= start+ 1;
     SET  sum= sum+ start;
     UNTIL START= N
   END REPEAT;
   RETURN sum;
END; $$
```

调用函数语句为“select sum3_fn(100);”,调用该函数后,可以计算 1＋2＋3＋…＋100 的和,调用函数结果如图 7-27 所示。

```
mysql> select sum3_fn(100);$$
+--------------+
| sum3_fn(100) |
+--------------+
|         5050 |
+--------------+
1 row in set (0.00 sec)
```

图 7-27　100 以内的整数和

3. LEAVE 语句

LEAVE 语句用于跳出当前的循环语句，语法格式为

```
LEAVE   循环标签；
```

说明：

"LEAVE　循环标签"后必须以"；"结束。

 创建 sum4_fn 函数，计算 n(n＞1)以内的累加，其中，ADD_NUM 为循环标签。

```
DELIMITER $$
CREATE FUNCTION  sum4_fn(n INT) RETURNS INT
NO SQL
BEGIN
    DECLARE  sum  INT  DEFAULT 0；
    DECLARE  start  INT  DEFAULT  0；
    ADD_NUM:WHILE  TRUE  DO
        SET  start= start+ 1；
        SET  sum= sum+ start；
        IF(start= n) THEN LEAVE  ADD_NUM； END IF；
    END WHILE ADD_NUM；
    RETURN sum；
END；$$
```

调用函数语句为"SELECT   sum4_fn(100)；"。

4. ITERATE 语句

ITERATE 语句用于跳出本次循环，继而进行下次循环。ITERATE 语句的语法格式为

```
ITERATE   循环标签；
```

说明：

"ITERATE　循环标签"后必须以"；"结束。

例 7.22 创建 sum5_fn 函数，使该函数实现计算 1……n(n＞1)中能被 9 整除的数之和。运行及调用函数结果如图 7-28 所示。

```
DELIMITER $$
CREATE FUNCTION sum5_fn (n INT) RETURNS INT
NO SQL
BEGIN
    DECLARE  sum INT DEFAULT 0；
    DECLARE  start  INT  DEFAULT  0；
add_num:WHILE start< n   DO
```

```
        SET  START= START+ 1;
    IF(START% 9= 0) THEN SET  SUM= SUM+ START;
    ELSE
        ITERATE add_num;
    END IF;
    END WHILE add_num;
    RETURN sum;
    END;$$
```

```
mysql> DELIMITER $$
mysql> CREATE FUNCTION  sum5_fn (n INT) RETURNS INT
    -> NO SQL
    -> BEGIN
    -> DECLARE  sum  INT  DEFAULT 0;
    -> DECLARE  start  INT  DEFAULT  0;
    -> add_num:WHILE start<n   DO
    -> SET  START=START+1;
    -> IF(START%9=0) THEN SET  SUM=SUM+START;
    -> ELSE
    -> ITERATE add_num;
    -> END IF;
    -> END WHILE add_num;
    -> RETURN sum;
    -> END;$$
Query OK, 0 rows affected (0.01 sec)

mysql> SELECT sum5_fn(50),sum5_fn(100);$$
+-------------+--------------+
| sum5_fn(50) | sum5_fn(100) |
+-------------+--------------+
|         135 |          594 |
+-------------+--------------+
1 row in set (0.00 sec)
```

图 7-28　ITERATE 的用法

5. LOOP 语句

由于 LOOP 循环语句本身没有停止循环的语句,因此 LOOP 通常使用 LEAVE 语句跳出 LOOP 循环。LOOP 的语法格式为

```
[循环标签:]LOOP
        循环体;
        IF 条件表达式 THEN
        LEAVE [循环标签];
        END IF;
        END LOOP;
```

> **说明:**
> END LOOP 后必须以";"结束。

例 7.23　创建 sum6_fn 函数,实现计算 $1\cdots\cdots n(n>1)$ 中既能被 6 整除又能被 7 整除的数之和。

```
DELIMITER  $$
CREATE FUNCTION sum6_fn (n INT) RETURNS INT
```

```
NO SQL
BEGIN
    DECLARE  sum INT DEFAULT 0;
    DECLARE  start  INT  DEFAULT  0;
add_num:LOOP
        SET  start= start+ 1;
        IF(start% 6= 0 and start% 7= 0) THEN
        SET  sum= sum+ start;
        END IF;
    IF(START= N) THEN
       LEAVE add_num;
       END IF;
     END LOOP;
  RETURN sum;
END; $$
```

调用函数语句为“SELECT sum6_fn(20);”,可以多次调用该函数,结果如图 7-29 所示。

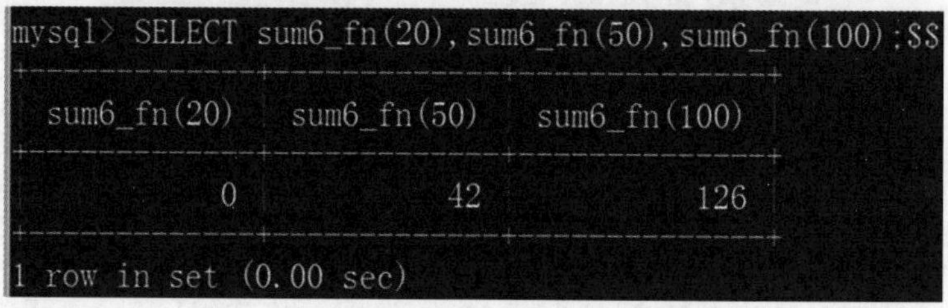

```
mysql> SELECT sum6_fn(20),sum6_fn(50),sum6_fn(100);$$
+-------------+-------------+--------------+
| sum6_fn(20) | sum6_fn(50) | sum6_fn(100) |
+-------------+-------------+--------------+
|           0 |          42 |          126 |
+-------------+-------------+--------------+
1 row in set (0.00 sec)
```

图 7-29　含 LOOP 语句的函数调用结果

例 7.24　创建 su6_fn 函数,输出 1……n(n>2)的所有素数(只能被 1 和本身整除的数)。调用函数结果如图 7-30 所示。

```
DELIMITER $$
CREATE FUNCTION su6_fn(n INT)                    # 创建函数,n 是参数
RETURNS CHAR(100)                                # 函数值的返回数据类型为字符型
NO SQL
BEGIN
DECLARE s INT DEFAULT 2;                         # 声明变量 s 初始值为 2
DECLARE m CHAR(100)  DEFAULT '';                 # 声明空字符串变量,初始值为空格
WHILE n> 2 DO
SET s= 2;
a:WHILE s< n DO                                  # 循环,判断 n 是否是素数
IF(n% s= 0) THEN LEAVE a; END IF;                # 如果 n 能整除 s,退出循环
SET s= s+ 1;
END WHILE;
IF n= s THEN SET m= CONCAT(m,'',n);END IF;       # 存储每个 n 到 m,或将多个 n 连接
                                                   为一个字符串
```

```
            SET n= n- 1;
            END WHILE;
            RETURN m;                                          # 函数返回值
            END;$$
```

```
mysql> DELIMITER $$
mysql> CREATE FUNCTION su6_fn(n INT)
    -> RETURNS CHAR(100)
    -> NO SQL
    ->  BEGIN
    -> DECLARE s INT DEFAULT 2;
    -> DECLARE m CHAR(100)  DEFAULT ' ';
    -> WHILE n>2 DO
    -> SET s=2;
    -> a:WHILE s<n DO
    -> IF(n%s=0) THEN LEAVE a; END IF;
    -> SET s=s+1;
    -> END WHILE;
    -> IF n=s THEN SET m=CONCAT(m,' ',n);END IF;
    -> SET n=n-1;
    -> END WHILE;
    -> RETURN m;
    -> END;$$
Query OK, 0 rows affected (0.05 sec)

mysql> SELECT su6_fn(20) 20以内的素数.
    -> su6_fn(50) 50以内的素数;$$
+------------------------+-----------------------------------------+
| 20以内的素数           | 50以内的素数                            |
+------------------------+-----------------------------------------+
| 19 17 13 11 7 5 3      | 47 43 41 37 31 29 23 19 17 13 11 7 5 3  |
+------------------------+-----------------------------------------+
1 row in set (0.01 sec)
```

图 7-30　输出 n 以内的全部素数

7.4　系统函数

MySQL 数据库内置了许多功能丰富的系统函数,这些函数不需要定义,用户可以直接调用。系统函数主要包括数学函数、字符串函数、日期和时间函数、条件判断函数、系统信息函数、窗口函数。这些函数不但可以在 SELECT 查询语句中被调用,也可以在 INSERT、UPDATE 和 DELETE 等语句中使用。

◆ 7.4.1　数学函数

数学函数用于处理数值类型的数据,实现更加复杂的数学运算。为了便于学习,将数学函数归纳为求近似值函数,指数函数和对数函数,随机函数,三角函数,二进制、十六进制函数、绝对值函数和求余函数等。其作用如表 7-7 所示。

表 7-7　MySQL 的数学函数

类　　型	函　　数	作　　用
求近似值函数	ROUND(x)	返回离 x 最近的整数
	ROUND(x,y)	计算离 x 最近的小数(小数点后保留 y 位)
	FORMAT(x,y)	返回小数点后保留 y 位的 x(进行四舍五入)
	TRUNCATE(x,y)	返回数值 x 保留到小数点后 y 位小数
	CEIL(x)	返回大于等于 x 的最小整数
	FLOOR(x)	返回小于等于 x 的最大整数

类　型	函　数	作　用
指数函数、对数函数	POW(x,y)	返回 x 的 y 乘方的结果值
	SQRT(x)	返回非负数 x 的二次方根
	EXP(x)	返回 e 的 x 乘方后的值（自然对数的底）
	LOG(x)	返回 x 的基数为 2 的对数
	LOG10(x)	返回 x 的基数为 10 的对数
随机函数	RAND()	返回 0～1 的随机数
三角函数	PI()	返回(pi)的值。默认的显示小数位数是 7 位
	RADIANS(x)	将角度转换为弧度
	DEGREES(x)	返回参数 x,该参数由弧度转化为度
	SIN(x)	返回 x 的正弦,其中 x 在弧度中被给定
	ASIN(x)	返回 x 的反正弦,即正弦为 x 的值。若 x 不在－1 到 1 的范围之内,则返回 NULL
	COS(x)	返回 x 的余弦,其中 x 在弧度上已知
	ACOS(x)	返回 x 的反余弦,即余弦是 x 的值。若 x 不在－1 到 1 的范围之内,则返回 NULL
	TAN(x)	返回 x 的正切,即正切为 x 的值
	COT(x)	返回 x 的余切
二进制、十六进制函数	bin(x)	二进制函数
	oct(x)	八进制函数
	hex(x)	十六进制函数
绝对值函数	ABS(x)	返回 x 的绝对值
求余函数	MOD(x,y)	返回 x 除以 y 以后的余数

例 7.25　　　　使用 ABS(x)函数来求 5 和－5 的绝对值,应用 FLOOR(x)函数求小于或等于 1.5 及－2.1 的最大整数,使用 RAND()函数获取 1 个随机数,运行结果如图 7-31 所示。

```
mysql> SELECT ABS(5),ABS(-5),FLOOR(1.5),FLOOR(-2.1),RAND();
+--------+---------+------------+-------------+---------------------+
| ABS(5) | ABS(-5) | FLOOR(1.5) | FLOOR(-2.1) | RAND()              |
+--------+---------+------------+-------------+---------------------+
|      5 |       5 |          1 |          -3 | 0.18889523222008275 |
+--------+---------+------------+-------------+---------------------+
1 row in set (0.00 sec)
```

图 7-31　SELECT 调用数学函数

例 7.26　　　　使用 ROUND(x)函数获取离 2.52547 最近的整数,使用 ROUND(x,y)函数获取离 2.12547 最近的小数（小数点后保留 2 位）,使用 FORMAT(x,y)函数获取 2.12547 小数点后 2 位的值,使用 TRUNCATE(x,y)函数获取调用结果如图 7-32 所示。

```
mysql> SELECT ROUND(2.52547),ROUND(2.12547,2),
    -> FORMAT(2.12547,2),TRUNCATE(2.12547,2);

ROUND(2.52547)  ROUND(2.12547,2)  FORMAT(2.12547,2)  TRUNCATE(2.12547,2)

             3              2.13  2.13                              2.12
```

图 7-32 求近似值函数调用

 例 7.27　　计算学生选课表中每位学生的平时成绩,保留两位小数。运行结果如图 7-33 所示。

```
SELECT 学号,round(AVG(成绩),2) 平均成绩1,
            format(AVG(成绩),2) 平均成绩2,
            truncate(AVG(成绩),2) 平均成绩3
FROM choose  GROUP BY 学号;
```

```
mysql> SELECT 学号,round(AVG(成绩),2) 平均成绩1,format(AVG(成绩),2) 平均成绩2,
    -> truncate(AVG(成绩),2) 平均成绩3 FROM choose GROUP BY  学号;

学号        平均成绩1    平均成绩2           平均成绩3
01640401      55.00    55.00                55.00
01640402      77.00    77.00                77.00
01640403      88.50    88.50                88.50
01640404      81.00    81.00                81.00
01640405       NULL    NULL                 NULL
```

图 7-33 求近似值

例 7.28　　使用 SQRT(x)函数求 16 和 25 的平方根。

```
SELECT SQRT(16),SQRT(25);
```

例 7.29　　对 MOD(31,8),MOD(234,10),MOD(45.5,6)进行求余运算,运行结果如图 7-34 所示。

```
SELECT MOD(31,8),MOD(234,10),MOD(45.5,6);
```

```
mysql>  SELECT MOD(31,8),MOD(234,10),MOD(45.5,6);

MOD(31,8)   MOD(234,10)   MOD(45.5,6)

        7             4           3.5
```

图 7-34 求余函数调用

◆ 7.4.2 字符串函数

MySQL 提供了非常多的字符串函数，主要对字符串进行操作。字符串函数可归纳为字符串基本信息函数、字符串连接函数、字符串修剪函数、取子串函数、字符串替换函数、字符串查找函数等。字符串函数的作用如表 7-8 所示。

表 7-8　MySQL 的字符串函数

类　型	函　数	作　用
字符串基本信息函数	CHAR_LENGTH(s)	返回字符串 s 的字符个数
	LENGTH(s)	返回值为字符串 s 所占的字节数
字符串连接函数	CONCAT(s1,s2,…)	字符串连接函数
	CONCAT_WS(x,s1,s2,…)	同 CONCAT(s1,s2,…)函数，但是每个字符串直接要加上 x
字符串替换函数	INSERT(s1,x,len,s2)	将字符串 s2 替换 s1 的 x 位置开始、长度为 len 的字符串
	REPLACE(s,s1,s2)	用字符串 s2 替代字符串 s 中的字符串 s1
	UPPER(s)、UCASE(s)	将字符串 s 的所有字母都变成大写字母
	LOWER(s)、LCASE(s)	将字符串 s 的所有字母都变成小写字母
取子串函数	SUBSTRING(s,n,len)	从字符串 s 中的第 n 个位置开始取长度为 len 的字符串
	MID(s,n,len)	同 SUBSTRING(s,n,len)
	LEFT(s,n)	返回从字符串 s 开始的 n 最左字符
	RIGHT(s,n)	从字符串 s 开始,返回最右 n 字符
字符串修剪函数	LPAD(s1,len,s2)	返回字符串 s1,其左边由字符串 s2 填补到 len 字符长度。假如 s1 的长度大于 len，则返回值被缩短至 len 字符
	RPAD(s1,len,s2)	返回字符串 s1,其右边被字符串 s2 填补至 len 字符长度。假如字符串 s1 的长度大于 len，则返回值被缩短到与 len 字符相同长度
	LTRIM(s)	返回字符串 s，其引导空格字符被删除
	RTRIM(s)	返回字符串 s,结尾空格字符被删去
	TRIM(s)	去掉字符串 s 开始处和结尾处的空格
	TRIM(s1 FROM s)	去掉字符串 s 中开始处和结尾处的字符串 s1
字符串复制函数	REPEAT(s,n)	将字符串 s 重复 n 次
	SPACE(n)	返回 n 个空格
字符串比较函数	STRCMP(s1,s2)	比较字符串 s1 和 s2

续表

类　型	函　数	作　用
字符串 查找函数	FIELD(s,s1,s2,…)	返回第一个与字符串 s 匹配的字符串的位置
	ELT(n,s1,s2,…)	返回第 n 个字符串
	LOCATE(s1,s), POSITION(s1 IN s)	从字符串 s 中获取 s1 的开始位置
	INSTR(s,s1)	从字符串 s 中获取 s1 的开始位置
	FIND_IN_SET(s1,s2)	返回在字符串 s2 中与 s1 匹配的字符串的位置
字符串 逆序函数	REVERSE(s)	将字符串 s 的顺序反过来

1.字符串基本信息函数

CHAR_LENGTH(str)函数返回值为字符串 str 所包含的字符个数。一个多字节字符算作一个单字符。

LENGTH(X)函数用于获取字符串 X 占用的字节数。

例 7.30　　　　使用 CHAR_LENGTH 函数、LENGTH 函数计算字符串的字符数和字节数,运行效果如图 7-35 所示。

```
SELECT CHAR_LENGTH('date') 字符数, LENGTH('date') 字节数,
CHAR_LENGTH('MySQL 数据库') 字符数,LENGTH('MySQL 数据库') 字节数;
```

图 7-35　输出字符串长度和字节数

2.字符串连接函数

CONCAT(x1,x2,…)函数用于将 x1、x2 等若干个字符串连接成一个新字符串;如有任何一个参数为 NULL,则返回值为 NULL。

CONCAT_WS(x,x1,x2,…)函数使用 x 将 x1、x2 等若干个字符串连接成一个新字符串。

例 7.31　　　　使用 CONCAT、CONCAT_WS 函数连接字符串,运行结果如图 7-36 所示。

```
SELECT CONCAT('MySQL', '5.5')  c1,CONCAT('My',NULL, 'SQL')  c2,
CONCAT_WS('-', '1st','2nd','3rd')  c3 , CONCAT_WS('*', '1st', NULL, '3rd')  c4;
```

3.字符串替换函数

INSERT(x1,start,length,x2)将字符串 x1 中从 start 位置开始、长度为 length 的子字符串替换为 x2。

```
mysql>  SELECT CONCAT('MySQL','5.5') c1,CONCAT('My',NULL,'SQL') c2,
    -> CONCAT_WS('-','1st','2nd','3rd') c3,CONCAT_WS('*','1st',NULL,'3rd') c4;
```

c1	c2	c3	c4
MySQL5.5	NULL	1st-2nd-3rd	1st*3rd

```
1 row in set (0.00 sec)
```

图 7-36　字符串连接

REPLACE(x1,x2,x3)用字符串 x3 替换 x1 中所有出现的字符串 x2,最后返回替换后的字符串。

UPPER(x)函数将字符串 x 中的所有字母变成大写字母。

LOWER(x)函数将字符串 x 中的所有字母变成小写字母。

例 7.32　　使用 INSERT、REPLACE 函数将字符串"我喜欢 C＋＋"替换为"我喜欢数据库",运行结果如图 7-37 所示。

```
SELECT INSERT('我喜欢 C+ +',4,3,'数据库')  字符串替换 1,
REPLACE('我喜欢 C+ +', 'C+ +', '数据库') 字符串替换 2;
```

```
mysql> SELECT INSERT('我喜欢C++',4,3,'数据库') 字符串替换1,
    -> REPLACE('我喜欢C++', 'C++', '数据库') 字符串替换2
```

字符串替换1	字符串替换2
我喜欢数据库	我喜欢数据库

```
1 row in set (0.00 sec)
```

图 7-37　字符串替换

4. 取子串函数

LEFT(x,n)函数返回字符串 x 的前 n 个字符。

RIGHT(x,n)函数返回字符串 x 的后 n 个字符。

SUBSTRING(x,start,length)函数从字符串 x 的第 n 个位置开始获取 length 长度的字符串。

例 7.33　　从字符串"mrbccd"的第 3 位开始,取 4 个字符,从字符串"football"的末尾取 4 个字符,取字符串"mrbccd'"的前两个字符,SQL 语句如下,运行结果如图 7-38 所示。

```
SELECT SUBSTRING('mrbccd',3,4),RIGHT('football', 4) ,LEFT('mrbccd',2);
```

5. 字符串修剪函数

LTRIM(x)函数用于去掉字符串 x 开头的所有空格字符。

RTRIM(x)函数用于去掉字符串 x 结尾的所有空格字符。

TRIM(x)函数用于去掉字符串 x 开头以及结尾的所有空格字符。

LPAD(s1,len,s2)函数返回字符串 s1,其左边由字符串 s2 填补到 len 字符长度。如果

```
mysql> SELECT SUBSTRING('mrbccd',3,4),RIGHT('football', 4) ,LEFT('mrbccd',2);
+-------------------------+----------------------+------------------+
| SUBSTRING('mrbccd',3,4) | RIGHT('football', 4) | LEFT('mrbccd',2) |
+-------------------------+----------------------+------------------+
| bccd                    | ball                 | mr               |
+-------------------------+----------------------+------------------+
1 row in set (0.00 sec)
```

图 7-38　取字符串

s1 的长度大于 len，则 s1 被缩短至 len 个字符。

RPAD(s1,len,s2)函数返回字符串 s1,其右边被字符串 s2 填补至 len 字符长度。假如字符串 s1 的长度大于 len，则 s1 被缩短到 len 个字符。

例 7.34　　去掉字符串" 　my dre 　 "左右空格,把"my "修补为"your and my dream",运行结果如图 7-39 所示。

```
mysql> SELECT LTRIM('   my dre   '),RTRIM('   my dre   '),TRIM('   my dre   ');
+-----------------------+-----------------------+----------------------+
| LTRIM('   my dre   ') | RTRIM('   my dre   ') | TRIM('   my dre   ') |
+-----------------------+-----------------------+----------------------+
| my dre                |    my dre             | my dre               |
+-----------------------+-----------------------+----------------------+
1 row in set (0.00 sec)

mysql> SELECT LPAD(RPAD('my ',8,'dream'),17,'your and ');
+--------------------------------------------+
| LPAD(RPAD('my ',8,'dream'),17,'your and ') |
+--------------------------------------------+
| your and my dream                          |
+--------------------------------------------+
1 row in set (0.00 sec)
```

图 7-39　修剪字符串

6. 字符串查找函数

LOCATE(x1,x2)函数、POSITION(x1 IN x2)函数、INSTR(x2,x1)函数都用于从字符串 x2 中获取 x1 的开始位置。

ELT(n,x1,x2,…)函数返回第 n 个字符串,若 n 小于 1 或大于参数的数目,则返回值为 NULL。

FIELD(s,s1,s2,…)函数返回第一个与字符串 s 匹配的字符串的位置。

FIND_IN_SET(s1,s2)返回字符串 s1 在字符串列表 s2 中出现的位置,如果 s1 不在 s2 或 s2 为空字符串,则返回值为 0。如果任意一个参数为 NULL,则返回值为 NULL。

例 7.35　　分析图 7-40 中的 SQL 语句,运行结果如图 7-40 所示。

7. 字符串复制函数

REPEAT(x,n)函数产生一个新字符串,该字符串的内容是字符串 x 的 n 次复制。

SPACE(n)函数产生一个新字符串,该字符串的内容是空格字符的 n 次复制。

8. 字符串比较函数

STRCMP(x1,x2)函数用于比较两个字符串 x1 和 x2,比较结果示例如图 7-41 所示。

图 7-40　查找字符串

如果 x1＞x2,函数返回值为 1；

如果 x1＝x2,函数返回值为 0；

如果 x1＜x2,函数返回值为−1。

```
mysql> SELECT STRCMP("abd","add"),STRCMP("abd","abd"),STRCMP("abd","aad");
```

STRCMP("abd","add")	STRCMP("abd","abd")	STRCMP("abd","aad")
−1	0	1

```
1 row in set (0.00 sec)
```

图 7-41　字符串比较

9. 字符串逆序函数

REVERSE(s)函数将字符串 s 的顺序反过来。

7.4.3　日期和时间函数

日期和时间函数主要用于日期和时间的数据操作。MySQL 内置的日期和时间函数及其作用如表 7-9 所示。

表 7-9　MySQL 的日期和时间函数

函　　数	作　　用
CURDATE(),CURRENT_DATE()	返回当前日期
CURTIME(),CURRENT_TIME()	返回当前时间
NOW()	返回当前日期和时间
UNIX_TIMESTAMP()	以 UNIX 时间戳的形式返回当前时间
UNIX_TIMESTAMP(d)	将时间 d 以 UNIX 时间戳的形式返回
FROM_UNIXTIME(d)	把 UNIX 时间戳的时间转换为普通格式的时间
UTC_DATE()	返回 UTC(Universal Coordinated Time,国际协调时间)日期
UTC_TIME()	返回 UTC 时间
MONTH(d)	返回日期 d 中的月份值,范围是 1～12
MONTHNAME(d)	返回日期 d 中的月份名称,如 January、February

续表

函　　数	作　　用
DAYNAME(d)	返回日期 d 是星期几,如 Monday、Tuesday 等
DAYOFWEEK(d)	返回日期 d 是星期几,1 表示星期日,2 表示星期一等
WEEKDAY(d)	返回日期 d 是星期几,0 表示星期一,1 表示星期二等
WEEK(d)	计算日期 d 是本年的第几个星期,范围是 0~53
WEEKOFYEAR(d)	计算日期 d 是本年的第几个星期,范围是 1~53
DAYOFYEAR(d)	计算日期 d 是本年的第几天
DAYOFMONTH(d)	计算日期 d 是本月的第几天
YEAR(d)	返回日期 d 中的年份值
QUARTER(d)	返回日期 d 是第几季度,范围是 1~4
HOUR(t)	返回时间 t 中的小时值
MINUTE(t)	返回时间 t 中的分钟值
SECOND(t)	返回时间 t 中的秒钟值
EXTRACT(type FROM d)	从日期 d 中获取指定的值,type 指定返回的值,如 YEAR、HOUR 等将时间 t 转换为秒
TIME_TO_SEC(t)	将时间 t 转换为秒
SEC_TO_TIME(s)	将以秒为单位的时间 s 转换为时分秒的格式
TO_DAYS(d)	计算日期 d~0000 年 1 月 1 日的天数
FROM_DAYS(n)	计算从 0000 年 1 月 1 日开始 n 天后的日期
DATEDIFF(d1,d2)	计算日期 d1~d2 之间相隔的天数
ADDDATE(d,n)	计算起始日期 d 加上 n 天的日期
ADDDATE(d,INTERVAL expr type)	计算起始日期 d 加上一个时间段后的日期
DATE_ADD(d,INTERVAL expr type)	同 ADDDATE(d,INTERVAL n type)
SUBDATE(d,n)	计算起始日期 d 减去 n 天后的日期
SUBDATE(d,INTERVAL expr type)	计算起始日期 d 减去一个时间段后的日期
ADDTIME(t,n)	计算起始时间 t 加上 n 秒的时间
SUBTIME(t,n)	计算起始时间 t 减去 n 秒的时间
DATE_FROMAT(d,f)	按照表达式 f 的要求显示日期 d
TIME_FROMAT(t,f)	按照表达式 f 的要求显示时间 t
GET_FORMAT(type,s)	根据字符串 s 获取 type 类型数据的显示格式

1. 返回系统当前时间函数

CURDATE()和 CURRENT_DATE()函数获取当前日期。

CURTIME()函数和 CURRENT_TIME()函数获取当前时间。

NOW()函数获取当前日期和时间。还有 URRENT_TIMESTAMP()函数、

LOCALTIME()函数、SYSDATE()函数和 LOCALTIMESTAMP()函数,它们也同样可以获取当前日期和时间。

例 7.36   使用 NOW()函数、CURDATE()函数、CURRENT_TIME()函数、LOCALTIME()函数获取系统当前日期和时间,运行结果如图 7-42 所示。

```
SELECT NOW(),CURDATE(), CURRENT_TIME(),LOCALTIME();
```

```
mysql> SELECT NOW(),CURDATE(), CURRENT_TIME(),LOCALTIME();
NOW()                  CURDATE()    CURRENT_TIME()   LOCALTIME()
2022-03-23 20:30:20    2022-03-23   20:30:20         2022-03-23 20:30:20
1 row in set (0.00 sec)
```

图 7-42   系统当前日期和时间

2.获取时间信息函数

YEAR(x)函数、MONTH(x)函数、DAYOFMONTH(x)函数、HOUR(x)函数、MINUTE(x)函数、SECOND(x)函数分别用于获取日期时间 x 的年、月、日、时、分、秒等信息。

MONTHNAME(x)函数用于获取日期时间 x 的月份信息。

DAYNAME(x)函数与 WEEKDAY(x)函数用于获取日期时间 x 的星期信息。

DAYOFWEEK(x)函数用于获取日期时间 x 是本星期的第几天(星期日为第一天,以此类推)。

3.日期加减函数

DATEDIFF(d1,d2)函数用于计算日期 d1 与 d2 之间相隔的天数。

ADDDATE(d,n)函数用于返回起始日期 d 加上 n 天的日期。

SUBDATE(d,n)函数用于返回起始日期 d 减去 n 天的日期。

例 7.37   返回"2018-02-16"加上 13 天的日期,返回日期"2019-06-1"与"2019-03-1"之间相隔的天数,返回"2015-02-16"减去 6 天后的日期。运行结果如图 7-43 所示。

```
SELECT ADDDATE('2018- 02- 16',13)
       DATEDIFF('2019- 06- 1','2019- 03- 1'),
       SUBDATE('2015-02-16',6);
```

```
mysql> SELECT ADDDATE('2018-02-16',13),DATEDIFF('2019-06-1','2019-03-1'),SUBDATE('2015-02-16',6):
ADDDATE('2018-02-16',13)   DATEDIFF('2019-06-1','2019-03-1')   SUBDATE('2015-02-16',6)
2018-03-01                                                92   2015-02-10
1 row in set (0.00 sec)
```

图 7-43   日期加减函数调用

◆   **7.4.4   条件判断函数**

条件判断函数用来在 SQL 语句中进行条件判断。根据不同的条件,执行不同的 SQL

语句。MySQL 支持的条件判断函数及作用如表 7-10 所示。

表 7-10　MySQL 的条件判断函数

函　　数	作　　用
IF(expr,v1,v2)	如果表达式 expr 成立,则执行 v1;否则执行 v2
IFNULL(v1,v2)	如果 v1 不为空,则显示 v1 的值;否则显示 v2 的值
CASE WHEN expr1 THEN v1 [WHEN expr2 THEN v2 …] [ELSE vn] END	CASE 表示函数开始,END 表示函数结束。如果表达式 expr1 成立,则返回 v1 的值;如果表达式 expr2 成立,则返回 v2 的值。依次类推,最后遇到 ELSE 时,返回 vn 的值。它的功能与 PHP 中的 SWITCH 语句类似
CASE expr WHEN e1 THEN v1 [WHEN e2 THEN v2 …] [ELSE vn] END	CASE 表示函数开始,END 表示函数结束。如果表达式 expr 取值为 e1,则返回 v1 的值;如果表达式 expr 取值为 e2,则返回 v2 的值,依次类推,最后遇到 ELSE,则返回 vn 的值

例 7.38　调用 IF()函数,SQL 语句如图 7-44 所示。

```
mysql> SELECT IF(1>2,2,3),
    -> IF(1<2,'yes ','no'),
    -> IF(STRCMP('test','test1'),'no','yes');
+-------------+---------------------+-----------------------------------+
| IF(1>2,2,3) | IF(1<2,'yes ','no') | IF(STRCMP('test','test1'),'no','yes') |
+-------------+---------------------+-----------------------------------+
|           3 | yes                 | no                                |
+-------------+---------------------+-----------------------------------+
1 row in set (0.00 sec)
```

图 7-44　调用 IF 函数

例 7.39　使用 IFNULL()函数进行条件判断。

```
SELECT IFNULL(1,2), IFNULL(NULL,10), IFNULL(1/0,'wrong');
```

IFNULL(1,2)虽然第二个值也不为空,但返回结果依然是第一个值;IFNULL(NULL,10)第一个值为空,因此返回 10;"1/0"的结果为空,因此 IFNULL(1/0,'wrong')返回字符串"wrong"。

例 7.40　使用 CASE value WHEN 语句执行分支操作。

```
SELECT CASE 2 WHEN 1 THEN 'one' WHEN 2 THEN 'two' ELSE 'more' END;
```

例 7.41　将学生选课表中的成绩百分制转换为等级制,成绩在 90～100 分之间的为优秀,成绩在 80～89 分之间的为良好,成绩在 70～79 分之间的为中等,成绩在 60～69 分之间的为及格,其他为不及格。使用 CASE 函数实现,运行结果如图 7-45 所示。

```
SELECT 学号,成绩，CASE truncate(成绩/10,0)
        WHEN 10 THEN '优秀'
        WHEN 9 THEN '优秀'
        WHEN 8 THEN '良好'
        WHEN 7 THEN '中等'
        WHEN 6 THEN '及格'
        ELSE '不及格'
        END  等级
FROM  choose;
```

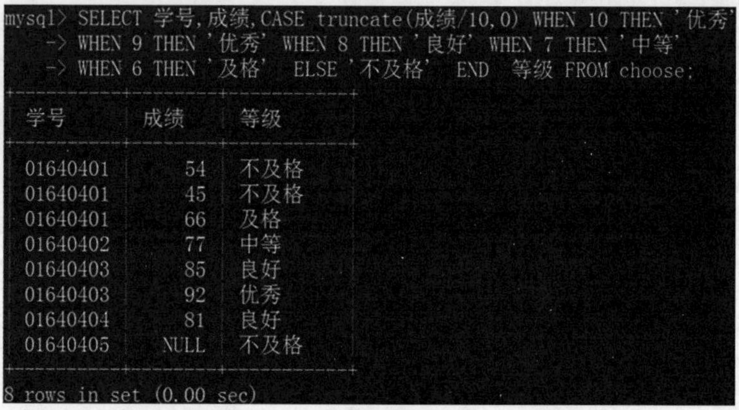

```
mysql> SELECT 学号,成绩,CASE truncate(成绩/10,0) WHEN 10 THEN '优秀'
    -> WHEN 9 THEN '优秀' WHEN 8 THEN '良好' WHEN 7 THEN '中等'
    -> WHEN 6 THEN '及格'  ELSE '不及格'  END  等级 FROM choose;
+----------+------+--------+
| 学号     | 成绩 | 等级   |
+----------+------+--------+
| 01640401 |   54 | 不及格 |
| 01640401 |   45 | 不及格 |
| 01640401 |   66 | 及格   |
| 01640402 |   77 | 中等   |
| 01640403 |   85 | 良好   |
| 01640403 |   92 | 优秀   |
| 01640404 |   81 | 良好   |
| 01640405 | NULL | 不及格 |
+----------+------+--------+
8 rows in set (0.00 sec)
```

图 7-45　表的数据作为 CASE 函数的参数

7.4.5　系统信息函数

系统信息函数用来查询 MySQL 数据库的系统信息。例如，查询数据库的版本，查询数据库的当前用户等。系统信息函数的作用如表 7-11 所示。

表 7-11　MySQL 的系统信息函数

函　数	作　用	示　例
VERSION()	获取数据库的版本号	SELECT VERSION()；
CONNECTION_ID()	获取服务器的连接数	SELECT CONNECTION_ID()；
DATABASE(),SCHEMA()	获取当前数据库名	SELECT DATABASE(),SCHEMA()；
USER(),SYSTEM_USER(), SESSION_USER()	获取当前用户	SELECT USER(),SYSTEM_USER()；
CURRENT_USER(), CURRENT_USER	获取当前用户	SELECT CURRENT_USER()；
CHARSET(str)	获取字符串 str 的字符集	SELECT CHARSET('mrsoft')；
COLLATION(str)	获取字符串 str 的字符排列方式	SELECT COLLATION('mrsoft')；
LAST_INSERT_ID()	获取最近生成的 AUTO_INCREMENT 值	SELECT LAST_INSERT_ID()；

◆ 7.4.6 加密函数

加密函数是 MySQL 中用来对数据进行加密的函数。因为数据库中有些很敏感的信息不希望被其他人看到，所以就可以通过加密的方式来使这些数据变成看似乱码的数据。加密函数的作用如表 7-12 所示。

表 7-12 MySQL 的加密函数

函　数	作　用	示　例
PASSWORD(str)	对字符串 str 进行加密。经此函数加密后的数据是不可逆的。其经常用于对用户注册的密码进行加密处理	对字符串 mrsoft 进行加密，其语句如下： SELECT PASSWORD('mrsoft')；
MD5(str)	对字符串 str 进行加密，经常用于对普通数据进行加密	使用 MD5()函数对 mrsoft 字符串进行加密，其语句如下： SELECT MD5('mrsoft')；
ENCODE (str,pswd_str)	使用字符串 pswd_str 来加密字符串 str。加密的结果是一个二进制数，必须使用 BLOB 类型的字段来保存它	使用字符串 mr 对 mrsoft 进行加密处理，其语句如下： SELECT ENCODE('mrsoft','mr')；
DECODE (crypt_str,pswd_str)	使用字符串 pswd_str 来为 crypt_str 解密。crypt_str 是通过 ENCODE(str,pswd_str)加密后的二进制数据。字符串 pswd_str 应该与加密时的字符串 pswd_str 相同	应用 DECODE() 函数对经过 ENCODE()函数加密的字符串进行解密，其语句如下： SELECT DECODE(ENCODE('mrsoft','mr'),'mr')；

◆ 7.4.7 其他函数

MySQL 中除了上述内置函数以外，还包含很多函数。例如，数字格式化函数 FORMAT(x,n)、IP 地址与数字的转换函数 INET_ATON(ip)，还有加锁函数 GET_LOCT (name,time)、解锁函数 RELEASE_LOCK(name)等。表 7-13 罗列了 MySQL 支持的其他函数。

表 7-13 MySQL 的其他函数

函　数	作　用
FORMAT(x,n)	将数字 x 进行格式化，将 x 保留到小数点后 n 位。这个过程需要进行四舍五入
ASCII(s)	返回字符串 s 的第一个字符的 ASCII 码
BIN(x)	返回 x 的二进制编码
HEX(x)	返回 x 的十六进制编码

续表

函 数	作 用
OCT(x)	返回 x 的八进制编码
CONV(x,f1,f2)	将 x 从 f1 进制数变成 f2 进制数
INET_ATON(IP)	可以将 IP 地址转换为数字表示
INET_NTOA(n)	可以将数字 n 转换成 IP 的形式
GET_LOCT (name,time)	定义一个名称为 name、持续时间长度为 time 秒的锁。锁定成功，返回 1；如果尝试超时，返回 0；如果遇到错误，返回 NULL
RELEASE_LOCK (name)	解除名称为 name 的锁。如果解锁成功，返回 1；如果尝试超时，返回 0；如果解锁失败，返回 NULL
IS_FREE_LOCK (name)	判断是否使用名为 name 的锁。如果使用，返回 0；否则返回 1
BENCHMARK (count,expr)	将表达式 expr 重复执行 count 次，然后返回执行时间。该函数可以用来判断 MySQL 处理表达式的速度
CONVERT (s USING cs)	将字符串 s 的字符集变成 cs
CAST (x AS type)	将 x 变成 type 类型，这个函数只对 BINARY、CHAR、DATE、DATETIME、TIME、SIGNED INTEGER、UNSIGNED INTEGER 这些类型起作用。这种方法只是改变了输出值的数据类型，并没有改变表中字段的类型

7.5 窗口函数

MySQL 8.0 新增加了窗口函数的功能，窗口函数方便了 SQL 的编码，也是 MySQL 8.0 的亮点之一。

7.5.1 ROW_NUMBER()

ROW_NUMBER()（分组）排序编号，按照表中某一字段分组，再按照某一字段排序，对已有的数据生成一个编号。当然也可以不分组，对整体进行排序，生成一个编号。任何一个窗口函数，都可以分组统计或者不分组统计。语法格式为

```
ROW_NUMBER()OVER(PARTITION BY 字段名 ORDER BY 字段名) AS 编号
```

例 7.42   创建用户订单表 order1，并插入 10 条记录，基于 order1 查询每位用户最新的订单信息。

```
CREATE TABLE order1
(order_id int primary key,        # 订单编号
user_no varchar(10),              # 用户编号
amount int,                       # 订单数量
create_date datetime );           # 订单日期
```

窗口函数

插入数据：

```
INSERT INTO order1 VALUES (1,'u0001',100,'2019- 1- 1');
INSERT INTO order1 VALUES (2,'u0001',900,'2019- 1- 20');
INSERT INTO order1 VALUES (3,'u0001',300,'2019- 1- 2');
INSERT INTO order1 VALUES (4,'u0002',900,'2019- 1- 22');
INSERT INTO order1 VALUES (5,'u0002',900,'2019- 1- 20');
INSERT INTO order1 VALUES (6,'u0002',500,'2019- 1- 5');
```

传统方式的运行结果如图 7-46 所示。

```
SELECT *  FROM (SELECT IF(@ y= a.user_no, @ x:= @ x+ 1, @ x:= 1) X ,
                IF(@ y= a.user_no, @ y, @ y:= a.user_no) Y, a.*
                FROM order1 a, (SELECT @ x:= 0, @ y:= NULL) b
                ORDER BY a.user_no, a.create_date desc ) a WHERE X < =  1;
```

```
mysql> SELECT * FROM (SELECT IF(@y=a.user_no, @x:=@x+1, @x:=1) X ,
    ->                IF(@y=a.user_no, @y, @y:=a.user_no) Y, a.*
    ->                 FROM order1 a, (SELECT @x:=0, @y:=NULL) b
    ->                 ORDER BY a.user_no, a.create_date desc ) a WHERE X <= 1;
+------+------+----------+---------+--------+---------------------+
| X    | Y    | order_id | user_no | amount | create_date         |
+------+------+----------+---------+--------+---------------------+
|    1 | 001  |        5 | 001     |    900 | 2019-01-20 00:00:00 |
|    1 | 002  |       10 | 002     |    900 | 2019-01-22 00:00:00 |
+------+------+----------+---------+--------+---------------------+
2 rows in set, 5 warnings (0.00 sec)
```

图 7-46　查询每位用户最新的订单信息

使用 ROW_NUMBER()函数的运行结果如图 7-47 所示。

```
SELECT *  FROM
(SELECT ROW_NUMBER()OVER(PARTITION BY user_no
ORDER BY create_date desc) as row_num,
order_id,user_no,amount,create_date   FROM order1 ) t WHERE row_num= 1;
```

```
mysql> SELECT * FROM
    -> (SELECT ROW_NUMBER()OVER(PARTITION BY user_no ORDER BY create_date desc) as row_num,
    -> order_id,user_no,amount,create_date  FROM order1 ) t WHERE row_num=1;
+---------+----------+---------+--------+---------------------+
| row_num | order_id | user_no | amount | create_date         |
+---------+----------+---------+--------+---------------------+
|       1 |        5 | 001     |    900 | 2019-01-20 00:00:00 |
|       1 |       10 | 002     |    900 | 2019-01-22 00:00:00 |
+---------+----------+---------+--------+---------------------+
2 rows in set (0.00 sec)
```

图 7-47　ROW_NUMBER()函数的使用

例 7.43　查询学生选课表中每门课程的最高分，按照课程编号分组后按成绩降序排列，返回每一组数据的第一条记录的成绩，即每门课程的最高分。运行效果如图 7-48 所示。

```
SELECT *  FROM
  (SELECT ROW_NUMBER()OVER(PARTITION BY 课程号
```

```
ORDER BY 成绩 DESC) AS 名次,
   学号,课程号,成绩 FROM choose ) t
WHERE 名次= 1;
```

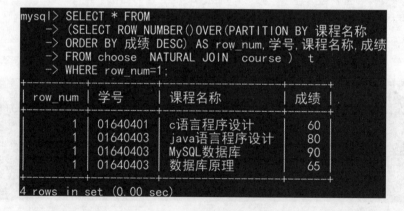

图 7-48　每门课程的最高分

如果要输出每门课程的课程名称，上述的 SQL 语句可修改为

```
SELECT *  FROM
(SELECT ROW_NUMBER()OVER(PARTITION BY 课程名称
ORDER BY 成绩 DESC) AS row_num, 学号,课程名称,成绩
FROM choose   NATURAL JOIN course) t
WHERE row_num= 1;
```

运行结果如图 7-49 所示。

图 7-49　ROW_NUMBER()实现每门课程的最高分（显示课程名称）

◆ 7.5.2　RANK()

RANK()类似于 ROW_NUMBER()，也是排序功能，如果表中有两条完全一样的数据，ROW_NUMBER()编号的时候，这两条数据被编了两个不同的号。而 RANK()当排序条件一样的情况下，其编号也一样。如例 7.43 的 SQL 语句可修改为

```
SELECT *  FROM
(SELECT RANK() OVER(PARTITION BY 课程号 ORDER BY 成绩 DESC) AS 名次,
学号,课程号,成绩 FROM choose ) t WHERE 名次= 1;
```

7.5.3 AVG()、SUM()等聚合函数在窗口函数中的增强

可以在聚合函数中使用窗口功能，比如 SUM(amount)OVER(PARTITION BY user_no ORDER BY create_date) AS sum_amount，达到一个累积计算 SUM 的功能。

7.5.4 NTILE(N)

NTILE(N) 将数据按照某些排序分成 N 组，在 N 组数据中获取其中一部分数据。例如，按照学生选课表 choose 中的成绩倒序排列，将学生成绩分成上、中、下 3 组，如果要获取上、中、下三个组中的一部分数据，可使用 NTILE(3) 来实现。

7.5.5 LAG、LEAD 函数

LAG(column,n)获取当前数据行按照某种排序规则的上 n 行数据的某个字段。

LEAD(column,n)获取当前数据行按照某种排序规则的下 n 行数据的某个字段。

例 7.44 按照时间排序，获取当前订单的上一笔订单发生时间和下一笔订单发生时间。运行效果如图 7-50 所示。

```
SELECT order_id, user_no, amount, create_date,
LAG(create_date,1) OVER (PARTITION BY user_no ORDER BY create_date ASC)
'LAST_TRANSACTION_TIME',
LEAD(create_date,1) OVER (PARTITION BY user_no ORDER BY create_date ASC)
'NEXT_TRANSACTION_TIME'FROM order1 ;
```

```
mysql> select order_id, user_no, amount, create_date,
    -> lag(create_date,1) over (partition by user_no order by create_date asc) 'last_transaction_time',
    -> lead(create_date,1) over (partition by user_no order by create_date asc) 'next_transaction_time'
    -> from order1;
```

order_id	user_no	amount	create_date	last_transaction_time	next_transaction_time
1	001	100	2019-01-01 00:00:00	NULL	2019-01-02 00:00:00
2	001	300	2019-01-02 00:00:00	2019-01-01 00:00:00	2019-01-02 00:00:00
3	001	300	2019-01-02 00:00:00	2019-01-02 00:00:00	2019-01-10 00:00:00
4	001	900	2019-01-10 00:00:00	2019-01-02 00:00:00	2019-01-20 00:00:00
5	001	900	2019-01-20 00:00:00	2019-01-10 00:00:00	NULL
6	002	500	2019-01-05 00:00:00	NULL	2019-01-06 00:00:00
7	002	600	2019-01-06 00:00:00	2019-01-05 00:00:00	2019-01-10 00:00:00
9	002	300	2019-01-10 00:00:00	2019-01-06 00:00:00	2019-01-22 00:00:00
10	002	900	2019-01-22 00:00:00	2019-01-10 00:00:00	NULL

9 rows in set (0.00 sec)

图 7-50 当前订单的上一订单和下一订单的时间

7.5.6 CTE 公用表表达式

CTE 公用表表达式有两种用法：非递归的 CTE 和递归的 CTE。非递归的 CTE 可以用来增加代码的可读性，增加逻辑的结构化表达。对于一句有几十行甚至上百行的 SQL 语

句,可使用 CTE 分段解决。比如逻辑块 A 做成一个 CTE,逻辑块 B 做成一个 CTE,然后在逻辑块 A 和逻辑块 B 的基础上继续进行查询,这样与直接一句代码实现整个查询,逻辑上就变得相对清晰直观。

例 7.45 查询选课人数最多的课程号和选课人数,运行结果如图 7-51 所示。

```
WITH CTE AS(
SELECT count(学号) a ,课程号
FROM choose GROUP BY 课程号)
SELECT max(a) ,课程号 FROM CTE;
```

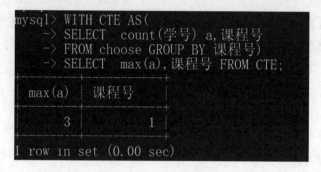

图 7-51 查询选课人数最多的课程号及人数

例 7.46 查询每个用户的最新一条订单,使用 CTE 完成,分两步:

第一步是对用户的订单按照时间排序编号,做成一个 CTE;

第二步是对上面的 CTE 查询,取行号等于 1 的数据。

运行结果如图 7-52 所示。

```
WITH CTE AS (
SELECT ROW_NUMBER() OVER(PARTITOIN BY user_no ORDER BY create_date desc) AS
row_num,
order_id,user_no,amount,create_date FROM order_info)
SELECT *  FROM CTE WHERE row_num= 1;
```

```
mysql> with cte as
    -> (
    -> select row_number()over(partition by user_no order by create_date desc) as row_num,
    -> order_id,user_no,amount,create_date
    -> from order_info
    -> )
    -> select * from cte where row_num = 1;
+---------+----------+---------+--------+---------------------+
| row_num | order_id | user_no | amount | create_date         |
+---------+----------+---------+--------+---------------------+
|       1 |        5 | u0001   |    900 | 2018-01-20 00:00:00 |
|       1 |       10 | u0002   |    800 | 2018-01-22 00:00:00 |
+---------+----------+---------+--------+---------------------+
2 rows in set (0.00 sec)
```

图 7-52 CTE 查询每个用户的最新一条订单

习题

一、单选题

1.16 属于(　　)。

A. 字符串常量 　　　　　　　　　　B. 浮点型常量

C. 数值型常量 　　　　　　　　　　D. 日期时间常量

2. "abc"属于(　　)。

A. 字符串常量 　　　　　　　　　　B. 数值型常量

C. 日期时间常量 　　　　　　　　　D. 整型常量

3. MySQL 中使用(　　)创建自定义函数。

A. CREATE FUNCTION 　　　　　　B. CREATE TRIGGER

C. CREATE QUART 　　　　　　　　D. CREATE PROCEDURE

4. MySQL 自定义函数的特性说明中,(　　)表示函数体包含 SELECT 查询语句,但不包含更新语句。

A. CONTAINS SQL 　　　　　　　　B. NO SQL

C. READS SQL DATA 　　　　　　　D. MODIFIES SQL DATA

二、多选题

1. 下面正确的十六进制常量有(　　)。

A. x'4D7953514C' 　　　　　　　　B. 0x4D7953514C

C. x4D7953514C 　　　　　　　　　D. 4D7953514C

三、简答题

1. 使用数学函数进行如下运算:

(1)计算 18 除以 5 的商和余数。

(2)将弧度值 PI( )/4 转换为角度值。

(3)计算 9 的 4 次方值。

(4)将数字 1.98752895 保留到小数点后 4 位。

(5)将十进制的值 100 转换为十六进制值。

2. 使用字符串函数进行如下运算:

(1)分别计算字符串"Hello World!"和"University"的长度。

(2)从字符串"Nice to meet you!"中获取子字符串"meet"。

(3)重复输出 3 次字符串"Cheer!"。

(4)将字符串"anihc"逆序输出。

3. 使用日期时间函数进行如下运算:

(1)计算当前日期是一年的第几周。

(2)计算当前日期是一周中的第几个工作日。

4. 在 MySQL 中执行如下算术运算：(9−7)＊4,8＋15/3,17DIV2,39％12。

5. 在 MySQL 中执行如下比较运算：36＞27,15＞＝8,40＜50,15＜＝15,NULL＜＝＞NULL,NULL＜＝＞1, 5＜＝＞5。

6. 在 MySQL 中执行如下逻辑运算：4&&8,−2‖NULL,NULL XOR 0,0 XOR1,！2。

7. 在 MySQL 中执行如下位运算：13&17,20|8,14^20,～16。

第 8 章　存储过程与触发器

前面章节介绍了 MySQL 自定义函数以及视图的使用,函数和视图虽然实现了代码封装,减少了代码重复编写工作,为数据库开发者提供了方便,但在调用函数时数据库服务器需要重复编译,降低了系统资源利用率。而 MySQL 存储过程不仅可以提高代码的重用性,还可以提高代码的执行效率。本章主要讲解如何在 MySQL 中创建和调用存储过程、触发器、游标等方面的知识,并结合学生选课系统讲解这些知识点在该系统中的应用。MySQL 存储过程实现了比 MySQL 自定义函数更为强大的功能。

本章要点:
- ◆ 存储过程
- ◆ 触发器
- ◆ 游标
- ◆ 数据库访问技术

8.1　存储过程

8.1.1　存储过程的概念

存储过程是一种数据库对象,它由一组预先编辑好的 SQL 语句组成,为了实现某个特定的任务,将一组预编译的 SQL 语句以一个存储单元的形式存储在数据库服务器上,由用户直接调用执行。存储过程在第一次执行时进行编译,然后将编译好的代码保存在高速缓存中便于以后调用,实现了一次编译、多次调用,提高了代码的执行效率。存储过程与函数相似,也可以看作是一个"加工作坊",它接收"调用者"传递过来的"原料"(IN 参数),然后将这些"原料""加工处理"成"产品"(存储过程的 OUT 参数或 INOUT 参数),再把"产品"返回给"调用者"。

8.1.2　创建存储过程

创建存储过程时,需要指定存储过程的名称和参数的名称。创建存储过程的语法格式为

```
CREATE PROCEDURE 存储过程名称(IN 参数 1 数据类型,OUT 参数 2 数据类型,…)
[存储过程选项]
BEGIN
存储过程语句块;
END;
```

存储过程

其中,参数说明如下:

存储过程名称:必须遵守标识符的命名规则,且对于数据库及其所有者必须唯一。建议在存储过程命名中添加前缀"proc_"或者后缀"_proc"。

参数:MySQL 存储过程的参数实质上是局部变量,在定义存储过程时需要指定参数的数据类型。存储过程有 3 种参数。

IN 参数:输入参数,表示该参数的值必须由调用程序指定。

OUT 参数:输出参数,表示该参数的值经过存储过程计算后,将 OUT 参数的计算结果返回给调用程序。

INOUT 参数:既是输入参数,又是输出参数,表示该参数的值既可以由调用程序指定,又可以将 INOUT 参数的计算结果返回给调用程序。

存储过程选项:由以下一种或几种选项组合而成。

```
LANGUAGE SQL
| [NOT] DETERMINISTIC| { CONTAINS SQL  | NO SQL  | READS SQL DATA | MODIFIES
SQL DATA }
| SQL SECURITY { DEFINER | INVOKER } |  COMMENT '注释'
```

> **说明:**
>
> LANGUAGE SQL:默认选项,用于说明存储过程语句块使用 SQL 语言编写。
>
> DETERMINISTIC(确定性):当存储过程返回结果是不确定值时,该选项可防止"复制"时的不一致性。如果存储过程总是对同样的输入参数产生同样的结果,则被认为它是"确定的",否则就是"不确定的"。例如存储过程返回系统当前的时间,返回值是不确定的。如果既没有给定 DETERMINISTIC,也没有给定 NOT DETERMINISTIC,默认的就是 NOT DETERMINISTIC。
>
> CONTAINS SQL:表示存储过程语句块中不包含读或写数据的语句(例如 SET 命令等)。
>
> NO SQL:表示存储过程语句块中不包含 SQL 语句。
>
> READS SQL DATA:表示存储过程语句块中包含 SELECT 查询语句,但不包含更新语句。
>
> MODIFIES SQL DATA:表示存储过程语句块包含更新语句。
>
> 如果上述选项没有明确指定,默认是 CONTAINS SQL。
>
> SQL SECURITY:用于指定存储过程语句块的执行许可。
>
> DEFINER:表示该存储过程只能由创建者调用。
>
> INVOKER:表示该存储过程可以被其他数据库用户调用。默认值是 DEFINER。
>
> COMMENT:为存储过程添加功能说明等注释信息。

例 8.1 创建一个名为 s1_proc 的存储过程,查看学生信息数据库中学生的总人数。运行结果如图 8-1 所示。

```
DELIMITER $$
CREATE PROCEDURE  s1_proc( )
READS SQL DATA
BEGIN
SELECT  COUNT(* )  FROM student ;
END; $$
```

创建存储过程时,其中的参数可以省略,即既没有输入参数也没有输出参数,也可以有

```
mysql> CREATE PROCEDURE  s1_proc( )
    -> READS SQL DATA
    -> BEGIN
    -> SELECT   COUNT(*)  FROM student ;
    -> END;$$
Query OK, 0 rows affected (0.02 sec)
```

图 8-1　空参数存储过程

多个输入参数和多个输出参数。如果存储过程的处理结果是一个列表,在定义存储过程时
则不需要定义 OUT 参数。

例 8.2　　　　　创建名为 c_proc 的存储过程,根据学号查询该学生选修了哪些课程。
其中学号是要输入的数据,需要定义为输入参数 IN 参数,而该存储过程的结果不需要赋值
保存,创建时不需要定义输出参数 OUT 参数。运行结果如图 8-2 所示。

```
DELIMITER $$
CREATE PROCEDURE c_proc(IN s_no CHAR(10))
READS SQL DATA
BEGIN
SELECT 课程名称 FROM choose JOIN course
ON choose.课程号= course.课程号
WHERE 学号= s_no;
END;$$
```

```
mysql> DELIMITER $$
mysql> CREATE PROCEDURE c_proc(IN s_no CHAR(10))
    -> READS SQL DATA
    -> BEGIN
    -> SELECT 课程名称 FROM choose JOIN course
    -> ON choose.课程号=course.课程号
    -> WHERE  学号= s_no;
    -> END;$$
Query OK, 0 rows affected (0.01 sec)
```

图 8-2　创建只带输入参数的存储过程

例 8.3　　　　　创建名为 c1_proc 的存储过程,根据学生的学号查询该学生选修了几
门课程,s_no 是 IN 输入参数,number 是 OUT 输出参数。它们都是存储过程的局部变量。
运行结果如图 8-3 所示。

```
DELIMITER $$
CREATE PROCEDURE c1_proc(IN s_no CHAR(10),OUT number INT)
READS SQL DATA
BEGIN
SELECT COUNT(* ) INTO number FROM choose WHERE 学号= s_no;
END;$$
```

创建存储过程时,如果需要保存存储过程的结果,那么要定义 OUT 输出参数,将结果
赋值给 OUT 参数。

```
mysql> DELIMITER $$
mysql> CREATE PROCEDURE c1_proc(IN s_no CHAR(10),OUT number INT)
    -> READS SQL DATA
    -> BEGIN
    -> SELECT COUNT(*) INTO number FROM choose WHERE  学号= s_no;
    -> END;$$
Query OK, 0 rows affected (0.05 sec)
```

图 8-3　带输入、输出参数的存储过程

例 8.4　　　创建名为 s2_proc 的存储过程，根据图书编号查询图书名称。定义 bh 为 IN 输入参数，sm 为 OUT 输出参数。运行结果如图 8-4 所示。

```
DELIMITER $$
CREATE PROCEDURE s2_proc(IN bh CHAR(10),OUT sm CHAR(10))
READS SQL DATA
BEGIN
SELECT 图书名称 INTO sm FROM book WHERE 图书编号= bh;
END;$$
```

```
mysql> DELIMITER $$
mysql> CREATE PROCEDURE s2_proc(IN bh CHAR(10),OUT sm CHAR(10))
    -> READS SQL DATA
    -> BEGIN
    -> SELECT 图书名称 INTO sm FROM book WHERE 图书编号=bh;
    -> END;$$
Query OK, 0 rows affected (0.01 sec)
```

图 8-4　带输入、输出参数的存储过程

上述存储过程的 IN 参数与 OUT 参数的数据类型都为字符串数。如果存储过程的 IN 参数和 OUT 参数的数据类型相同，则可以将这两个参数简化为一个 INOUT 参数。例 8.4 的 SQL 语句可修改为：

```
DELIMITER $$
CREATE PROCEDURE s3_proc(INOUT bh CHAR(20))
READS SQL DATA
BEGIN
SELECT 图书名称 INTO bh FROM book WHERE 图书编号= bh;
END;$$
```

运行结果如图 8-5 所示。

8.1.3　调用存储过程

存储过程创建成功后，在经过编译优化后会保存到数据库服务器。只有调用存储过程，才能查看到结果。调用存储过程须使用 CALL 关键字。调用时需要向存储过程的 IN 参数、OUT 参数、INOUT 参数传递数据，而且数据的个数和类型要一致。

```
mysql> DELIMITER $$
mysql> CREATE PROCEDURE s3_proc(INOUT bh CHAR(20))
    -> READS SQL DATA
    -> BEGIN
    -> SELECT 图书名称 INTO bh FROM book WHERE 图书编号=bh;
    -> END;$$
Query OK, 0 rows affected (0.05 sec)
```

图 8-5　带 INOUT 参数的存储过程

1. 调用无参数存储过程

如果存储过程在定义时没有任何参数,在调用时也
不需要传递具体的值给参数。例如,调用例 8.1 的存储
过程 s1_proc 的 MySQL 命令是"CALL s1_proc ( );",
调用结果如图 8-6 所示。

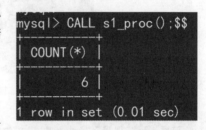

```
mysql> CALL s1_proc();$$
+----------+
| COUNT(*) |
+----------+
|        6 |
+----------+
1 row in set (0.01 sec)
```

图 8-6　调用无参数存储过程

2. 调用带输入参数的存储过程

如果存储过程在定义时指定了输入参数,在调用时
需要向存储过程传递 IN 参数,例如调用例 8.2 的存储
过程 c_proc,输入学号返回该学生选修了哪些课程,调
用的命令为

```
SET @student_no = '01640403';
CALL c_proc(@student_no);
```

或者

```
CALL c_proc('01640403');
```

调用结果如图 8-7 所示。

```
mysql> SET @student_no = '01640403';
    -> CALL  c_proc(@student_no); $$
Query OK, 0 rows affected (0.00 sec)

+----------------+
| 课程名称        |
+----------------+
| java语言程序设计 |
| MySQL数据库     |
| 数据库原理      |
+----------------+
3 rows in set (0.00 sec)

Query OK, 0 rows affected (0.01 sec)

mysql>  CALL  c_proc('01640403');$$

+----------------+
| 课程名称        |
+----------------+
| java语言程序设计 |
| MySQL数据库     |
| 数据库原理      |
```

图 8-7　调用带输入参数的存储过程

3.调用带输入、输出参数的存储过程

带输入、输出参数的存储过程有 IN 参数和 OUT 参数，调用时把 OUT 参数的结果传递给用户会话变量。使用命令 SELECT 输出变量的值。例如，调用例 8.3 的 c1_proc 存储过程，运行结果如图 8-8 所示。

图 8-8　调用带 IN、OUT 参数的存储过程

> **注意**：注意：调用存储过程时，定义的@a 是用户会话变量，通过用户会话变量与存储过程内的局部变量进行值的传递。

4.调用带 INOUT 参数的存储过程

INOUT 参数既是输入参数，也是输出参数，实际上是两个名字相同的参数。那么在调用这样的存储过程时也需要传递输入参数的值。例如，调用例 8.4 的存储过程 s3_proc，输入图书编号返回图书名称。调用结果如图 8-9 所示。

图 8-9　调用带 INOUT 参数的存储过程

◆ **8.1.4　查看存储过程的定义**

对于用户创建的存储过程，可以使用下面四种方法查看存储过程的定义、权限、字符集等信息。

（1）使用 SHOW PROCEDURE STATUS 命令查看存储过程的定义。

（2）查看某个数据库（例如 choose 数据库）中的所有存储过程名，可以使用下面的 SQL

语句。执行结果如图 8-10 所示。

```
SELECT NAME FROM MYSQL.PROC
WHERE DB = 'choose'AND TYPE = 'PROCEDURE';
```

```
mysql> SELECT NAME FROM MYSQL.PROC
    -> WHERE DB = 'choose' AND TYPE = 'PROCEDURE';

NAME

c1_proc
CHOOSE_NUMBER_PROC
c_proc
s1_proc
s2
s2_proc
s3_proc
student_count_proc
```

图 8-10　查看数据库中所有的存储过程

（3）使用 MySQL 命令"SHOW CREATE PROCEDURE 存储过程名；"可以查看指定数据库指定存储过程的详细信息。

例如查看 s1_proc()存储过程的详细信息，可以使用"SHOW CREATE PROCEDURE s1_proc \G"。

（4）存储过程的信息都保存在 INFORMATION_SCHEMA 数据库中的 ROUTINES 表中，可以使用 SELECT 语句查询存储过程的相关信息。

例如下面的 SQL 语句查看的是 s1_proc()存储过程的相关信息：

```
SELECT * FROM INFORMATION_SCHEMA.ROUTINES
WHERE ROUTINE_NAME= 's1_proc()'\G
```

◆ 8.1.5　删除存储过程

用户创建的存储过程不再需要时，可以使用命令 DROP PROCEDURE 将其删除，语法格式为

```
DROP  ROCEDURE 存储过程名称；
```

 删除存储过程 CHOOSE_NUMBER_PROC ，代码如下，执行结果如图 8-11 所示。

```
DROP PROCEDURE CHOOSE_NUMBER_PROC;
```

```
mysql> drop procedure choose_number_proc;
Query OK, 0 rows affected (0.09 sec)
```

图 8-11　删除存储过程

◆ 8.1.6 存储过程与函数的比较

（1）存储过程与函数之间的共同特点在于：

• 应用程序调用存储过程或者函数时，只需要提供存储过程名或者函数名，以及参数信息，无须将若干条 MySQL 命令或 SQL 语句发送到 MySQL 服务器，节省了网络开销。

• 存储过程或者函数可以重复使用，可以减少数据库开发人员，尤其是应用程序开发人员的工作量。

• 使用存储过程或者函数可以增强数据的安全访问控制。可以设定只有某些数据库用户才具有某些存储过程或者函数的执行权。

（2）存储过程与函数之间的不同之处在于：

• 函数必须有且仅有一个返回值，且必须指定返回值数据类型（返回值类型目前仅仅支持字符串类型、数值类型）。存储过程可以没有返回值，也可以有返回值，甚至可以有多个返回值，所有的返回值需要使用 OUT 或者 INOUT 参数定义。

• 函数体内可以使用 SELECT…INTO 语句为某个变量赋值，但不能使用 SELECT 语句返回结果（或者结果集）。存储过程则没有这方面的限制，存储过程甚至可以返回多个结果集。

• 函数可以直接嵌入 SQL 语句（例如 SELECT 语句）中或者 MySQL 表达式中，最重要的是函数可以用于扩展标准的 SQL 语句。存储过程一般需要单独调用，并不会嵌入 SQL 语句中（例如 SELECT 语句中）使用，调用时需要使用 CALL 关键字。

• 函数中的函数体限制比较多，比如函数体内不能使用以显式或隐式方式打开、开始或结束事务的语句，如 START TRANSACTION、COMMIT、ROLLBACK 或者 SET AUTOCOMMIT＝0 等语句；不能在函数体内使用预处理 SQL 语句（稍后讲解）。存储过程的限制相对就比较少，基本上所有的 SQL 语句或 MySQL 命令都可以在存储过程中使用。

• 应用程序（例如 Java、PHP 等应用程序）调用函数时，通常将函数封装到 SQL 字符串（例如 SELECT 语句）中进行调用；应用程序（例如 Java、PHP 等应用程序）调用存储过程时，必须使用 CALL 关键字进行调用，如果应用程序希望获取存储过程的返回值，应用程序必须给存储过程的 OUT 参数或者 INOUT 参数传递 MySQL 会话变量，才能通过该会话变量获取存储过程的返回值。

8.2 触发器

◆ 8.2.1 触发器概述

触发器是一种特殊类型的存储过程，它包括了大量的 TRANSACT-SQL 语句。但是触发器与一般的存储过程有着不同之处，一般的存储过程可以由用户直接调用执行，但是触发器不能被用户直接调用执行，它只能由事件触发而自动执行，也就是说，触发器是自动执行的，当用户对表中的数据做了某些操作之后而被触发。

触发器是捆绑在基表上的预编译后存储在数据库中的一系列 SQL 语句集，通过这些 SQL 语句集系统自动执行相应的数据库操作，可以有效地保证数据库的完整性。触发器的

触发器

执行过程如图 8-12 所示。

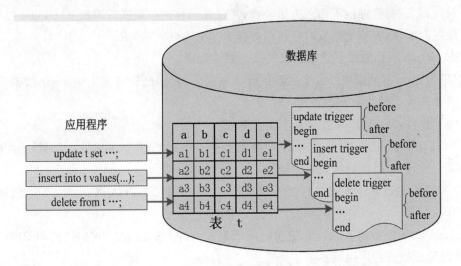

图 8-12　触发器的执行过程

由此可以看出，触发器由三个部分组成：

（1）事件：对数据库对象的一些操作，比如对表的修改、删除、添加等操作。

（2）条件：触发器被触发前先对条件进行检查，满足条件则触发相应的操作，否则不被触发。

（3）动作：如果触发器测试满足预定的条件，则有 DBMS 执行这些动作。

8.2.2　触发器的优点

触发器主要用于监视某个表的 INSERT、UPDATE 以及 DELETE 等更新操作，这些操作可以分别激活该表的 INSERT、UPDATE 以及 DELETE 类型的触发程序运行，从而实现数据的自动维护，可以保护数据库完整性。触发器主要有以下优点：

（1）触发器是自动执行的，它可以通过数据库中的相关表实现级联更新，实现多个表之间数据的一致性和完整性。比如对一张表中的数据做了修改操作，那么与这些数据相关联的其他表的数据也会被修改。

（2）触发器可以实现比 check 约束更为复杂的数据完整性约束。例如，在 choose 数据库中，如果有新学生报到注册，需要向 student 表中添加一条记录，当输入 class_no（班级代码）时，必须先检查 classes（班级）表中是否存在该班级，这只能通过触发器来实现。

（3）触发器也可以评估数据修改前后的表状态，并根据其差异采取对策。

8.2.3　触发器的创建

触发器是被绑定在数据表上的，因此只能为某张表创建触发器。创建触发器的语法格式为

```
CREATE TRIGGER 触发器名 触发时间 触发事件 ON 表名 FOR EACH ROW
BEGIN
触发程序
END;
```

其中，参数说明如下：

• 触发器名：与存储过程命名方法一样，建议在名称的前缀或后缀加上"trigger"。

• 触发时间：触发器的触发时间有两种：BEFORE 与 AFTER。

BEFORE 表示在触发事件发生之前执行触发程序。

AFTER 表示在触发事件发生之后执行触发器。因此，严格意义上讲，一个数据库表最多可以设置六种类型的触发器。

• 触发事件：MySQL 的触发事件有三种。

INSERT：将新记录插入表时激活触发程序，例如通过 INSERT、LOAD DATA 和 REPLACE 语句，可以激活触发程序运行。

UPDATE：更改某一行记录时激活触发程序，例如通过 UPDATE 语句，可以激活触发程序运行。

DELETE：从表中删除某一行记录时激活触发程序，例如通过 DELETE 和 REPLACE 语句，可以激活触发程序运行。

• 表名：当前数据库中的数据表。

• FOR EACH ROW：表示行级触发器。

目前 MySQL 仅支持行级触发器，不支持语句级别的触发器（例如 CREATE TABLE 等语句）。FOR EACH ROW 表示更新（INSERT、UPDATE 或者 DELETE）操作影响的每一条记录都会执行一次触发程序。

◆ 8.2.4 触发器的工作过程

触发器被创建时，可以使用两个对象 OLD 对象和 NEW 对象。

1. INSERT 触发器的工作过程

在向已建有 INSERT 型触发器的数据表插入数据时，INSERT 触发器被触发执行，当向表插入新记录时，系统会自动将刚才的新记录写入 NEW 对象中，NEW 对象可以看作是一张逻辑表，由系统在触发器激发时自动创建。触发器一旦执行结束，该 NEW 对象就自动地被删除。当需要访问新记录的某个字段值时，使用"NEW. 字段名"的方式访问。

2. DELETE 触发器的工作过程

删除具有 DELETE 型触发器的表中的数据时，DELETE 触发器被触发执行，在删除数据行的同时，系统会自动地把刚删除的数据行写入 OLD 对象中，与 NEW 对象一样，也可以把 OLD 对象看作是一张逻辑表，由系统在触发器激发时自动创建。触发器一旦执行结束，该 OLD 对象就自动地被删除。当需要访问旧记录的某个字段值时，使用"OLD. 字段名"的方式访问。

3. UPDATE 触发器的工作过程

修改表中的数据可以看作是由两个步骤完成的操作：删除一条旧记录，然后再插入一条新记录，即先执行一条 DELETE 语句，再执行一条 INSERT 语句。所以，对建有 UPDATE 型触发器的表中的数据进行修改时，系统会自动地将旧记录写入 OLD 对象中，将新记录写入 NEW 对象中，然后通过访问 OLD 和 NEW 对象中的数据完成触发程序。

OLD 记录是只读的，可以引用它，但不能更改它。在 BEFORE 触发程序中，可使用

"SET NEW. COL_NAME = VALUE"更改 NEW 记录的值。MySQL 可以使用复合数据类型 SET 或者 ENUM 对字段的取值范围进行检查约束,使用复合数据类型可以实现离散的字符串数据的检查约束,对于数值型的数不建议使用 SET 或者 ENUM 实现检查约束,可以使用触发器实现。

◆ 8.2.5 触发器的使用

1.使用触发器删除关联数据

使用触发器可以实现多个表中相关联的数据同时删除,以保证数据的完整性。例如,在选课系统中,如果有课程的选修人数少于 30 人,那么学校决定取消开设该课程。课程删除后,与该课程相关的选课信息也应该被随之删除,即便有学生已经选修了该课程。这时可以通过触发器实现表的级联删除功能。

例 8.6 在 choose 数据库中,为 student 表创建触发器,其作用是当有学生退学时,要删除该学生的所有信息,包括基本信息和选课信息。运行结果如图 8-13 所示。

```
DELIMITER $$
CREATE TRIGGER s_trigger BEFORE DELETE ON student
FOR EACH ROW
BEGIN
DELETE FROM choose WHERE 学号= OLD.学号;
END;$$
```

```
mysql> DELIMITER $$
mysql> CREATE TRIGGER s_trigger BEFORE DELETE ON student
    -> FOR EACH ROW
    -> BEGIN
    -> DELETE FROM choose WHERE 学号=OLD.学号;
    -> END;$$
Query OK, 0 rows affected (0.07 sec)
```

图 8-13 创建 DELETE 型触发器

删除学生学号为"01640405"的记录,观察 choose 表中数据的变化,在执行删除 student 的数据之前,要将 choose 表中建立在学号列上的外键约束修改为级联删除的外键约束,SQL 语句如下。

```
ALTER TABLE choose DROP FOREIGN KEY choose_student_fk;
ALTER TABLE choose ADD CONSTRAINT student_course_fk
FOREIGN KEY(学号) REFERENCES student(学号) ON DELETE CASCADE;
```

级联删除选项添加后,先打开 choose 表查看所有记录。然后使用 DELETE 命令删除 student 表中学号为"01640405"的记录后,再打开 choose 表,观察所有记录。这时 choose 表中关于该学生的记录同时被删除了。运行结果如图 8-14 和图 8-15 所示。

如果 InnoDB 存储引擎的数据表之间仅存在外键约束,不存在级联选项,那么这时使用触发器也能实现关联数据的删除操作。

 基于图书销售管理数据库创建删除触发器,《人性的弱点》这本书滞销

```
mysql> SELECT * FROM choose;$$
+----------+--------+------+---------------------+
| 学号      | 课程号  | 成绩 | 选课时间             |
+----------+--------+------+---------------------+
| 01640401 |      1 |   50 | 2022-03-27 15:57:34 |
| 01640401 |      2 |   40 | 2022-03-27 15:57:34 |
| 01640401 |      3 |   60 | 2022-03-27 15:57:34 |
| 01640402 |      2 |   70 | 2022-03-22 14:27:58 |
| 01640403 |      1 |   80 | 2022-03-22 14:27:58 |
| 01640403 |      2 |   90 | 2022-03-22 14:27:58 |
| 01640403 |      5 |   65 | 2022-03-22 21:09:37 |
| 01640404 |      3 |    0 | 2022-03-22 14:27:58 |
| 01640405 |      1 |    0 | 2022-03-22 14:27:58 |
| 01640405 |      2 |   55 | 2022-03-27 16:25:43 |
| 01640405 |      4 |   55 | 2022-03-27 16:35:43 |
| 01640406 |      2 |   88 | 2022-03-27 16:25:48 |
+----------+--------+------+---------------------+
12 rows in set (0.00 sec)
```

图 8-14 删除 student 表中记录之前 choose 表记录

```
mysql> DELETE FROM student WHERE 学号='01640405';
    -> SELECT * FROM choose;$$
Query OK, 1 row affected (0.01 sec)

+----------+--------+------+---------------------+
| 学号      | 课程号  | 成绩 | 选课时间             |
+----------+--------+------+---------------------+
| 01640401 |      1 |   50 | 2022-03-27 15:57:34 |
| 01640401 |      2 |   40 | 2022-03-27 15:57:34 |
| 01640401 |      3 |   60 | 2022-03-27 15:57:34 |
| 01640402 |      2 |   70 | 2022-03-22 14:27:58 |
| 01640403 |      1 |   80 | 2022-03-22 14:27:58 |
| 01640403 |      2 |   90 | 2022-03-22 14:27:58 |
| 01640403 |      5 |   65 | 2022-03-22 21:09:37 |
| 01640404 |      3 |    0 | 2022-03-22 14:27:58 |
| 01640406 |      2 |   88 | 2022-03-27 16:25:48 |
+----------+--------+------+---------------------+
9 rows in set (0.01 sec)
```

图 8-15 触发器触发后的 choose 表记录

导致下架，删除本书信息的同时也删除其在线销售的所有信息。SQL 语句如下。

```
DELIMITER $$
CREATE TRIGGER b_trigger BEFORE DELETE ON book
FOR EACH ROW
BEGIN
DELETE FROM onsale WHERE 图书编号= OLD.图书编号;
END;$$
```

触发器被触发之前先打开 onsale 表查看数据，如图 8-16 所示。执行数据删除后的

onsale 表如图 8-17 所示。

```
mysql> select * from onsale;$$
+--------+-----------+----------+---------------------+
| 书店id | 图书编号  | 上架数量 | 上架日期            |
+--------+-----------+----------+---------------------+
| 1      | a2018001  |      425 | 2018-12-16 15:26:42 |
| 1      | a2018004  |      360 | 2018-12-16 15:26:42 |
| 1      | a2018005  |      125 | 2018-12-16 15:26:42 |
| 1      | a2018007  |      285 | 2018-12-16 15:26:42 |
| 2      | a2018003  |      389 | 2018-12-16 15:26:42 |
| 2      | a2018008  |      500 | 2018-12-16 15:26:42 |
| 3      | a2018001  |      444 | 2018-12-16 15:26:42 |
| 3      | a2018006  |      310 | 2018-12-16 15:26:42 |
| 3      | a2018005  |      428 | 2018-12-16 15:26:42 |
| 4      | a2018004  |      205 | 2018-12-16 15:26:42 |
+--------+-----------+----------+---------------------+
10 rows in set (0.00 sec)
```

图 8-16　onsale 表数据

```
mysql> DELETE FROM book WHERE 图书名称='人性的弱点';
    -> select * from onsale;$$
Query OK, 1 row affected (0.14 sec)

+--------+-----------+----------+---------------------+
| 书店id | 图书编号  | 上架数量 | 上架日期            |
+--------+-----------+----------+---------------------+
| 1      | a2018001  |      425 | 2018-12-16 15:26:42 |
| 1      | a2018004  |      360 | 2018-12-16 15:26:42 |
| 1      | a2018005  |      125 | 2018-12-16 15:26:42 |
| 1      | a2018007  |      285 | 2018-12-16 15:26:42 |
| 2      | a2018008  |      500 | 2018-12-16 15:26:42 |
| 3      | a2018001  |      444 | 2018-12-16 15:26:42 |
| 3      | a2018006  |      310 | 2018-12-16 15:26:42 |
| 3      | a2018005  |      428 | 2018-12-16 15:26:42 |
| 4      | a2018004  |      205 | 2018-12-16 15:26:42 |
```

图 8-17　触发器触发后的 onsale 表数据

在数据库中创建两张表：organization(父)表和 member(子)表。

```
CREATE DATABASE o_m;
USE o_m;
CREATE TABLE organization(
部门编号 INT AUTO_INCREMENT,
部门名称 VARCHAR(32) DEFAULT '',
PRIMARY KEY (部门编号)
) ENGINE= INNODB;
CREATE TABLE member(
员工号 INT NOT NULL AUTO_INCREMENT,
姓名 VARCHAR(32) DEFAULT '',
```

```
部门编号 INT,
PRIMARY KEY (员工号),
CONSTRAINT organization _ member _ fk FOREIGN KEY (部门编号) REFERENCES
organization(部门编号)
) ENGINE= INNODB;
```

分别向两张表插入测试记录：

```
INSERT INTO organization VALUES
(NULL,'AA'),
(NULL,'BB');
INSERT INTO member VALUES
(NULL,'张',1),
(NULL,'王',1),
(NULL,'李',1),
(NULL,'赵',2),
(NULL,'孙',2);
```

创建名为 delete_trigger 的触发器，该触发器实现的功能是：当删除 organization 表中的某条记录前，先删除 member 表中的相关信息。创建触发器的 SQL 语句如下。

```
DELIMITER $$
CREATE TRIGGER delete_trigger BEFORE DELETE ON organization FOR EACH ROW
BEGIN
DELETE FROM member WHERE 部门编号= OLD.部门编号;
END;$$
```

触发器创建成功后，先使用 SELECT 命令查看 member 表中的所有记录。然后使用 DELETE 命令删除 organization 表中的 o_no = 1 记录后，再使用 SELECT 命令查看 member 表的记录。这时 member 表中的 o_no=1 记录也同时被删除了。执行下面的 SQL 语句，运行结果如图 8-18 所示。

```
SELECT *  FROM member;
DELETE FROM organization WHERE 部门编号= 1;
SELECT *  FROM member;
```

2. 使用触发器更新数据

触发器可以修改关联数据，来维护数据库中的冗余数据。数据库一旦被创建好，为了避免数据不一致问题的发生，应尽量避免人工维护。例如，在学生选课管理系统中，每门课程都设有最多选课人数，而实际的选课人数，是根据学生的选课情况在学生选课表 choose 里统计得到的。这两个数据是有关联性的。如果有学生选修了一门课程，该门课程的可选人数要相应地减 1；如果有学生退课，该门课程的可选人数应该加 1。如果选课人数超过了上限，则学生无法完成选课。这个过程如果由人工逐条修改表中的记录，就难免会有漏改或错过，导致数据库的不一致性。使用触发器，系统会自动更新数据。

例 8.8　创建一个名为 xk_trigger 的触发器，该触发器的功能是：当有学生选修了某门课程时，该学生的选课信息会被插入 choose 表，这时 course 表的可选修人数的字段值要减 1。也就是，当对 choose 表执行 INSERT 操作时，触发器被触发，而触发的程序是

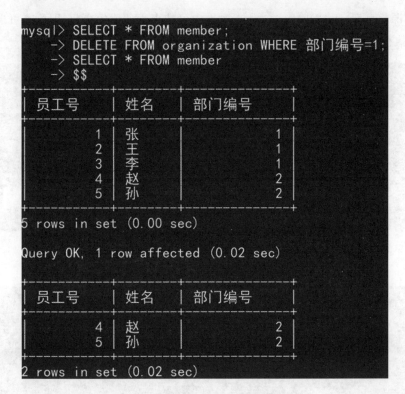

图 8-18 使用触发器模拟外键级联选项

修改 course 中的数据。（如果在设计 course 表时没有设置可选人数字段，需要修改 course
表的结构添加此字段。）SQL 语句如下。运行结果如图 8-19 所示。

```
ALTER TABLE course ADD 可选人数 INT DEFAULT 3;
DELIMITER $$
CREATE TRIGGER ch_trigger BEFORE INSERT ON choose
FOR EACH ROW
BEGIN
UPDATE course SET 可选人数= 可选人数- 1
WHERE 课程号= NEW.课程号;
END;$$
```

```
mysql> DELIMITER $$
mysql> CREATE TRIGGER ch_trigger BEFORE INSERT ON choose
    -> FOR EACH ROW
    -> BEGIN
    -> UPDATE course SET 可选人数=可选人数-1
    -> WHERE 课程号=NEW.课程号;
    -> END;$$
Query OK, 0 rows affected (0.02 sec)
```

图 8-19 创建 INSERT 触发器

该 INSERT 触发器的触发程序是一条 UPDATE 语句，这不矛盾，它们分别是针对不同
的表进行操作的，所以在编译运行时不会发生死循环。触发器创建成功后，先使用 SELECT
命令查看 course 表中的所有记录，如图 8-20 所示。然后使用 INSERT 命令向 choose 表插

入学生的选课信息后，再打开 course 表查看表中可选人数的值的变化，即检查可选人数的值是否减 1。执行 SQL 语句，运行结果如图 8-21 所示。

图 8-20　course 表

图 8-21　使用触发器更新 course 表数据

初学者很难确定触发器要绑定在哪一张表上，而触发事件或程序又是对哪一张表的操作。通过上面的例子很容易掌握触发器的应用。

例 8.9　　　创建名为 cho_trigger 的触发器，实现当有学生退课时，course 表中的可选人数加 1 的功能，即当有学生退课时，首先要删除 choose 表中该学生的选课信息，在删除的同时要修改 course 表中可选人数的值。所以，应该在 choose 表上绑定 DELETE 型触发器，触发的动作或程序是一个更新数据的操作。运行结果如图 8-22 所示。

```
DELIMITER $ $
CREATE TRIGGER cho_trigger BEFORE DELETE ON choose
FOR EACH ROW
BEGIN
UPDATE course SET 可选人数 = 可选人数 + 1 WHERE 课程号 = OLD.课程号;
END
$ $
```

假如学号为"01640401"的学生要退选所选的课程，触发器创建成功后，先打开 course 表查看所有记录。然后使用 DELETE 命令删除 choose 表中学号为"01640401"的选课信息，

```
mysql> CREATE TRIGGER cho_trigger BEFORE DELETE ON choose
    -> FOR EACH ROW
    -> BEGIN
    -> UPDATE course SET 可选人数=可选人数+1 WHERE 课程号=OLD.课程号:
    -> END
    -> $$
Query OK, 0 rows affected (0.14 sec)
```

图 8-22　创建删除触发器实现数据修改

再打开 course 表查看可选人数的值的变化,即检查可选人数的值是否加 1。执行 SQL 语句,运行结果如图 8-23 所示。

```
mysql> DELETE FROM choose WHERE 学号='01640401';
    -> SELECT * FROM course;$$
Query OK, 3 rows affected (0.01 sec)
```

课程号	课程名称	学分	学院编号	选课人数上限	可选人数
1	java语言程序设计	3	1	120	4
2	MySQL数据库	2	2	120	4
3	c语言程序设计	4	1	120	4
4	c++	2	2	120	3
5	数据库原理	2	5	120	2
6	高等数学	5	1	120	3

```
6 rows in set (0.01 sec)
```

图 8-23　使用删除触发器更新 course 表数据

3. 使用触发器实现 CHECK 约束

数据表结构创建后,需要人工将数据输入表中,在输入的过程中可能会发生错误,造成数据不正确,导致数据库不完整。MySQL 使用符合数据类型 SET 和 ENUM 对字段的取值范围进行检查约束,实现对离散型的字符数据的检查约束。对于数值型数据以及取值范围比较连续的字段值建议用触发器实现。例如,在 choose 数据库中的数据表 choose 中的成绩字段的取值范围可能是[0~70]分,超过这个范围的数据将是不正确的。

例 8.10　创建一张只有 a、b 两个字段的表 aa,创建插入触发器检查要添加的 a、b 的值,如果 a 的值小于 10,则允许数据添加。测试结果如图 8-24 所示。

```
CREATE TABLE aa(a int,b int);
DELIMITER $$
CREATE TRIGGER a1 BEFORE INSERT ON aa FOR EACH ROW
BEGIN
IF new.a< 10 THEN
SET new.a= new.a;
ELSE INSERT mytable values(0);
END IF;
END;$$
```

例 8.11　创建插入触发器,约定每个学生的年龄不超过 30 岁。SQL 语句如下。

```
mysql> DELIMITER $$
mysql> CREATE TRIGGER a1 BEFORE INSERT ON aa FOR EACH ROW
    -> BEGIN
    -> IF new.a<10 THEN
    -> SET new.a=new.a;
    -> ELSE INSERT mytable values(0);
    -> END IF;
    -> END;$$
Query OK, 0 rows affected (0.02 sec)

mysql> INSERT INTO aa values(9,13);
    -> INSERT INTO aa values(45,13);$$
Query OK, 1 row affected (0.09 sec)

ERROR 1146 (42S02): Table 'b.mytable' doesn't exist
mysql> SELECT * FROM aa;$$
+------+------+
| a    | b    |
+------+------+
|    9 |   13 |
+------+------+
1 row in set (0.00 sec)
```

图 8-24　插入触发器检查 a 的值

```
DELIMITER $$
CREATE TRIGGER s1_trigger BEFORE INSERT ON student
FOR EACH ROW
BEGIN
IF(year(now())- year(NEW.出生日期)< = 30) THEN
SET NEW.出生日期= NEW.出生日期;
ELSE INSERT INTO MYTABLE VALUES(0);
END IF;
END;
$$
```

运行效果如图 8-25 所示。

```
mysql> DELIMITER $$
mysql> CREATE TRIGGER s1_trigger BEFORE INSERT ON student
    -> FOR EACH ROW
    -> BEGIN
    -> IF(year(now())-year(NEW.出生日期)<=30) THEN
    -> SET NEW.出生日期= NEW.出生日期;
    -> ELSE INSERT INTO MYTABLE VALUES(0);
    -> END IF;
    -> END;
    -> $$
Query OK, 0 rows affected (0.08 sec)
```

图 8-25　插入触发器实现检查约束

打开学生信息表 student 查看数据，如图 8-26 所示。向学生信息表插入两条记录，再打开表观察数据，如图 8-27 所示。

```
SELECT *  FROM student;
INSERT student VALUES('111111','乐乐','男','2000- 01- 01','01');
INSERT student VALUES('222222','欢欢','女','1985- 01- 01','01');
SELECT *  FROM student;
```

```
mysql> SELECT * FROM student;$$
+----------+--------+------+---------------------+----------+
| 学号     | 姓名   | 性别 | 出生日期            | 班级编号 |
+----------+--------+------+---------------------+----------+
| 01640401 | 新月   | 女   | 2002-02-20 00:00:01 | 01       |
| 01640402 | 李白   | 男   | 2002-02-20 00:00:01 | 01       |
| 01640403 | 黄飞鸿 | 男   | 2001-02-20 00:00:00 | 01       |
| 01640404 | 黄蓉   | 女   | 2003-03-18 00:00:00 | 02       |
| 01640405 | 李白   | 男   | 2002-04-01 00:00:00 | 03       |
| 01640406 | 马丽   | 女   | 2001-03-04 00:00:00 | 04       |
| 01640407 | 马小跳 | 男   | 2002-03-04 00:00:00 | 02       |
+----------+--------+------+---------------------+----------+
7 rows in set (0.05 sec)
```

图 8-26　数据插入之前的 student 表

```
mysql> INSERT student VALUES('111111','乐乐','男','2000-01-01','01');
    -> INSERT student VALUES('222222','欢欢','女','1985-01-01','01');
Query OK, 1 row affected (0.01 sec)

ERROR 1146 (42S02): Table 'choose.MYTABLE' doesn't exist
mysql> SELECT * FROM student;$$
+----------+--------+------+---------------------+----------+
| 学号     | 姓名   | 性别 | 出生日期            | 班级编号 |
+----------+--------+------+---------------------+----------+
| 01640401 | 新月   | 女   | 2002-02-20 00:00:01 | 01       |
| 01640402 | 李白   | 男   | 2002-02-20 00:00:01 | 01       |
| 01640403 | 黄飞鸿 | 男   | 2001-02-20 00:00:00 | 01       |
| 01640404 | 黄蓉   | 女   | 2003-03-18 00:00:00 | 02       |
| 01640405 | 李白   | 男   | 2002-04-01 00:00:00 | 03       |
| 01640406 | 马丽   | 女   | 2001-03-04 00:00:00 | 04       |
| 01640407 | 马小跳 | 男   | 2002-03-04 00:00:00 | 02       |
| 111111   | 乐乐   | 男   | 2000-01-01 00:00:00 | 01       |
+----------+--------+------+---------------------+----------+
8 rows in set (0.00 sec)
```

图 8-27　数据插入之后的 student 表

8.2.6　查看触发器的定义

可以使用下面四种方法查看触发器的定义。

(1)使用 SHOW TRIGGERS 命令查看触发器的定义。

(2)查询 INFORMATION_SCHEMA 数据库中的 TRIGGERS 表，可以查看触发器的定义。

MySQL 中所有触发器的定义都存放在 INFORMATION_SCHEMA 数据库下的 TRIGGERS 表中，查询 TRIGGERS 表，可以查看所有数据库中所有触发器的详细信息，查询语句如下：

```
SELECT *  FROM INFORMATION_SCHEMA.TRIGGERS\G
```

运行结果如图 8-28 所示。

```
*********************** 6. row ***********************
          TRIGGER_CATALOG: def
           TRIGGER_SCHEMA: choose
             TRIGGER_NAME: ch_trigger
       EVENT_MANIPULATION: INSERT
     EVENT_OBJECT_CATALOG: def
      EVENT_OBJECT_SCHEMA: choose
       EVENT_OBJECT_TABLE: choose
             ACTION_ORDER: 1
         ACTION_CONDITION: NULL
         ACTION_STATEMENT: BEGIN
UPDATE course SET 可选人数=可选人数-1
WHERE 课程号=NEW.课程号;
END
       ACTION_ORIENTATION: ROW
           ACTION_TIMING: BEFORE
ACTION_REFERENCE_OLD_TABLE: NULL
ACTION_REFERENCE_NEW_TABLE: NULL
  ACTION_REFERENCE_OLD_ROW: OLD
  ACTION_REFERENCE_NEW_ROW: NEW
                  CREATED: 2022-03-22 21:05:03.32
                 SQL_MODE: STRICT_TRANS_TABLES,NO_ENGINE_SUBSTITUTION
                  DEFINER: root@localhost
     CHARACTER_SET_CLIENT: gbk
     COLLATION_CONNECTION: gbk_chinese_ci
       DATABASE_COLLATION: utf8mb4_0900_ai_ci
*********************** 7. row ***********************
```

图 8-28　查看触发器定义

(3)使用"SHOW CREATE TRIGGER 触发器名称"命令可以查看某一个触发器的定义。

例如使用"SHOW CREATE TRIGGER a1 \ G"命令可以查看触发器 ORGANIZATION_DELETE_BEFORE_TRIGGER 的定义。

(4)成功创建触发器后，MySQL 自动在数据库目录下创建 TRN 以及 TRG 触发器文件，以记事本方式打开这些文件，可以查看触发器的定义。

8.2.7　删除触发器

可以使用 DROP TRIGGER 语句将一个触发器删除，语法格式如下。

```
DROP TRIGGER 触发器名
```

 删除触发器 ch_trigger，执行结果如图 8-29 所示。

```
DROP TRIGGER  ch_trigger;
```

```
mysql> DROP TRIGGER ch_trigger;$$
Query OK, 0 rows affected (0.06 sec)
```

图 8-29　删除触发器

8.2.8　使用触发器的注意事项

(1)触发程序中如果包含 SELECT 语句，该 SELECT 语句不能返回结果集。

（2）同一张表不能创建两个相同触发时间、触发事件的触发程序。

（3）触发程序中不能使用以显式或隐式方式打开、开始或结束事务的语句，如 START TRANSACTION、COMMIT、ROLLBACK 或者 SET AUTOCOMMIT＝0 等语句。

（4）MySQL 触发器针对记录进行操作，当批量更新数据时，引入触发器会导致更新操作性能降低。

（5）在 MyISAM 存储引擎中，触发器不能保证原子性。InnoDB 存储引擎支持事务，使用触发器可以保证更新操作与触发程序的原子性，此时触发程序和更新操作是在同一个事务中完成的。

（6）InnoDB 存储引擎实现外键约束关系时，建议使用级联选项维护外键数据；MyISAM 存储引擎虽然不支持外键约束关系，但可以使用触发器实现级联修改和级联删除，进而维护"外键"数据，模拟实现外键约束关系。

（7）使用触发器维护 InnoDB 外键约束的级联选项时，数据库开发人员究竟应该选择 AFTER 触发器还是 BEFORE 触发器？答案是：应该首先维护子表的数据，然后再维护父表的数据，否则可能出现错误。

（8）MySQL 的触发程序不能对本表进行更新操作（例如 UPDATE 操作）。触发程序中的更新操作可以直接使用 SET 命令替代，否则可能出现错误信息，甚至陷入死循环。

（9）在 BEFORE 触发程序中，AUTO_INCREMENT 字段的 NEW 值为 0，不是实际插入新记录时自动生成的自增型字段值。

（10）添加触发器后，建议对其进行详细的测试，测试通过后再决定是否使用触发器。

8.3 游标

数据库开发人员编写存储过程（或者函数）等存储程序时，有时需要存储程序中的 MySQL 代码扫描 SELECT 结果集中的数据，并对结果集中的每条记录进行简单处理，通过 MySQL 的游标机制可以解决此类问题。游标是对从表中检索出的数据进行灵活操作的一种手段，就本质而言，游标实际上是一种能从包括多条数据记录的结果集中每次提取一条记录的机制。游标总是与一条 SQL 选择语句相关联，因为游标由结果集（可以是零条、一条或由相关的选择语句检索出的多条记录）和结果集中指向特定记录的游标位置组成。当决定对结果集进行处理时，必须声明一个指向该结果集的游标。

游标的使用可以概括为声明游标、打开游标、从游标中提取数据以及关闭游标，如图 8-30 所示。

1. 声明游标

声明游标需要使用 DECLARE 语句，其语法格式为

```
DECLARE 游标名 CURSOR FOR SELECT 语句
```

使用 DECLARE 语句声明游标后，与该游标对应的 SELECT 语句并没有执行，MySQL 服务器内存中并不存在与 SELECT 语句对应的结果集。

2. 打开游标

打开游标需要使用 OPEN 语句，其语法格式如下。

```
OPEN 游标名
```

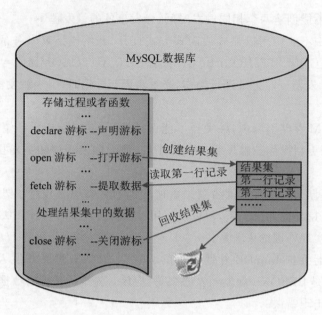

图 8-30　游标

使用 OPEN 语句打开游标后，与该游标对应的 SELECT 语句将被执行，MySQL 服务器内存中将存放与 SELECT 语句对应的结果集。

3. 从游标中提取数据

从游标中提取数据需要使用 FETCH 语句，其语法格式如下。

```
FETCH 游标名 INTO 变量名 1,变量名 2,…
```

说明：

变量名的个数必须与声明游标时使用的 SELECT 语句结果集中的字段个数保持一致。

第一次执行 FETCH 语句时，FETCH 语句从结果集中提取第一条记录，再次执行 FETCH 语句时，FETCH 语句从结果集中提取第二条记录，依次进行。

FETCH 语句每次从结果集中仅仅提取一条记录，因此 FETCH 语句需要循环语句的配合，才能实现整个"结果集"的遍历。

当使用 FETCH 语句从游标中提取最后一条记录后，再次执行 FETCH 语句时，将产生"ERROR 1327（02000）：NO DATA TO FETCH"错误信息，数据库开发人员可以针对 MySQL 错误代码 1327，自定义错误处理程序以便结束"结果集"的遍历。

注意：注意：游标错误处理程序应该放在声明游标语句之后。游标通常结合错误处理程序一起使用，用于结束"结果集"的遍历。

4. 关闭游标

关闭游标使用 CLOSE 语句，其语法格式如下。

```
CLOSE 游标名
```

关闭游标的目的在于释放游标打开时产生的结果集，节省 MySQL 服务器的内存空间。游标如果没有被明确地关闭，游标将在它被声明的 BEGIN-END 语句块的末尾关闭。

例 8.13　　　通过游标实现给每位学生的成绩加 5 分，最高不超过 70 分，成绩在 55分与 57 分之间的加分后为 60 分。

```
DELIMITER $$
CREATE PROCEDURE UPDATE_COURSE_SCORE_PROC(IN c_no INT)
MODIFIES SQL DATA
BEGIN
DECLARE s_no INT;
DECLARE grade INT;
DECLARE state CHAR(20);
DECLARE score_cursor CURSOR FOR SELECT 学号,成绩 FROM choose where 课程号= c
_no;
DECLARE CONTINUE HANDLER FOR 1327 SET STATE = 'ERROR';
OPEN SCORE_CURSOR;
REPEAT
FETCH SCORE_CURSOR INTO s_no,grade;
SET grade = grade + 5;
IF(grade> 70) THEN SET grade =  70; END IF;
IF(grade> = 55 && grade< = 57) THEN SET grade =  60; END IF;
UPDATE choose SET 成绩= grade WHERE 学号= s_no and 课程号= c_no;
UNTIL STATE = 'ERROR'
END REPEAT;
CLOSE score_cursor;
END
$$
DELIMITER ;
```

8.4　数据库访问技术

8.4.1　ODBC

ODBC(open database connectivity,开放数据库互联)是一种用来在数据库管理系统中存取数据的标准应用程序接口。它是微软公司开放服务结构(WOSA,Windows open services architecture)中有关数据库的一个组成部分,它建立了一组规范,并提供了一组对数据库访问的标准 API(应用程序编程接口)。这些 API 利用 SQL 来完成其大部分任务。ODBC 本身也提供了对 SQL 语言的支持,用户可以直接将 SQL 语句送给 ODBC。应用程序要访问一个数据库,必须用 ODBC 管理器注册一个数据源,管理器根据数据源提供的数据库位置、数据库类型及 ODBC 驱动程序等信息,建立起 ODBC 与具体数据库的联系。应用程序只要将数据源名提供给 ODBC,ODBC 就能建立起与相应数据库的连接。ODBC 连接数据源的体系结构如图 8-31 所示。

8.4.2　OLE DB

OLE(object link and embed,即对象链接与嵌入)DB 是微软公司通向不同数据源的低级应用程序接口。OLE DB 不仅包括微软公司资助的标准数据接口开放数据库连通性

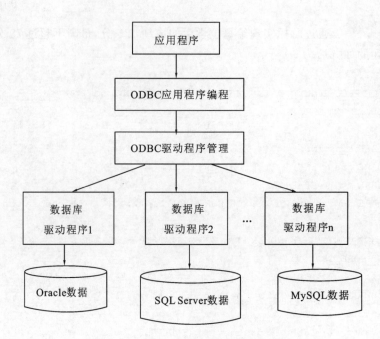

图 8-31   ODBC 连接数据源的体系结构

（ODBC）的结构化问题语言（SQL）能力，还具有面向其他非 SQL 数据类型的通路。作为微软公司的组件对象模型（COM）的一种设计，OLE DB 是一组读写数据的方法。OLE DB 中的对象主要包括数据源对象、阶段对象、命令对象和行组对象。OLE DB 将传统的数据库系统划分为多个逻辑组件，这些组件之间相对独立又相互通信。OLE DB 主要的三个组件：数据使用者（例如，一个应用程序）、数据提供程序以及处理并传输数据的服务组件（例如，查询处理器、游标引擎）。OLE DB 是一个针对 SQL 数据源和非 SQL 数据源（例如，邮件和目录）进行操作的 API。OLE DB 为 C 和 C++ 程序员及使用其他包含 C 样式函数调用语言的程序员提供绑定。

OLE DB 是 Visual C++开发数据库应用中提供的基于 COM 接口的新技术。因此，OLE DB 对所有的文件系统（包括关系数据库）都提供了统一的接口。这些特性使得 OLE DB 技术比传统的数据库访问技术更加优越。

8.4.3   ADO

ADO（ActiveX data objects）是一个用于存取数据源的 COM 组件。ADO 是为微软公司强大的数据访问接口 OLE DB 设计的，是一个便于使用的应用程序层。它提供了编程语言和统一数据访问方式 OLE DB 的一个中间层。它允许开发人员编写访问数据的代码，而不用关心数据库是如何实现的，而只用关心到数据库的连接。ADO 是建立在 OLE DB 之上的高层数据库访问技术，是对 OLE DB 的封装，微软公司提供了丰富的 COM 组件（包括 ActiveX）来访问各种关系型/非关系型数据库。ADO 在关键的 Internet 方案中使用最少的网络流量，并且在前端和数据源之间使用最少的层数，所有这些都是为了提供轻量、高性能的接口。大多数数据库应用软件开发者选择 ADO，因为它简单、易用。ADO、OLE DB、ODBC 之间的关系图如图 8-32 所示。

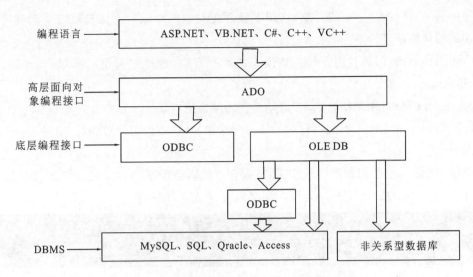

图 8-32　ADO、OLE DB、ODBC 之间的关系图

◆ 8.4.4　DAO

DAO(data access object,即数据访问对象集),是微软公司提供的基于一个数据库对象集合的访问技术。它和 ODBC 一样,是 Windows API 的一部分,可以独立于 DBMS 进行数据库的访问。DAO 是建立在 Microsoft Jet Microsoft Access 的数据库引擎基础之上的。Jet 是第一个连接到 Access 的面向对象的接口。使用 Access 的应用程序可以用 DAO 直接访问数据库。由于 DAO 是严格按照 Access 建模的,因此,使用 DAO 是连接 Access 数据库最快速、最有效的方法。DAO 也可以连接到非 Access 数据库,例如,SQL Server 和 Oracle。但是 DAO 是专门设计用来与 Jet 引擎对话的,Jet 将解释 DAO 和 ODBC 之间的调用。使用除 Access 之外的数据库时,这种额外的解释步骤会导致连接速度较慢。

◆ 8.4.5　JDBC

JDBC (Java data base connectivity)即 Java 数据库连接。最初 Java 并没有访问数据库的能力,1996 年 Sun 推出了 JDBC,将 Java 的应用范围扩展到了数据库领域,使 Java 应用程序具有访问不同类型数据库的能力。JDBC 是用于访问关系数据库的应用程序编程接口(API),是对 ODBC API 的一种面向对象的封装和重新设计,Java 应用程序通过 JDBC API 与数据库连接,而实际的动作则由 JDBC 驱动程序管理器(Driver Manager)通过 JDBC 驱动程序与数据库系统进行连接。JDBC 作为一种数据库连接和访问标准,由 Java 语言和数据库开发商共同遵守并执行。

Java 数据库互联接口(JDBC)是一种可用于执行 SQL 语句的数据库 API,它由一些 Java 语言写的类、界面组成。它在功能上与 ODBC 相同,给开发人员提供了一个统一的、标准的数据库访问接口。

DriverManager 接口:管理数据库驱动程序列表。使用通信子协议将来自 Java 应用程序的连接请求与适当的数据库驱动程序进行匹配。在 JDBC 下识别某个子协议的第一个驱动程序将用于建立数据库连接。

Driver 接口:处理与数据库服务器的通信。用户很少直接使用驱动程序(Driver)对象,一般使用 DriverManager 中的对象，它用于管理此类型的对象。它也提取与驱动程序对象工作相关的详细信息。

Connection 接口：具有用于联系数据库的所有方法，通过它调用 createStatement 能够创建 Statement 对象。

Statement 接口：用来执行 SQL 语句并返回结果记录集。

ResultSet 接口：SQL 语句执行后的结果记录集，必须逐行访问数据行，但是可以任何顺序访问列。

使用 JDBC 访问数据库的一般步骤：装入合适的驱动程序 ->创建一个连接对象 ->生成并执行一个 SQL 语句 ->处理查询结果集 ->关闭连接。

 习题

一、单选题

1.下面的代码是连接(   )数据库的驱动加载片段。

```
try{
Class.forName("com.microsoft.jdbc.sqlserver.SQLServerDriver");
}
catch(Exception e){
out.print(e.toString());
}
```

A. MySQL   B. Oracle   C. SQL Server   D. 不确定

2.下面(   )不是 JDBC 的工作任务。

A. 与数据库建立连接

B. 操作数据库，处理数据库返回的结果

C. 在网页中生成表格

D. 向数据库管理系统发送 SQL 语句

二、程序填空题

1.求两个数的最大数

```
create procedure sc(_____,_____)
no sql
Begin
if a> b then _____;
else _____;
End;
```

三、简答题

1.什么是存储过程？

2.存储过程的基本类型和特点是什么？

3.调用存储过程有几种方式？

4. 使用触发器有哪些优点?

5. 触发器有哪些类型?

6. 在学生选课数据库中,创建一个名为 sname_proc 的存储过程,该存储过程的功能是根据学生的学号,返回该学生所在的班级。

7. 根据学生选课数据库,创建存储过程,根据课程名称返回该课程不及格的学生人数。

8. 创建触发器,实现当有学生退学时,该学生的选课信息被删除。

9. 创建存储过程,根据系部名称,输出该系的学生总人数。

10. 创建存储过程:如果学生成绩≥60 分,返回"合格";如果学生成绩<60 分,返回"不合格"。

11. 在学生选课数据库中,由于 C 语言课程选修的人数比较少,学校决定取消开设该课程。而已经选修了的学生可以改选课程号为"2"的 MySQL 数据库。创建触发器实现该功能。

12. 创建一个名为 score_proc 的存储过程,当输入任意一门存在的课程名时,该存储过程将统计出该门课程的平均分、最低分和最高分,并调用存储过程。

第 **9** 章　事务的并发控制

数据库系统与文件系统的区别不仅仅是数据独立性高,还在于数据库实现了数据一致性以及并发性。实现的方法就是事务处理技术和事务并发控制技术的应用。本章讲解了如何在数据库中使用事务的并发控制机制来实现数据库的一致性,并结合银行转账系统讲解事务在数据库系统中的应用。

本章要点:
- 事务
- 并发控制
- 封锁协议
- 并发调度的可串行性
- 封锁粒度

9.1　事务

9.1.1　事务的引入

前面章节介绍了存储过程的使用,存储过程有效地提高了代码的重用性,经过一次编译多次调用来提高系统资源利用率,但在完成对数据库的实时操作时会发生错误,导致数据不一致。例如银行数据库管理系统实现两个账户之间的转账。假设某银行的数据库有存放账户余额的数据表 account,该表存放银行客户的账号、姓名、金额。使用存储过程实现客户"甲一"向客户"玛丽"转账 700 元的功能。具体步骤如下:

步骤 1:先创建账号余额表 account,默认存储引擎为 InnoDB。

```
CREATE TABLE account(
账户 id INT AUTO_INCREMENT PRIMARY KEY,# 设置客户账户 id 为主键
姓名 CHAR(7) NOT NULL, # 设置客户姓名为非空
联系方式 CHAR(11) NOT NULL,# 设置客户联系方式为非空
存款金额 INT UNSIGNED  # 定义账号余额为无符号整数
)ENGINE= INNODB;
```

步骤 2:向表 account 添加两条测试记录,初始账号余额分别为 700 和 1200。

```
INSERT INTO account VALUES(null,'甲一','13666666666',700);
INSERT INTO account VALUES(null,'玛丽','13888888888',1200);
```

步骤 3:创建名为 t_proc 的存储过程,将客户"甲一"的账号金额转入客户"玛丽"的账号

中。转账的金额设为 money。SQL 语句如下。

```
DELIMITER $$
CREATE PROCEDURE t_proc(IN from_account char(7),IN to_account char(7),IN
money int)
MODIFIES SQL DATA
BEGIN
UPDATE account set 存款金额= 存款金额+ money  WHERE 姓名= to_account;
UPDATE account set 存款金额= 存款金额- money  WHERE 姓名= from_account;
END;$$
```

步骤 4：执行存储过程，运行结果如图 9-1 所示。转账之前 account 表的数据如图 9-2
所示。

图 9-1　创建转账存储过程

图 9-2　account 表

步骤 5：开始第一次转账。调用存储过程时需要把实际的数据传递给存储过程的各个形
式参数，即将客户"甲一"的 700 元转账到客户"玛丽"的账号中："CALL t_proc('甲一','玛丽',
700);"。转账结果如图 9-3 所示。

步骤 6：第一次转账成功后，再进行第二次转账："CALL t_proc('甲一','玛丽',700);"。
执行结果如图 9-4 所示。

从结果分析，客户"甲一"的余额为 0 元，如果转账 700 元，余额将是－700 元。由于创建
表时定义了余额为 UNSIGNED 类型，余额不能为负数，就产生了图 9-4 所示的 1690 错误代
码。因此，"甲一"账号并没有转账。但是客户"玛丽"的账户上却多了 700 元，这样会导致银
行亏损，即导致了数据不一致性的问题。为了避免数据的不一致性，需要引入事务来解决此
类问题。如果将上述存储过程中的两条 UPDATE 语句组成一个事务，让它们成为一个"原

图 9-3　调用存储过程完成第一次转账

图 9-4　第二次转账后的数据状态

子"，在执行过程中，要么都执行成功，要么都不执行。只要其中有一条语句发生错误，那么就执行失败，对数据库执行所有的数据更新操作将被撤销。

◆　**9.1.2　事务的基本概念**

事务是由一系列 SQL 语句组成的一个数据库操作序列，而这些操作是一个不可分割的逻辑工作单元。如果事务成功执行，那么该事务中所有的更新操作都会成功执行，并将执行结果提交到数据库文件中，成为数据库永久的组成部分。如果事务中某条更新操作执行失败，那么事务中的所有操作均被撤销。设想网上购物的一次交易，整个过程至少包括以下操作：

（1）更新客户所购商品的库存信息。

（2）保存客户付款信息，有可能包括与银行系统之间的交互。

（3）生成订单，并且保存到数据库中。

正常的情况下，这些操作将顺利进行，最终交易成功，与交易相关的所有数据信息都被更新。但是，如果在这一系列过程中任何一个环节出了差错，比如商品库存信息更新时发生异常、顾客通过网上银行转账时出现异常等，都将会导致交易失败。一旦交易失败，数据库所有被修改的信息都必须恢复到交易前的状态，即数据一致性。简言之：为了保证数据能够被正确地修改，避免数据的不一致性，事务必须具备四个原则，即所谓的 ACID 特性（原子性、一致性、隔离性和持久性）。

1. 原子性（atomicity）

事务必须是原子工作单元，事务中的更新操作要么都执行，要么都不执行，称为事务的原子性。通常,与某个事务关联的操作具有共同的目标,并且是相互依赖的。如果系统只执行这些操作的一个子集,则可能会破坏事务的总体目标。原子性消除了系统处理操作子集的可能性,用于标识事务是否完全地完成。

2. 一致性(consistency)

事务的一致性保证了事务完成后,数据库能够处于一致性状态。在相关数据库中,所有规则都必须应用于事务的修改,以保持所有数据的完整性。事务结束时,所有的内部数据结构(如 B 树索引或双向链表)都必须是正确的。某些维护一致性的责任由应用程序开发人员承担,他们必须确保应用程序已强制所有已知的完整性约束。

3. 隔离性(isolation)

同一时刻执行多个事务,称为并发事务。这些事务在执行过程中互不干扰,即一个事务的执行不能被其他事务干扰。事务查看数据时数据所处的状态,要么是另一并发事务修改它之前的状态,要么是另一事务修改它之后的状态,事务不会查看中间状态的数据。这称为可串行性,因为它能够重新装载起始数据,并且重播一系列事务,以使数据结束时的状态与原始事务执行的状态相同。当事务可序列化时将获得最高的隔离级别。在此级别上,从一组可并发执行的事务获得的结果与通过连续运行每个事务所获得的结果相同。由于高度隔离会限制可并发执行的事务数,所以一些应用程序降低隔离级别以换取更大的吞吐量。

4. 持久性(durabilily)

持久性意味着事务一旦成功执行,在系统中产生的所有变化将是永久的。如果系统突然停电或数据库服务器突然崩溃,事务保证在服务器重启后仍是完整的。

◆ **9.1.3 事务类型**

事务可分为两种类型:系统提供的事务和用户定义的事务。

1. 系统提供的事务

系统提供的事务是指在执行某些 T-SQL 语句时,一条语句就构成了一个事务。这些语句是:

ALTER TABLE　　CREATE　　DELETE　　DROP　　INSERT　　SELECT
UPDATE　　　　TRUNCATE　　RENAME　　REPLACE BEGIN

 创建一张名为 test 的表。

```
CREATE TABLE test
(no1   CHAR(6),
name2   CHAR(7),
address3 VARCHAR(20));
```

这条 SQL 语句本身就构成了一个事务,它要么成功创建一张含三列的表结构,要么对数据库没有任何影响,绝不会创建含一列或两列的表结构。

2. 用户定义的事务

用户定义的事务是通过事务语句完成的,MySQL 用 START　TRANSACTION 语句指定一个事务的开始,用 COMMIT 语句提交事务,用 ROLLBACK 语句可以撤销或回滚一个事务。

9.1.4　事务处理

用户定义的事务在执行时必须明确指定事务的结束，否则系统将把从事务开始到用户关闭连接之间所有的操作都作为一个事务来处理。事务提交和事务回滚都标志着事务的结束。

1. 事务提交

默认的情况下，MySQL 开启了自动提交，也就是在客户端编写的任意一条更新语句，一旦发送到 MySQL 服务器，MySQL 服务器实例会立即对代码进行解析、编译、执行，并将结果提交到数据库文件中。

以转账存储过程 t_proc 为例，该存储过程中包含两条 UPDATE 语句，第一条执行加法操作，第二条执行减法操作。由于 MySQL 开启了自动提交，因此，这两条语句执行时互不影响，不论其中哪条语句执行错误，都不会影响另一条语句对数据库的更新操作，最终导致数据的不一致性。如果调用存储过程之前关闭 MySQL 的自动提交，结果会不同。可以通过设置系统变量@@autocommit 的值关闭 MySQL 的自动提交。

当"SET autocommit=0"时，自动提交关闭；

当"SET autocommit=1"时，自动提交开启。

MySQL 自动提交一旦关闭，数据库开发人员需要"提交"更新语句，才能将更新结果提交到数据库文件中，成为数据库永久的组成部分。自动提交关闭后，MySQL 的提交方式分为显式地提交与隐式地提交。

显式地提交：MySQL 自动提交关闭后，使用 MySQL 命令"COMMIT;"提交。COMMIT 是提交语句，它使得自从事务开始以来所执行的所有数据修改成为数据库的永久部分，也标志着一个事务的结束。

隐式地提交：使用下面的 MySQL 语句，可以隐式地提交。

• 更新语句：BEGIN、SET AUTOCOMMIT=1、START TRANSACTION、RENAME TABLE、TRUNCATE TABLE 等语句。

• 数据定义（CREATE、ALTER、DROP）语句：例如 CREATE DATABASE、CREATE TABLE、CREATE INDEX、ALTER PROCEDURE、DROP DATABASE、DROP TABLE、CREATE FUNCTION、CREATE PROCEDURE、ALTER TABLE、ALTER FUNCTION、DROP FUNCTION、DROP INDEX、DROP PROCEDURE 等语句。

• 权限管理和账户管理语句：例如 GRANT、REVOKE、SET PASSWORD、CREATE USER、DROP USER、RENAME USER 等语句。

• 锁语句：例如 LOCK tables、UNLOCK tables。

为了有效地提交事务，数据库开发人员尽量显式地提交事务。

例 9.2　关闭 MySQL 自动提交，调用存储过程 t_proc，在客户端 A 上进行第三次转账，并将"甲一"账户余额修改为 200 元，"玛丽"账户余额仍为 2600 元，运行结果如下。

```
mysql>  set autocommit= 0;
Query OK, 0 rows affected (0.00 sec)


mysql>  call t_proc('甲一','玛丽',800);
ERROR 1264 (22003): Out of range value adjusted for column '存款金额' at row 3
mysql>  SELECT *  FROM account;
```

```
+----------+--------+----------------+----------+
| 账户 id | 姓名  | 联系方式      | 存款金额 |
+----------+--------+----------------+----------+
|        1 | 甲一  | 13666666666   |      200 |
|        2 | 玛丽  | 13888888888   |     3400 |
+----------+--------+----------------+----------+
```

2 rows in set (0.00 sec)

从运行结果看,客户"玛丽"的余额已经被修改。这时从另一客户端 B 打开 account 表,显示结果如下:

```
use choose;
Database changed
mysql>  SELECT *  FROM account;
```

```
+----------+--------+----------------+----------+
| 账户 id | 姓名  | 联系方式      | 存款金额 |
+----------+--------+----------------+----------+
|        1 | 甲一  | 13666666666   |      200 |
|        2 | 玛丽  | 13677777777   |     2600 |
+----------+--------+----------------+----------+
```

2 rows in set (0.00 sec)

结果显示"玛丽"账号的余额并没有被修改,因为客户端 A 执行更新数据的操作并没有提交到服务器,也就是对数据库服务器没有产生影响,所以其他客户端访问服务器时还是原来的数据。

例 9.3 打开 MySQL 自动提交,调用存储过程 t_proc,在客户端 A 上进行第三次转账时,使用 commit 命令提交事务。运行结果如图 9-5 所示。

```
SET autocommit= 1;
CALL t_proc('甲一','玛丽',800);
COMMIT;
SELECT * FROM  account;
```

从图 9-5 可以看出,客户端 A 使用事务提交 COMMIT 命令后,MySQL 数据库服务器的数据被永久更新,体现了事务的持久性特征。

2. 事务回滚

事务是由一系列 SQL 语句组成的,在执行过程中有其中的一条发生错误,事务就不提交到服务器,这时可以使用命令 ROLLBACK 将事务撤销。事务回滚使得事务撤销到起点或指定的保存点处,它也标志着一个事务的结束。

例 9.4 在例 9.2 中,执行第三次转账时,客户"玛丽"的账户余额到底是多少?

(a) 客户端A进行第三次转账

(b)客户端B查看数据

图 9-5　客户端提交事务成功

这取决于对数据库服务器执行的操作：如果执行事务提交 COMMIT 命令，就会产生图 9-5
所示的结果；如果执行事务回滚 ROLLBACK 命令，结果如图 9-6 所示。

```
SET autocommit= 0;
UPDATE account SET 存款金额= 存款金额+ 800 WHERE 账户 id= 2;
ROLLBACK;
SELECT *  FROM account;
```

(a)客户端A事务撤销前后的数据状态

图 9-6　事务撤销前后的数据状态

(b) 客户端B的数据状态

续图 9-6

    MySQL 客户端的自动提交关闭时,对数据库服务器执行更新操作,服务器内存中会产生若干条 new 记录,这些 new 记录保存了客户端的更新操作。如果客户端执行了 COMMIT 命令,MySQL 服务器中的 new 记录被更新到数据库服务器中,事务提交成功;如果客户端执行了 ROLLBACK 命令,MySQL 服务器中的 new 记录将被丢弃,事务被撤销。总之,事务的处理过程如图 9-7 所示。

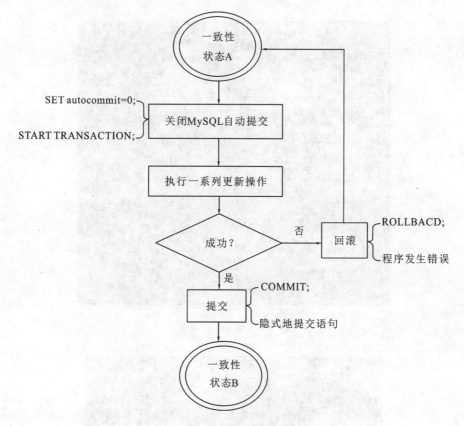

图 9-7　事务处理过程

例 9.5   定义事务实现银行数据库的两个账户之间的转账,还原 account 表数据,创建存储过程 t_proc2 如图 9-8 所示,调用存储过程实现"甲一"向"玛丽"转账两次,每次转账 700 元,结果如图 9-9 所示。

```
DELIMITER $$
CREATE PROCEDURE t_proc2(IN from_account CHAR(7),IN to_account CHAR(7),IN
money INT)
MODIFIES SQL DATA
BEGIN
DECLARE CONTINUE HANDLER FOR 1670
BEGIN
ROLLBACK;                    # 撤销事务
END;
START TRANSACTION;           # 开始事务
UPDATE account SET 存款金额= 存款金额+ money WHERE 姓名= to_account;
UPDATE account SET 存款金额= 存款金额- money WHERE 姓名= from_account;
COMMIT;                      # 提交事务
END;
$$
```

```
mysql> SELECT * FROM account;$$
+--------+------+-------------+----------+
| 账户id | 姓名 | 联系方式    | 存款金额 |
+--------+------+-------------+----------+
|      1 | 甲一 | 13666666666 |      700 |
|      2 | 玛丽 | 13888888888 |     1200 |
+--------+------+-------------+----------+
2 rows in set (0.00 sec)

mysql> CREATE PROCEDURE t_proc2(IN from_account CHAR(7),
    -> IN to_account CHAR(7), IN money INT)
    -> MODIFIES SQL DATA
    -> BEGIN
    -> DECLARE CONTINUE HANDLER FOR 1670
    -> BEGIN
    -> ROLLBACK;                              #撤销事务
    -> END;
    -> START TRANSACTION;                    #开始事务
    -> UPDATE account SET 存款金额=存款金额+money
    -> WHERE 姓名=to_account;
    -> UPDATE account SET 存款金额=存款金额-money
    -> WHERE 姓名=from_account;
    -> COMMIT;                                #提交事务
    -> END; $$
Query OK, 0 rows affected (0.01 sec)
```

图 9-8　银行转账事务

```
mysql> CALL t_proc2('甲一','玛丽',700);#第一次转账成功
    -> SELECT * FROM account;$$
Query OK, 0 rows affected (0.05 sec)

+--------+------+-------------+----------+
| 账户id | 姓名 | 联系方式    | 存款金额 |
+--------+------+-------------+----------+
|      1 | 甲一 | 13666666666 |        0 |
|      2 | 玛丽 | 13888888888 |     1900 |
+--------+------+-------------+----------+
2 rows in set (0.05 sec)

mysql> CALL t_proc2('甲一','玛丽',700);#第二次转账失败
    -> SELECT * FROM account;$$
ERROR 1690 (22003): BIGINT UNSIGNED value is out of range
 in '(`choose`.`account`.`存款金额` - money@2)'
```

图 9-9　两次转账结果

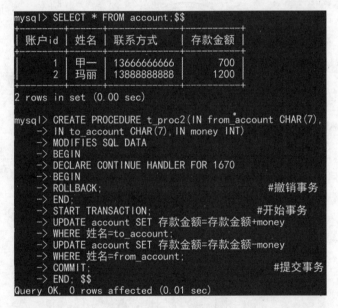

例 9.6 在学生选课系统中,定义一个事务实现学生选课以及学生调课的功能。

```
# 创建调课存储过程
DELIMITER $$
CREATE PROCEDURE re_proc(IN s_no CHAR(11),IN c_before INT,IN c_after INT,OUT
state INT)
MODIFIES SQL DATA
BEGIN
  DECLARE s INT;
  DECLARE status CHAR(7);
  SET state = 0;
  SET status= '未审核';
  IF(c_before= c_after) THEN SET state = - 1;
  ELSE
    START TRANSACTION;
    SELECT 状态 INTO status FROM course WHERE 课程号= c_after;
    SELECT 可选人数 INTO s FROM course WHERE 课程号= c_after;
    IF(s= 0 || status= '未审核') THEN   SET state = - 2;
    ELSEIF(state= 0) THEN
        UPDATE choose SET 课程号= c_after,选课时间= NOW()
        WHERE 学号= s_no AND 课程号= c_before;
        UPDATE course SET 可选人数= 可选人数+ 1 WHERE 课程号= c_before;
        UPDATE course SET 可选人数= 可选人数- 1 WHERE 课程号= c_after;
        SET state =  c_after;
    END IF;
    COMMIT;
  END IF;
END ;$$
# 调用存储过程
SET @s_no = '2012002';
SET @c_before =  3;
SET @c_after =  1;
SET @state =  0;
CALL re_proc(@s_no,@c_before,@c_after,@state);
SELECT @state;
```

9.2 并发控制

数据库的最大特点之一就是数据资源共享。多个事务如果串行执行,意味着一个用户在运行程序时,其他用户程序必须等到该用户程序结束后才能对数据库进行存取,这样如果一个用户程序涉及大量数据的输入/输出交换,则数据库系统的大部分资源将处于闲置状态。因此，为了充分利用数据库资源，很多时候都是多个数据库用户对数据库系统并发存取数据的，这样就会发生多个用户并发存取同一数据块的情况。如果对并发操作不加控制，可能会产生不正确的数据，破坏数据的完整性，并发控制机制就是解决这类问题的，以保持数据一致性，即在任何一个时刻数据库都将以相同的形式给用户提供数据。

事务的任务是保证一系列更新语句的原子性，当多个事务并发操作时很容易破坏事务的 ACID 特性，从而导致数据的不一致性问题，主要包括以下几个方面：

1. 丢失更新

丢失更新（也称丢失修改）是指事务 T1 读取数据后，事务 T2 提交的最新结果破坏了 T1 提交的结果，导致事务 T1 的修改被丢失。也就是说，两个事务同时修改同一数据，其中一个事务的提交结果破坏了另一个事务的提交结果，导致另一个事务的修改丢失，如图 9-10 (a)所示。

2. 读脏数据

读脏数据是指事务 T1 修改某一数据，并将其写入磁盘，事务 T2 读取同一数据后，T1 由于某种原因被撤销，这时 T1 已修改过的数据被恢复原值，T2 读到的数据与数据库中的数据不一致，则 T2 读到的数据就为"脏数据"。也就是说，一个事务可以读到另一个事务未提交的数据，即脏数据。脏读问题违背了事务的隔离性原则。同一个事务内，两条相同的查询语句，查询结果应该相同。但是，如果另一个事务同时提交了新数据，本事务再读取数据时，就会发现这些新数据，如图 9-10(b)所示。

3. 不可重复读

不可重复读是指事务 T1 读取数据后，事务 T2 执行更新操作，使事务 T1 无法再现前一次读取的结果。如同一个事务内两条相同的查询语句，查询结果不一致，如图 9-10(c)所示。

不可重复读包括三种结果：

（1）事务 T1 读取某一数据后，事务 T2 对其做了修改，当事务 T1 再次读该数据时，得到与前一次不同的值。

（2）事务 T1 按一定条件从数据库中读取某些数据记录后，事务 T2 删除了其中部分记录，当 T1 再次按相同条件读取数据时，发现某些记录神秘消失了，就像之前读到的数据是"鬼影"一样的幻觉。

（3）事务 T1 按一定条件从数据库中读取某些数据记录后，事务 T2 插入了一些记录，当 T1 再次按照相同条件读取数据时，发现多了一些新的记录。

后两种不可重复读有时也称为幻读。

例 9.7 分析中国铁路 12306 网上订车票系统的一个活动序列：

（1）用户"张三"在网上购买火车票（事务 T1），查询某列车次的总票数 a，设 a＝20。

（2）用户"李白"也在网上购买火车票（事务 T2），查询同列车次的总票数 a，设 a＝20。

（3）假设"张三"购买了 5 张火车票，则总票数为 a＝a－5，更新后的票数 a＝15，把 a 写回数据库。

（4）假设"李白"购买了 5 张火车票，则总票数为 a＝a－5，更新后的票数 a＝15，把 a 写回数据库。

订票结果应该完成了两次订票，剩余总票数应该是 10 张，然而数据库中火车票的总票

事务 T1	事务 T2
① 读 a=20	
②	读 a=20
③ a←a-5 写回 a=15	
④	a←a-5 写回 a=15

(a) 丢失更新

事务 T1	事务 T2
①读 a=20 a=a*2 写回 a	
②	读 a=40
③ROLLBACK a 恢复为 20	

(b) 读脏数据

事务 T1	事务 T2
①读 a=8 读 b=10 求和 a+b=18	
②	读 b=10 b=b+10 写回 b=20
③读 a=8 读 b=20 求和 a+b=28 （验算错误）	

(c) 不可重复读

图 9-10　数据的不一致性问题

数是 15 张。

造成这样结果是因为用户李白修改的数据结果覆盖了张三修改的数据结果,数据丢失更新,导致数据不一致性。

事务是并发控制的基本单位,保证事务 ACID 特性是事务处理的重要任务。因此,为了保证数据的一致性、并发事务的正确执行,MySQL 数据库需要对多个并发事务进行有效的调度。而封锁机制是解决事务并发访问导致数据不一致性的重要技术,是 MySQL 实现多用户并发访问的基石。

9.3　封锁协议

所谓封锁就是事务 T 在对某个数据对象例如表、记录等操作之前,先向系统发出请求,对其加锁。加锁后事务 T 就对该数据对象有了一定的控制,在事务 T 释放锁之前,其他的事务不能更新此数据对象。

DBMS 通常提供了多种类型的封锁。一个事务对某个数据对象加锁后究竟拥有什么样的控制是由封锁的类型决定的。

基本的封锁类型有两种:

(1)排他锁(exclusive locks),简称 X 锁;

(2)共享锁(share locks),简称 S 锁。

排他锁又称写锁。若事务 T 对数据对象 A 加上 X 锁,则只允许 T 读取和修改 A,其他任何事务都不能再对 A 加任何类型的锁,直到事务 T 释放 A 上的锁。

共享锁又称读锁。若事务 T 对数据对象 A 加上 S 锁,则事务 T 可以读 A 但是不能修改 A,其他事务只能再对 A 加 S 锁,而不能加 X 锁,直到事务 T 释放 A 上的 S 锁。

排他锁与共享锁的相容矩阵如图 9-11 所示。

在运用 X 锁和 S 锁这两种基本封锁对数据对象加锁时,还需要约定一些规则。例如,何时申请 X 锁或 S 锁、持锁时间、何时释放封锁等。这些规则称为封锁协议。不同的封锁协议,在不同的程度上为事务并发操作的正确调度提供一定的保证,以解决数据的丢失修改、

T2 \ T1	X	S	-
X	N	N	Y
S	N	Y	Y
-	Y	Y	Y

Y=Yes，相容的请求
N=No，不相容的请求

图 9-11　锁的相容矩阵

不可重复读和读脏数据等不一致性问题。

常用的封锁协议有以下三个级别的封锁协议。

9.3.1　一级封锁协议

事务 T 在修改数据 R 之前必须先对其加 X 锁，直到事务结束才释放。事务的结束包括正常结束（COMMIT）和非正常结束（ROLLBACK）。

一级封锁协议可防止丢失修改，并保证事务 T 是可恢复的。在一级封锁协议中，如果仅仅是读取数据而不对其进行修改，是不需要加锁的，所以它不能解决不可重复读和读脏数据的问题，如图 9-12 所示。

事务 T1	事务 T2
① Xlock a 获得锁	
② 读 a=20	Xlock a 等待 等待 等待
③ a←a-5 写回 a=15 Commit Unlock a	等待 等待 等待 获得 Xlock a
④	读 a=15 a←a-5 写回 a=10 Commit Unlock a

(a)没有丢失更新

事务 T1	事务 T2
① Xlock a 读 a=20 a=a*2 写回 a	
②	读 a=40
③ROLLBACK a 恢复为 20 Unlock a	

(b) 读脏数据

事务 T1	事务 T2
①读 a=8 读 b=10 求和 a+b=18	
②	Xlock b 读 b=10 b=b+10 写回 b=20 Commit Unlock b
③读 a=8 读 b=20 求和 a+b=28 （验算错误）	

(c) 不可重复读

图 9-12　一级封锁协议

9.3.2　二级封锁协议

二级封锁协议是指在一级封锁协议的基础上增加事务 T 在读取数据 R 之前必须先对其加 S 锁，读完后即可释放 S 锁。

二级封锁协议解决丢失修改问题和读脏数据。由于二级封锁协议在读完数据后即可释放 S 锁，所以它不能保证可重复读。如图 9-13(a)所示，二级封锁协议解决了读脏数据，但没有解决不可重复读的问题，如图 9-13(b)所示。

事务 T1	事务 T2
① Xlock a 　读 a=20 　　a=a*2 写回 a	
②	Sclock a
③ROLLBACK 　a 恢复为 20 　Unlock a	等待 等待 获得读锁 读 a=20
	Unclock a

(a) 不读脏数据

事务 T1	事务 T2
①Sclock a 　读 a=8 　Unclock a 　Sclock b 读 b=10 　Unclock b 求和 a+b=18	Xlock b 等待 获得 Xlock b
②Sclock a 读 a=8 　Unclock a	读 b=10 　b=b+10 写回 b=20 Commit
③Sclock b 　读 b=20 　Unclock b 求和 a+b=28 （验算错误）	Unclock b

(b) 不可重复读

图 9-13　二级封锁协议

◆ 9.3.3　三级封锁协议

三级封锁协议是指在一级封锁协议上增加事务 T 在读取数据 R 之前必须先对其加 S 锁，直到事务结束才释放锁（延长了持锁的时间）。三级封锁协议可防止丢失修改、读脏数据和不可重复读，如图 9-14 所示。

事务 T1	事务 T2
①Sclock a 　读 a=8 　Sclock b 　读 b=10 求和 a+b=18	Xlock b 等待 等待
②	等待
③ 读 a=8 　读 b=10 　求和 a+b=18 　Unclock a 　Unclock b	等待 等待 等待 等待 获得 Xclock b

事务 T1	事务 T2
④（验算正确）	读 b=10 b=b+10 写回 b=20 Commit
	Unlock b

图 9-14　三级封锁协议

◆ 9.3.4 活锁和死锁

1.活锁

如果事务 T1 封锁了数据 R，事务 T2 又请求封锁 R，于是 T2 等待。T3 也请求封锁 R，当 T1 释放了 R 上的锁后系统首先批准了 T3 的请求，T2 仍然等待。然后 T4 又请求封锁 R，当 T3 释放了 R 上的锁之后系统又批准了 T4 的请求……T2 有可能永远等待下去，这就是活锁的情形。

避免活锁采用的方法是先来先服务的策略。

2.死锁

如果事务 T1 封锁了数据 R1，事务 T2 封锁数据 R2，事务 T3 封锁数据 R3……然后 T1 又申请封锁 R2，T2 又申请封锁 R3，而 T3 申请封锁 R1，因为数据 R1、R2、R3 已被封锁，出现了事务 T1 等待 T2、T2 等待 T3、T3 又等待 T1，这些事务将永远循环等待下去不能结束，形成死锁。预防死锁通常有两种方法：

1）一次封锁法

一次封锁法是要求每个事务必须一次性将所要使用的数据全部加锁，否则就不能继续执行。

存在问题：

(1)一次性将需要的全部数据加锁，扩大了封锁的范围，从而降低了系统的并发度。

(2)数据库中的数据是不断变化的，原来不要求封锁的数据，在执行过程中可能会变成封锁对象，所以很难事先确定每个事务要封锁的数据对象。

2）顺序封锁法

顺序封锁法预先对数据对象规定一个封锁顺序，所有事务都按这个顺序实行封锁。

存在问题：

(1)数据库系统中封锁的数据对象极多，并且随数据的插入、删除等操作不断变化，要维护这样的资源的封锁顺序非常困难，成本很高。

(2)事务的封锁请求可以随着事务的执行而动态地决定，很难事先确定每一个事务要封锁哪些对象，因此也很难按规定的顺序去施加封锁。

DBMS 在解决死锁的问题上普遍采用的是诊断并解除死锁的方法。

3.死锁的诊断与解除

1）超时法

如果一个事务的等待时间超过了规定的时限，就认为发生了死锁。

不足：

(1)有可能误判死锁，事务因为其他原因使等待时间超过时限，系统会误认为发生了死锁。

(2)时限若设置得太长，死锁发生后不能及时发现。

2）等待图法

事务等待图是一个有向图 $G=(T,U)$，T 为结点的集合，每个结点表示正在运行的事务，U 为边的集合，每条边表示事务的等待情况。

事务等待情况动态反映了所有事务的等待情况。并发控制子系统周期性地生成事务等待图,并进行检测。如果发现图中存在回路,则表示系统中出现了死锁。

DBMS 的并发控制子系统一旦检测到系统中存在死锁,就要设法解除。通常采用的方法是选择一个处理死锁代价最小的事务,将其撤销,释放此事务持有的全部锁,使其他事务得以继续运行。

9.4 并发调度的可串行性

数据库管理系统对并发事务不同的调度可能会产生不同的结果,那么什么样的调度是正确的呢?显然,串行调度是正确的。比如两个事务 T1 和 T2,先执行 T1 或者先执行 T2 产生的结果可能是不一样的。由于串行调度没有事务间的相互干扰,所以串行调度的结果均是正确的。执行结果等价于串行调度的调度结果也是正确的。这样的调度称为可串行化调度。

◆ 9.4.1 可串行化调度

可串行化调度是指多个事务并发执行的结果是正确的,当且仅当其结果与按某一次序串行执行这些事务时的结果相同,称这个调度策略是可串行化的。

例 9.8 现在有两个事务 T1 和 T2,分别包含下列操作:

事务 T1:读 B;A=B+1;写回 A。

事务 T2:读 A;B=A+1;写回 B。

假设 A、B 的初始值都为 5,现给出对这两个事务不同的调度策略:

调度策略 1:按照 T1→T2 次序执行,结果为 A=6,B=7。

调度策略 2:按照 T2→T1 次序执行,结果为 B=6,A=7。

两种调度策略虽然执行结果不同,但它们都是正确的调度,因为它们是串行执行的。如图 9-15 中 (a) 的执行结果 A=6,B=6,是错误的调度,因为它的执行结果与事务串行执行结果不同,但图 9-15 (b) 的执行结果 A=6,B=7 是正确的调度,因为它的执行结果与事务串行调度策略 1 的执行结果相同。

◆ 9.4.2 冲突可串行化调度

可串行性是并发事务正确执行的准则,在关系数据库管理系统(RDBMS)中,作为并发控制的正确性准则。一个给定的并发调度,当且仅当它是可串行化的,才认为是正确调度。那什么样性质的调度是可串行化的调度? 如何判断调度是可串行化的调度? 一个调度 Sc 在保证冲突操作的次序不变的情况下,通过交换两个事务不冲突操作的次序得到另一个调度 Sc',如果 Sc'是串行的,称调度 Sc 为冲突可串行化的调度。一个调度是冲突可串行化,一定是可串行化的调度。使用这种方法来判断一个调度是否是冲突可串行化调度。

冲突操作是指不同的事务对同一个数据的读写操作和写写操作:

Ri(x) 与 Wj(x),即事务 Ti 读 x,Tj 写 x;

Wi(x) 与 Wj(x),即事务 Ti 写 x,Tj 写 x。

其他操作是不冲突操作。

事务 T1	事务 T2
①Sclock B 读 B=5 Unclock B	Sclock A 读 A=5 Unclock A
②Xclock A A=B+1 写 A=6 Unclock A	Xclock B B=A+1 写 B=6
③Unclock A	Unclock B

事务 T1	事务 T2
①Sclock B 读 B=5 Unclock B Xclock A	Sclock A 等待 等待
②A=B+1 写 A=6 Unclock A	等待 等待 等待
③	读 A=6 Unclock A Xclock B B=A+1 写 B=7 Unclock B

(a) 不可串行化的调度   (b) 可串行化的调度.

图 9-15　并发事务的不同调度策略

冲突可串行化调度是可串行化调度的充分条件，不是必要条件。还有不满足冲突可串行化条件的可串行化调度。

例 9.9　有 3 个事务，$T_1=W_1(Y)W_1(X)$，$T_2=W_2(Y)W_2(X)$，$T_3=W_3(X)$。
调度 $L_1=W_1(Y)W_1(X)W_2(Y)W_2(X)\ W_3(X)$ 是一个串行调度。

调度 $L_2=W_1(Y)W_2(Y)W_2(X)W_1(X)W_3(X)$ 不满足冲突可串行化。但是调度 L_2 是可串行化的，因为 L_2 执行的结果与调度 L_1 相同，Y 的值等于 T_2 的值，X 的值等于 T_3 的值。

例 9.10　有两个事务 $T_1=R_1(A)W_1(A)R_1(B)W_1(B)$，$T_2=R_2(A)W_2(A)R_2(B)W_2(B)$。
调度 $SC_1=R_1(A)W_1(A)R_2(A)W_2(A)R_1(B)W_1(B)R_2(B)W_2(B)$。
把 $W_2(A)$ 与 $R_1(B)W_1(B)$ 交换，得到：
调度 $SC_2=R_1(A)W_1(A)R_2(A)R_1(B)W_1(B)W_2(A)R_2(B)W_2(B)$
再把 $R_2(A)$ 与 $R_1(B)W_1(B)$ 交换，得到：
调度 $SC_3=R_1(A)W_1(A)R_1(B)W_1(B)R_2(A)W_2(A)R_2(B)W_2(B)$
SC_3 等价于一个串行调度 T_1，T_2，SC_1 是冲突可串行化的调度。

9.5　两段锁协议

为了保证并发调度的正确性，数据库管理系统的并发控制机制提供一定的手段来保证调度是可串行化的。目前数据库管理系统普遍采用两阶段封锁协议（两段锁协议）。

所谓两段锁协议是指所有事务必须分两个阶段对数据项加锁和解锁：

(1)在对任何数据进行读、写操作之前，首先要申请并获得对该数据的加锁；

（2）在释放一个封锁之后，事务不再申请和获得任何其他封锁。

两段锁的含义是，事务分为两个阶段。第一个阶段是获得封锁，也称为扩展阶段。在这阶段，事务可以申请获得任何数据项上的任何类型的锁，但是不能释放任何锁。第二个阶段是释放封锁，也称为收缩阶段。在这阶段，事务可以释放任何数据项上的任何类型的锁，但是不能再申请任何锁。

事务遵守两段锁协议是可串行化的充分条件，而不是必要条件。

要注意两段锁协议和防止死锁的一次封锁法的异同之处。一次封锁法要求每个事务必须一次性将所有要使用的数据全部加锁，否则就不能继续执行。因此一次封锁遵守两段锁协议；但是两段锁协议并不要求事务必须将所有数据全部加锁，因此遵守两段锁协议的事务可能发生死锁。

9.6 封锁的粒度

封锁对象的大小称为封锁粒度。封锁对象可以是逻辑单元，也可以是物理单元。以关系数据库为例，封锁对象可以是这样一些逻辑单元，属性值、属性值的集合、元组、关系、索引项、整个索引直至整个数据库，也可以是这样一些物理单元，如页、物理记录等。

如果在一个系统中同时支持多种封锁粒度供不同的事务选择是比较理想的，这种封锁方法称为多粒度封锁。

9.6.1 多粒度封锁

在讨论多粒度封锁前，首先定义多粒度树，多粒度树的根结点是整个数据库，表示最大的数据粒度。叶结点表示最小的数据粒度。

多粒度封锁协议允许多粒度树中的每个结点被独立地加锁。对一个结点加锁意味着这个结点的所有后裔结点也被加以同样类型的锁。因此，在多粒度封锁中一个数据有两种方式加锁：显式封锁和隐式封锁。

显式封锁是应事务的要求直接加到数据对象上的封锁。

隐式封锁是该数据对象没有独立加锁，是由于其上级结点加锁而使该数据对象加上了锁。

一般地，对某个数据对象加锁，系统要检查该数据对象上有无显式封锁与之冲突；还要检查其所有上级结点，看本事务的显式封锁是否与该数据对象上的隐式封锁冲突；还要检查所有下级结点，看上面的显式封锁是否与本事务的隐式封锁冲突。

9.6.2 意向锁

如果对一个结点加意向锁，则说明该结点的下级结点正在被加锁；对任一结点加锁时，必须先对它的上级结点加意向锁。

（1）意向共享锁（IS 锁）。

如果对一个数据对象加 S 锁，表示它的后裔结点拟（意向）加 S 锁。

（2）意向排他锁（IX 锁）。

如果对一个数据对象加 IX 锁，表示它的后裔结点拟（意向）加 X 锁。

（3）共享意向排他锁（SIX 锁）。

如果对一个数据对象加 SIX 锁，表示先对它加 S 锁，再加 IX 锁，即 SIX＝ S＋IX。

具有意向锁的多粒度封锁方法中任一事务 T 要对一个数据对象加锁，必须先对它的上级结点加意向锁。申请封锁时应该按自上而下的次序进行；释放封锁时应该按自下而上的顺序进行。

◆ 9.6.3 锁的必要性

在例 9.4 中描述，客户端 A 和客户端 B 执行同一条 SQL 语句"SELECT ＊ FROM account;"，返回的结果却不同，产生数据不一致性问题。数据的不一致性问题主要是由内存中的数据和外存中的数据不能同步造成的。当客户端 A 在访问 MySQL 服务器数据时，如果对该数据进行"加锁"以防止其他客户端访问，直到客户端 A 访问结束，MySQL 将"解锁"该数据，再"唤醒"其他被阻塞的客户端继续访问该数据。只有这样才可以实现多用户下的数据并发访问。所以，锁是解决事务并发控制的有效方式。

 习题

一、单选题

1.（　　　）是 DBMS 的基本单位，是用户定义的一组操作序列。

A. 程序   B. 事务   C. 文件   D. 数据

2. 事务中的操作序列要么全做，要么全不做是指事务的（　　　）。

A. 原子性   B. 持久性   C. 一致性   D. 关联性

3. 事务一旦提交对数据库的改变是永久的，指事务的（　　　）。

A. 原子性   B. 一致性   C. 持久性   D. 隔离性

二、简答题

1. 什么是事务？事务有哪些特性？

2. 简要说明事务的原子性。

3. 结束事务的标志是什么？

4. 事务中的提交和回滚是什么意思？

5. 什么是事务的并发控制？

6. 锁有哪些类型？

7. 共享锁与排他锁有什么区别？

第10章 关系数据理论

关系数据库的规范化设计是指面对一个现实问题,如何选择一个比较好的关系模式。本章主要讨论数据与数据之间的依赖关系、规范化和范式等内容。

本章要点:

◆ 关系模式设计中的问题
◆ 函数依赖
◆ 范式
◆ 规范化的基本步骤

10.1 关系模式设计中的问题

如何把现实世界表达成数据库模式,一直是数据库研究人员和信息系统开发人员所关心的问题。关系规范化理论是设计关系数据库的指南,也是关系数据库的理论基础。如给出一组数据,如何构造一个适合于它们的数据库模式,这是数据库设计中一个极其重要而又基本的问题。实际上设计任何一种数据库应用系统,不论是层次的、网状的还是关系的,都会遇到如何构造合适的数据模式即数据逻辑结构的问题。由于关系模型有严格的数学理论基础,并且可以向别的数据模型转换,因此,人们就以关系模型为背景来讨论这个问题,形成了数据库逻辑设计的一个有力工具——关系数据库的规范化理论。规范化理论虽然是以关系模型为背景的,但是它对于一般的数据库逻辑设计同样具有理论上的意义。

第1章介绍了关系模型的基本概念,一个关系模式由5部分组成,即它是一个五元组:

$$R(U, D, DOM, F)$$

- R:关系名。
- U:组成该关系的属性集合。
- D:属性组 U 中属性所来自的域。
- DOM:属性向域的映像集合。
- F:属性之间的数据依赖关系集合。

所谓数据依赖是指一个关系内部属性与属性之间的一种约束关系,是通过一个关系中属性间值的相等与否体现出来的数据间的相互关系,是现实世界属性间相互联系的抽象,是数据内在的性质,是语义的体现。人们已经提出了许多种类型的数据依赖,可分为函数依赖和多值依赖。本章主要讨论函数依赖。

函数依赖普遍存在于现实生活中,如描述学生信息的关系,每位学生都有一个唯一的学号属性,当给定学号的取值,则学生的姓名也确定了,那么学号和姓名之间有函数依赖关系。

在设计关系模式过程中往往会存在一些多余的函数依赖,给数据操作带来一些异常。

例 10.1   设计一个学生学籍管理数据库 studentdb,其属性包括学号、姓名、所在学院、课程号、课程名称、成绩等。假设用一个单一的关系模式 student 表示,则关系模式为:

student(学号,姓名,所在学院,课程号,课程名称,成绩)

根据现实世界的描述(语义)假设:

①一个学院有若干名学生,但一个学生只属于一个学院。

②一名学生可以选修多门课程,每门课程也可以有若干名学生选修。

③每名学生选修的每一门课程都会有一个成绩。

关系模式 student 在某一时刻的实例,即数据表,如表 10-1 所示。

表 10-1   student 表

学号	姓名	所在学院	院长	课程号	课程名称	成绩
100001	杜甫	机电学院	何院长	1	数据库原理	90
100001	杜甫	机电学院	何院长	4	MySQL 数据库	90
100002	胡歌	计算机学院	丰院长	2	C++	99
100003	张三	管理学院	李院长	3	Java	95
100003	张三	管理学院	李院长	6	Oracle 数据库	60
100004	李白	计算机学院	丰院长	4	MySQL 数据库	79
100005	黄蓉	计算机学院	丰院长	6	Oracle 数据库	96

但是,这个关系模式存在以下问题:

(1)数据冗余。

比如,每一个学生姓名重复出现,重复次数与该学生所选课程成绩的出现次数相同,这将浪费大量的存储空间。

(2)更新异常。

由于数据冗余,当更新数据库中的数据时,系统要付出很大的代价来维护数据库的完整性,否则会面临数据不一致的危险。比如,某学院更换院长后,必须修改与该学院学生有关的每一个元组。

(3)插入异常。

如果一个学院刚成立,尚无学生,则无法把这个学院及其院长的信息存入数据库。

(4)删除异常。

如果某个学院的学生全部毕业了,则在删除该学院学生信息的同时,这个学院及课程的相关信息也被删除了。

在执行数据操作时会存在以上种种问题,可以得出这样的结论:student 关系模式不是一个好的关系模式。一个好的关系模式应当不会发生插入异常、删除异常和更新异常等问题,数据冗余应尽可能少。为什么会产生这些问题呢?这是因为 student 关系模式存在不合理的函数依赖。

10.2　函数依赖

定义：设 R(U) 是一个属性集 U 上的关系模式，X 和 Y 是 U 的子集。若对于 R(U) 的任意一个可能的关系 r，r 中不可能存在两个元组在 X 上的属性值相等，而在 Y 上的属性值不等，则称"X 函数确定 Y"或"Y 函数依赖于 X"，记作 X→Y。

也就是说，给定一个属性 X 的值都有唯一的属性 Y 的值与之对应。可以理解为函数 y = f(x)；对于任意的 x 都有唯一的 y，且 y 的取值由 x 决定，称 y 是依赖于 x 的。

例 10.2　设有关系模式：学生(学号，姓名，年龄，家庭住址)，根据现实语义来确定函数依赖。学生的学号具有唯一性特点，因此有函数依赖：学号→姓名，学号→年龄，学号→家庭住址。如果学生姓名没有同名的，则属性年龄、家庭住址也函数依赖于姓名。

1. 完全函数依赖

定义：设 X，Y 是关系 R 的两个属性集合，X' 是 X 的真子集，存在属性 Y 函数依赖于属性 X(X→Y)，但 Y 不函数依赖于任何一个 X'(X' ↛ Y)，则称 Y 完全函数依赖于 X，记作 $X \xrightarrow{F} Y$。

2. 部分函数依赖

定义：设 X，Y 是关系 R 的两个属性集合，X' 是 X 的真子集，存在属性 Y 函数依赖于属性 X(X→Y)，且 Y 也函数依赖于任何一个 X'(X'→Y)，则称 Y 部分函数依赖于 X，记作 $X \xrightarrow{P} Y$。

例 10.3　设有关系模式：选课(学号，课程号，课程名称，成绩)，成绩完全函数依赖于学号和课程号，即(学号，课程号) $\xrightarrow{F}$ 成绩，则课程名称部分函数依赖于学号和课程号，即(学号，课程号) $\xrightarrow{P}$ 课程名称，因为课程名称是函数依赖于课程号。

3. 传递函数依赖

定义：设 X，Y，Z 是关系 R 中互不相同的属性集合，存在 X→Y，但是 Y ↛ X，Y→Z，则称 Z 传递函数依赖于 X，记作 $X \xrightarrow{传递} Z$。

例 10.4　关系模式 S1(学号，系名，系主任)，有学号→系名，系名→系主任，且系名↛学号，所以系主任是传递函数依赖于学号，即学号 $\xrightarrow{传递}$ 系主任。

10.3　范式

范式(normal form)是符合某一种级别的关系模式的集合。设计数据库时必须遵循一定的规则。在关系数据库中，这种规则就是范式。关系数据库中的关系必须满足一定的要求，满足不同程度要求的为不同范式。

一个低一级范式的关系模式，通过模式分解可以转换为若干个高一级范式的关系模式的集合，这种过程就叫规范化。规范化理论正是用来改造关系模式的，通过分解关系模式来消除其中不合适的数据依赖，以解决插入异常、删除异常、更新异常和数据冗余问题。关系模式规范化其实不是一个新概念。一个关系模式的所有属性必须是不可再分的原子项，这实际上也是一种规范化，仅仅是规范化满足的条件较低而已。规范化是通过最小化数据冗余来提升数据库设计质量的过程，规范化是基于函数依赖以及一系列范式定义的，目前关系数据库有六种范式：第一范式（1NF）、第二范式（2NF）、第三范式（3NF）、第四范式（4NF）、第五范式（5NF）和 Boyce-Codd 范式（BCNF）。各种范式之间的关系如图 10-1 所示。

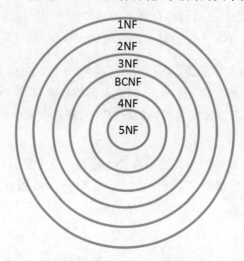

图 10-1　各种范式之间的关系

$$1NF \supset 2NF \supset 3NF \supset BCNF \supset 4NF \supset 5NF$$

某一关系模式 R 为第 n 范式，可简记为 R∈nNF。

◆ 10.3.1　第一范式

第一范式是对关系模式的基本要求，不满足第一范式的数据库不是关系数据库。

作为一张二维表，关系要符合一个最基本的条件：每一个属性都是不可再分割的数据项，满足了这个条件的关系模式属于第一范式。表 10-2 不属于 1NF，将表中的工资和扣除项再分解，如表 10-3 所示，则属于 1NF。

表 10-2　职工信息表

职工号	姓名	职称	工资			扣除项		实发
			基本	津贴	职务	房租	水电	
96051	徐 云	副教授	2950	20	50	160	112	1103

表 10-3　职工信息表

职工号	姓名	职称	基本工资	津贴工资	职务工资	房租	水电	实发
96051	徐 云	副教授	2950	20	50	160	112	1103

◆ 10.3.2　第二范式

第二范式建立在第一范式的基础上,若关系模式 R∈1NF,并且每一个非主属性都完全函数依赖于 R 的候选码,则 R∈2NF。

例 10.5　有关系模式 student(学号,姓名,所在系,课程号,课程名称,成绩),主码是学号和课程号,其中姓名、所在系、课程名称、成绩是非主属性,存在函数依赖:

$$学号 \xrightarrow{F} 姓名,课程号 \xrightarrow{F} 课程名称,(学号,课程号) \xrightarrow{P} 姓名$$

$$(学号,课程号) \xrightarrow{P} 所在系,(学号,课程号) \xrightarrow{P} 课程名称,(学号,课程号) \xrightarrow{F} 成绩$$

以上的函数依赖存在姓名、课程名称部分函数依赖于主码,该关系模式不属于 2NF。解决方法是把 student 分解为三个关系模式,以消除这些部分函数依赖。

student1(学号,姓名,所在系)

student2(学号,课程号,成绩)

student3(课程号,课程名称)

分解后的关系模式属于 2NF。

◆ 10.3.3　第三范式

关系模式 R<U,F> 中若不存在这样的码 X、属性组 Y 及非主属性 Z,而且 Z 不是 Y 真子集,使得 X→Y,Y→Z 成立,且 Y ↛ X,则称 R∈3NF。

简言之,若关系模式 R∈1NF,任何非主属性都不传递函数依赖于码,则关系模式 R∈3NF。

例 10.6　设关系模式 R(职工姓名,项目名称,工资,部门号,部门经理),有如下语义:

①如果规定每个职工可参加多个项目,各领一份工资;

②每个项目只属于一个部门管理;

③每个部门只有一个部门经理。

问题:

(1)写出关系模式 R 的基本函数依赖和主码。

(2)试说明 R 不是 2NF 模式的理由,并把 R 分解成 2NF 模式。

(3)分解后的关系模式是否属于 3NF,并说明理由。若不属于 3NF,则把 R 分解成 3NF 模式。

根据语义描述可得到 R 的基本函数依赖:

(职工姓名,项目名称)工资,项目名称部门号,部门号部门经理

主码为(职工姓名,项目名称),工资、部门经理、部门号为非主属性。

在关系 R 中部门号函数依赖于码,同时部门号函数依赖于项目名称。因此,存在部门号部分函数依赖于码,则 R 不属于 2NF。将 R 关系模式分解成两个关系模式:

R1(职工姓名,项目名称,工资)

R2(项目名称,部门号,部门经理)

分解后的关系模式属于 2NF。

在关系模式 R2 中有函数依赖：项目名称——部门号，部门号——部门经理，且部门号↛项目名称，则存在部门经理传递函数依赖于项目名称，因此，关系模式不属于 3NF。将 R2 分解成两个关系模式：

R3（项目名称，部门号）

R4（部门号，部门经理）。

分解后的关系模式：

R1（职工姓名，项目名称，工资）

R3（项目名称，部门号）

R4（部门号，部门经理）

分解后的关系模式 R1∈3NF，R3∈3NF，R4∈3NF。

总之：

- 若 R∈2NF，则 R 的每一个非主属性不部分函数依赖于候选码。

- 若 R∈3NF，则 R 的每一个非主属性既不部分函数依赖于候选码，也不传递函数依赖于候选码。

- 如果 R∈3NF，则 R 也是 2NF。采用投影分解法将一个 2NF 的关系分解为多个 3NF 的关系，可以在一定程度上解决原 2NF 关系中存在的插入异常、删除异常、数据冗余度大、修改复杂等问题。

- 将一个 2NF 关系分解为多个 3NF 的关系后，并不能完全消除关系模式中的各种异常情况和数据冗余。

10.3.4　BC 范式（BCNF）

设关系模式 $R<U,F>\in 1NF$，如果对于 R 的每个函数依赖 $X \rightarrow Y$，若 Y 不属于 X，则 X 必含有候选码，那么 R∈BCNF。若 R∈BCNF，那么每一个决定属性集（因素）都包含（候选）码，R 中的所有属性（主属性和非主属性）都完全函数依赖于码。

例 10.7　在关系模式 STJ(S,T,J) 中，S 表示学生，T 表示教师，J 表示课程。每一教师只教一门课。每门课由若干教师教，某一学生选定某门课，就确定了一个固定的教师。某个学生选修某个教师的课，就确定了所选课的名称。根据语义可得到如下函数依赖：

$$(S,J) \rightarrow T,(S,T) \rightarrow J,T \rightarrow J$$

(S,J) 和 (S,T) 都可以作为候选码，S、T、J 都是主属性，没有任何非主属性对码有部分函数依赖和传递函数依赖，所以，STJ∈3NF。如果设置 (S,J) 为主码，T 是决定属性集，但 T 不是候选码，因此该关系模式不属于 BCNF。

对于不属于 BCNF 的关系模式，仍然存在不合理的地方。非 BCNF 的关系模式通过模式分解可达到 BCNF。例如将例 10.7 的关系模式 STJ 分解为两个关系模式：SJ(S,J)∈BCNF 和 TJ(T,J)∈BCNF，即 STJ∈BCNF。

3NF 和 BCNF 是在函数依赖的条件下对模式分解所能达到的分离程度。一个关系模式如果属于 BCNF，那么在函数依赖的范畴内它已实现了彻底的分离，可消除插入异常、删除异常。3NF 的"不彻底"性主要存在于主属性对码的部分依赖和传递依赖。3NF 与 BCNF 之间有如下关系：

若 R∈3NF,但 R 不一定属于 BCNF,如果关系模式 R∈BCNF,则必定有 R∈3NF。
如果 R∈3NF,且 R 只有一个候选码,则 R 必属于 BCNF。

10.4 规范化的基本步骤

在关系数据库中,对关系模式的基本要求是满足第一范式,但是,有些关系模式存在数据插入、删除异常,以及复杂的修改、数据冗余等问题,需要寻求解决问题的方法,这就是规范化的目的。关系数据库的规范化理论是数据库逻辑设计的工具。一个关系只要其分量都是不可分的数据项,它就是规范化的关系,但这只是最基本的规范化。规范化程度可以有多个不同的级别。关系模式规范化的目的是消除不合适的数据依赖,使各关系模式达到某种程度的"分离",一般采用"一事一地"的模式设计原则,让一个关系描述一个概念、一个实体或者实体间的一种联系。若多于一个概念,就把它"分离"出去。所谓规范化实质上是概念的单一化。不能说规范化程度越高的关系模式就越好,在设计数据库模式结构时,必须对现实世界的实际情况和用户应用需求做进一步分析,确定一个合适的、能够反映现实世界的模式。

关系模式规范化的基本步骤如图 10-2 所示。

1NF

↓消除非主属性对码的部分函数依赖

消除决定属性 2NF

集非码的非平   ↓消除非主属性对码的传递函数依赖

凡函数依赖 3NF

↓消除主属性对码的部分和传递函数依赖

BCNF

图 10-2 关系模式规范化步骤

 习题

一、单选题

1.范式可以分为( )个级别。

A. 4   B. 5   C. 6   D. 7

2.在 R(U) 中,如果 X→Y,并且对于 X 的任何一个真子集 X',都没有 X'→Y,则( )。

A. Y 函数依赖于 X   B. Y 对 X 完全函数依赖

C. X 为 U 的候选码   D. R 属于 2NF

3.第三范式( )属于 BCNF。

A. 消除非主属性对码的部分函数依赖

B. 消除非主属性对码的传递函数依赖

C. 消除主属性对码的部分和传递函数依赖

D. 消除非平凡且非函数依赖的多值依赖

4. 下面的结论不正确的是（　　）。

A. 若 R. A→R. B, R. B→R. C, 则 R. A→R. C

B. 若 R. A→R. B, R. A→R. C, 则 R. A→R. (B,C)

C. 若 R. B→R. A, R. C→R. A, 则 R. (B,C)→R. A

D. 若 R. (B,C)→R. A, 则 R. B→R. A, R. C→R. A

二、多选题

1. BCNF 的关系模式所具有的性质有（　　）。

A. 所有非主属性都完全函数依赖于每个候选码

B. 所有主属性都完全函数依赖于每个候选码

C. 所有主属性都完全函数依赖于每个不包含它的候选码

D. 没有任何属性完全函数依赖于非码的任何一组属性

三、填空题

1. 第三范式的不彻底性表现在可能存在主属性对码的_____和_____。

2. 设某关系模式 R(ABCD), 函数依赖{B→D, AB→C}, 则 R 最高满足_____ NF。

3. 设某关系模式 R(ABCD), 函数依赖{A→C, D→B}, 则 R 最高满足_____ NF。

4. 设某关系模式 R（ABC）, 函数依赖{A→B, B→A, A→C}, 则 R 最高满足_____ NF。

5. 设某关系模式 R（ABC）, 函数依赖{A→B, B→A, C→A}, 则 R 最高满足_____ NF。

四、简答题

1. 什么是函数依赖？

2. 什么是规范化？

第11章 数据库设计

数据库设计是指对于一个给定的应用环境,构造最优的数据库模式,建立数据库及其应用系统,使之能够有效地存储数据和管理数据,满足各种用户的应用需求。本章主要讨论数据库设计的步骤、概念模型、关系模型、概念模型转换为关系模型等。

本章要点:

◈ 数据库设计概述
◈ 数据库设计的基本步骤
◈ 概念结构设计
◈ 逻辑结构设计
◈ 物理结构设计
◈ 数据库的实施与维护

11.1 数据库设计概述

计算机信息系统是以数据库为核心,在数据库管理系统的支持下,进行信息的收集、整理、存储、检索、更新、加工、统计等操作。在数据库领域内,常常把使用数据库的各类系统统称为数据库应用系统。对于数据库应用开发人员来说,为使现实世界的信息流计算机化,对计算机化的信息进行各种操作,就是利用数据库管理系统、系统软件和相关的硬件系统,将用户的要求转化成有效的数据结构,并使数据库结构易于适应用户新要求的过程,这个过程称为数据库设计。

确切地说,数据库设计是指对于一个给定的应用环境,构造(设计)优化的数据库逻辑模式和物理结构,并据此建立数据库及其应用系统,使之能够有效地存储和管理数据,满足各种用户的应用需求,包括信息管理要求和数据操作要求。数据库已成为现代信息系统等计算机系统的基础与核心部分。数据库设计的好坏直接影响着整个系统的效率和质量。然而,数据库系统的复杂性及其与环境的密切联系,使得数据库设计成为一个困难、复杂且费时的过程。

数据库设计的目标是为用户和各种应用系统提供一个信息基础设施和高效率的运行环境。高效的运行环境是指数据库数据的存取效率、数据库存储空间利用率、数据库系统运行管理的效率等。

11.2 数据库设计的基本步骤

按照结构化系统设计的方法，考虑数据库及其应用系统开发全过程，将数据库设计分为以下6个阶段，如图11-1所示。

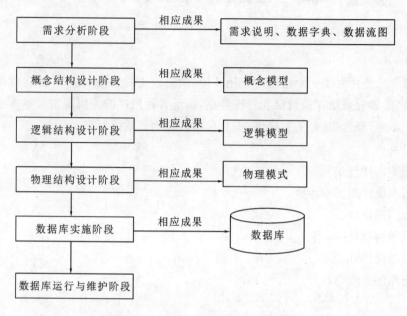

图 11-1 数据库设计阶段及相应成果

1.需求分析阶段

需求分析是对现实世界要处理的对象进行详细的调查，通过对原系统的了解，收集支持新系统的基础数据并对其进行处理，在此基础上确定新系统的功能。需求分析是数据库设计的首要任务，必须准确了解与分析用户需求。需求分析是整个数据库设计过程中比较费时、比较复杂的一步，也是最重要的一步，是数据库设计的基础。作为"地基"的需求分析是否做得充分与准确，决定了在其上构建数据库"大厦"的速度与质量。需求分析做得不好，可能会导致整个数据库设计返工重做。

需求分析阶段的主要任务是：

（1）调查分析用户活动；

（2）收集和分析需求数据，确定系统边界信息需求，处理信息需求及安全性和完整性需求；

（3）编写系统分析报告。

2.概念结构设计阶段

概念结构设计是整个数据库设计的关键，它通过对用户需求进行综合、归纳与抽象，形成一个独立于具体数据库管理系统的概念模型。

3.逻辑结构设计阶段

逻辑结构设计是将概念结构设计阶段的成果概念模型转换为某个数据库管理系统所支持的数据模型，并对其进行优化。

4. 物理结构设计阶段

物理结构设计是为逻辑数据模型选取一个最适合应用环境的物理结构(包括存储结构和存取方法)。

5. 数据库实施阶段

在数据库实施阶段,设计人员运用数据库管理系统提供的数据库语言及其宿主语言,根据逻辑设计和物理设计的结果建立数据库,编写与调试应用程序,组织数据入库,并进行试运行。

6. 数据库运行与维护阶段

数据库应用系统经过试运行后即可投入正式运行。在数据库系统运行过程中必须不断地对其进行评估、调整与修改。

数据库设计开始之前,首先必须选定参加设计的人员,包括系统分析人员、数据库设计人员、应用程序开发人员、数据库管理员和用户代表。系统分析人员和数据库设计人员是数据库设计的核心人员,将自始至终参与数据库设计,其水平决定了数据库系统的质量。用户代表和数据库管理员在数据库设计中也是举足轻重的,主要参加需求分析与数据库的运行和维护,其积极参与(不仅仅是配合)不但能加速数据库设计,而且也是决定数据库设计质量的重要因素。应用程序开发人员(包括程序员和操作员)分别负责编制程序和准备软硬件环境,他们在系统实施阶段参与进来。如果所设计的数据库应用系统比较复杂,还应该考虑是否需要使用数据库设计工具以及选用何种工具,以提高数据库设计质量并减少设计工作量。

11.3　概念结构设计

将需求分析得到的用户需求抽象为信息结构(即概念模型)的过程就是概念结构设计。它是整个数据库设计的关键。

◆ 11.3.1　概念模型

概念模型用于信息世界的建模,是现实世界到信息世界的第一层抽象。其目标是把现实世界中的具体事物抽象、组织为某一数据库管理系统支持的数据模型。概念模型是数据库设计人员进行数据库设计的有力工具,也是数据库设计人员与用户之间进行交流的语言。因此,概念模型需要具有以下特点:

(1)能真实、充分地反映现实世界,包括事物和事物之间的联系,能满足用户对数据的处理要求,是现实世界的一个真实模型。

(2)易于理解,可以用它和不熟悉计算机的用户交换意见。用户的积极参与是数据库设计成功的关键。

(3)易于更改,当应用环境和应用要求改变时,概念模型容易被修改和扩充。

(4)易于向关系、网状、层次等各种数据模型转换。

概念模型是各种数据模型的共同基础,它比数据模型更独立于机器、更抽象,从而更加稳定。描述概念模型的有力工具是 E-R 模型,也称为实体-关系图。

◆ 11.3.2 E-R 模型

实体-联系模型（简称 E-R 模型）提供不受任何 DBMS 约束的面向用户的表达方法，在数据库设计中被广泛用作数据建模的工具。它属于数据库设计的概念设计阶段。E-R 模型来源于数据字典，不仅反映数据的属性，也描述了实体之间的联系。概念模型的表示方法很多，其中最为常用的是 P. P. Chen 于 1976 年提出的实体联系方法（entity-relationship approach），即 E-R 方法。该方法用 E-R 图来描述现实世界的概念模型，也称为 E-R 模型。构成 E-R 图的基本要素是实体型、属性和联系。

1. 实体

客观存在并可相互区别的一类事物称为实体。实体可以是具体的人、事、物，也可以是抽象的概念或联系，例如一个职工、一名学生、一个部门、一门课程、学生的一次选课、部门的一次订货、教师与院系的工作关系等都是实体。

实体：用矩形表示，矩形框内写明实体名。

2. 属性

实体所具有的某一特性称为属性。一个实体可以由若干个属性来刻画。例如，学生实体可以由学号、姓名、性别、出生年月、所在院系、入学时间等属性组成。

属性：用椭圆形表示，并用无向边将其与相应的实体连接起来，如图 11-2 所示。

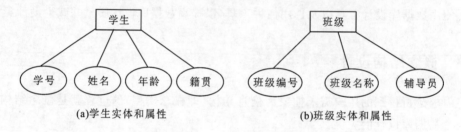

(a)学生实体和属性　　　　　　　　　　(b)班级实体和属性

图 11-2　实体和属性

3. 码

唯一标识实体的属性集称为码。例如学号是学生实体的码。

4. 实体型

具有相同属性的实体必然具有共同的特征和性质。用实体名及其属性名集合来抽象和刻画同类实体，称为实体型。例如，学生（学号，姓名，性别，出生年月，所在院系，入学时间）就是一个实体型。

5. 实体集

同一类型实体的集合称为实体集。例如，全体学生就是一个实体集。

6. 联系

在现实世界中，事物内部以及事物之间是有联系的，这些联系在信息世界中反映为实体（型）内部的联系和实体（型）之间的联系。实体内部的联系通常是指组成实体的各属性之间的联系，实体之间的联系通常是指不同实体集之间的联系。

联系：用菱形表示，菱形框内写明联系名，并用无向边分别与有关实体连接起来，同时在无向边旁标明联系的类型。

实体之间的联系有一对一、一对多和多对多等多种类型。

(1)一对一联系(1∶1)。

如果对于实体集 A 中的每一个实体,实体集 B 中至多有一个(也可以没有)实体与之联系。反之亦然,则称实体集 A 与实体集 B 具有一对一联系。

例如一个班级由一位班长管理,一个班长同时只能管理一个班级,则班级实体与班长实体具有一对一联系,表示为 1∶1,如图 11-3(a)所示。

(2)一对多联系(1∶n)。

如果对于实体集 A 中的每个实体,实体集 B 中有 n(n≥0)个实体与之联系。反之,对于实体集 B 中的每一个实体,实体集 A 中至多只有一个实体与之联系,则称实体集 A 与实体集 B 有一对多联系。

例如一个班级可以同时有若干名学生,而一个学生同时只能属于一个班级,则班级实体与学生实体具有一对多联系,表示为 1∶n,如图 11-3(b)所示。

(3)多对多联系(m∶n)。

如果对于实体集 A 中的每一个实体,实体集 B 中有 n(n≥0)个实体与之联系。反之,对于实体集 B 中的每一个实体,实体集 A 中也有 m(m≥0)个实体与之联系,则称实体集 A 与实体集 B 具有多对多联系。

例如一门课程可以同时有若干名学生选修,而一个学生可以同时选修多门课程,则课程实体与学生实体具有多对多联系,表示为 m∶n,如图 11-3(c)所示。

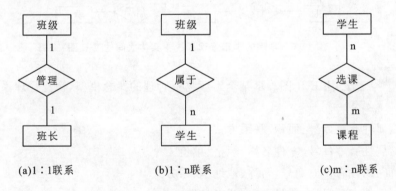

(a)1∶1联系　　(b)1∶n联系　　(c)m∶n联系

图 11-3　实体与实体之间的三种联系

两个以上的实体型也存在着一对一、一对多和多对多等多种类型。例如,对于课程、教师与参考书三个实体型,如果一门课程可以有若干个教师讲课使用若干本参考书,而每一个教师只讲授一门课程,每本参考书只供一门课程使用,则课程与教师、参考书之间的联系是一对多的,如图 11-4 所示。

同一个实体集内的各实体之间也可以存在一对一、一对多和多对多的联系。例如,学生实体内部有管理与被管理的联系,一个班长可以管理若干名学生,是一对多的联系,如图 11-5 所示。一般地,把参与联系的实体型的数目称为联系的度。一个实体型内部的联系度为1,称为一元关系;两个实体型之间的联系度为 2,称为二元联系;三个实体型之间的联系度为3,称为三元联系;N 个实体型之间的联系度为 N,称为 N 元联系。

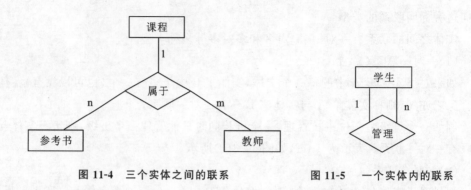

图 11-4　三个实体之间的联系　　　　图 11-5　一个实体内的联系

11.3.3　E-R 图的画法

E-R 图是 E-R 数据模型的图形表示法，是一种直观表示现实世界的有力工具。

例 11.1　学院的学籍管理系统，每个学院开设若干个专业，每个专业每年招收的学生被编成若干个班集体，每个学生可以选修若干门课程，每门课程允许若干名学生选修，并登记学生各门课程的成绩。该系统的 E-R 图，如图 11-6 所示。

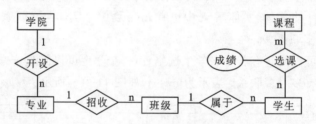

图 11-6　学院的学籍管理系统中实体之间的 E-R 图

例 11.2　用 E-R 图表示某个工厂物资管理的概念模型，物资管理系统涉及以下几个实休。

- 仓库：属性有仓库号、面积、联系方式。
- 零件：属性有零件号、零件名称、规格、单价。
- 供应商：属性有供应商号、名称、地址、联系方式。
- 项目：属性有项目号、项目名称、开工日期。
- 职工：属性有职工号、姓名、性别。

这些实体之间的联系如下：

（1）一个仓库可以存放多种零件，一种零件可以存放在多个仓库中，因此仓库和零件具有多对多的联系。用库存量来表示某种零件在某个仓库中的数量。

（2）一个仓库有多个职工当仓库保管员，一个职工只能在一个仓库工作，因此仓库和职工之间是一对多的联系。

（3）职工之间具有领导与被领导关系，即仓库主任领导若干保管员，因此职工实体型中具有一对多的联系。

（4）供应商、项目和零件三者之间具有多对多的联系，即一个供应商可以供给若干项目多种零件，每个项目可以使用不同供应商供应的零件，每种零件可由不同供应商供给。

物资管理系统中各个实体与属性 E-R 图，如图 11-7 所示。

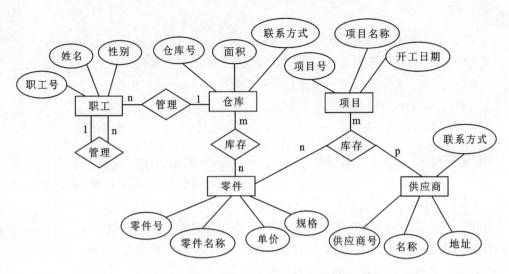

图 11-7 物资管理系统中各个实体与属性 E-R 图

11.4 逻辑结构设计

概念结构设计所得的概念模型是独立于任何一种数据模型的信息结构,与实现无关。逻辑结构设计的任务就是把概念结构设计阶段设计好的 E-R 图转换为数据库管理系统所支持的数据模型。在数据模型的选用上,网状和层次数据模型已经逐步淡出市场,而新型的对象和对象关系数据模型还没有得到广泛应用,所以一般选择关系数据模型。

逻辑设计主要是将概念模型 E-R 图转换成一般的关系模型,也就是将 E-R 图中的实体、实体的属性和实体之间的联系转化为关系模式。转化过程中会遇到如下问题:

(1)命名问题。命名问题可以采用原名,也可以另行命名,避免重名。

(2)非原子属性问题。非原子属性问题可将其进行纵向和横行展开。

(3)联系转换问题。联系可用关系表示。

◆ 11.4.1 E-R 图向关系模型的转换

关系模型的逻辑结构是一组关系模式的集合。将 E-R 图转换为关系模型:将实体、实体的属性和实体之间的联系转化为关系模式。

1. 实体与实体属性的转换规则

一般 E-R 图中的一个实体转换为一个关系模式,实体的属性就是关系的属性,实体的码就是关系的码(用下划线_____表示)。

例如将图 11-7 的 E-R 图中仓库实体和零件实体转换为关系模式,分别是:

仓库(仓库号,面积,联系方式),其中仓库号是主码。

零件(零件号,零件名称,规格,单价),其中零件号是主码。

2. 实体与实体之间联系的转换规则

1)1∶1 联系

一个 1∶1 联系可以转换为一个独立的关系模式,也可以与任意一端实体对应的关系模式合并。

（1）转换为一个独立的关系模式。

关系的属性：与该联系相连的各实体的码以及联系本身的属性。

关系的码：每个实体的码共同组合为该关系的码。

（2）与某一端实体对应的关系模式合并。

合并后关系的属性：加入另一个关系的码和联系的属性，合并后关系的码不变。

例 11.3　设有关系模式：公司（公司名称，公司地址，联系电话）

　　　　　　　　　　　　总经理（总经理姓名，性别，出生日期，家庭地址，联系电话）

公司和总经理之间存在管理的联系，假设一个公司只有一位总经理管理公司，一位总经理也只能管理一家公司，并拥有属性"任期"，它们之间是 1∶1 的联系。

该联系转换为关系模式有如下三种处理方法：

① 将该联系转换为一个独立的关系模式：

　　　　　　　　　管理（公司名称，总经理姓名，任期）

② 将该联系与"公司"关系模式合并：

　　　　　　　　　公司（公司名称，公司地址，联系电话，总经理姓名，任期）

③ 将该联系与"总经理"关系模式合并：

　　　　　　　总经理（总经理姓名，性别，出生日期，家庭地址，联系电话，公司名称，任期）

2）1∶n 联系

一个 1∶n 联系可以转换为一个独立的关系模式，也可以与 n 端对应的关系模式合并。

（1）转换为一个独立的关系模式。

关系的属性：联系相连的各个实体的码以及联系本身的属性。

关系的码：n 端实体的码。

（2）与 n 端对应的关系模式合并。

合并后关系的属性：在 n 端关系中加入 1 端关系的码和联系本身的属性。

合并后关系的码：不变。

3）m∶n 联系

一个 m∶n 联系必须转换为一个独立的关系模式。一个新的关系模式表示两个实体间多对多的联系，新的关系模式的主码由联系两端实体的主码组合而成，同时增加相关的联系的属性。

例 11.4　描述学生选课数据库的 E-R 图如图 11-8 所示，学生实体和课程实体的选课联系是 m∶n 联系，转换成关系模式的方法：

① 学生实体转换为一个关系模式，实体的属性是关系模式的属性，实体的主码是关系模式的主码：

　　　　　　　　　学生（学号，姓名，性别，联系方式）

② 课程实体转换为一个关系模式，实体的属性是关系模式的属性，实体的主码是关系模式的主码：

　　　　　　　　　课程（课程号，课程名称，学分）；

③学生与课程之间的联系转换为一个关系模式,联系属性是学生实体和课程实体的主码以及联系本身属性,联系的主码是两个实体主码的组合:

选课(学号,课程号,成绩)

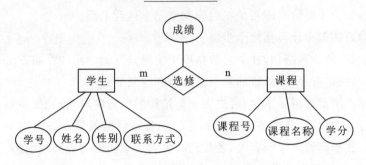

图 11-8　学生选课数据库的 E-R 图

◆ 11.4.2　关系模型的优化

关系模型的优化是为了进一步提高数据库的性能,适当地修改、调整关系模型结构。关系模型的优化通常以规范化理论为指导,其目的是消除各种数据库操作异常,提高查询效率,节省存储空间,方便数据库的管理。常用的方法包括规范化和分解。

1.规范化

规范化就是确定关系模式中各个属性之间的数据依赖,并逐一进行分析,考察是否存在部分函数依赖、传递函数依赖、多值依赖等,确定属于哪种范式(详解见第 10 章)。根据需求分析的处理要求,分析是否合适,从而进行分解。必须注意的是,并不是规范化程度越高的关系就越优,因为规范化越高的关系,连接运算越多,而连接运算的代价相当高。对于查询频繁而很少更新的表,可以是较低的规范化程度。

2.分解

分解的目的是提高数据操作的效率和存储空间利用率。常用的分解方式是水平分解和垂直分解。

水平分解是把(基本)关系的元组分为若干子集合,定义每个子集合为一个子关系,以提高系统的效率。根据"90/20 原则",一个大关系中,经常被使用的数据只是关系的一部分,约 20%,可以把经常使用的数据分解出来,形成一个子关系。如果关系 R 上具有 n 个事务,而且多数事务存取的数据不相交,则 R 可分解为少于或等于 n 个子关系,使每个事务存取的数据对应一个关系。

垂直分解是把关系模式 R 的属性分解为若干子集合,形成若干子关系模式。垂直分解的原则是将经常在一起使用的属性从 R 中分解出来,形成一个子关系模式。垂直分解可以提高某些事务的效率,但也可能使另一些事务不得不执行连接操作,从而降低了效率。因此,是否进行垂直分解取决于分解后 R 上的所有事务的总效率是否得到了提高。

11.5　物理结构设计

数据库在物理设备上的存储结构和存储方法称为数据库的物理结构(内模式),它依赖于选择的计算机系统。为一个给定的逻辑结构选取最适合应用要求的物理结构的过程就是数据库的物理结构设计。

物理结构设计的目的一是提高数据库的性能，满足用户对性能的需求，二是有效地利用存储空间，总之，是为了使数据库系统在时间和空间上达到最优。

数据库的物理结构设计包括两个步骤：

（1）确定数据库的物理结构，在关系数据库中主要是存储结构和存储方法；

（2）对物理结构进行评价，评价的重点是时间和空间的效率。

如果评价结果满足应用要求，则可进入物理结构的实施阶段，否则要重新进行物理结构设计或修改物理结构设计，有的甚至返回到逻辑结构设计阶段修改逻辑结构。由于物理结构设计与具体的数据库管理系统有关，各种产品提供了不同的物理环境、存取方法和存储结构，它们能供设计人员使用的设计变量、参数范围都有很大差别，因此物理结构设计没有通用的方法。在进行物理结构设计前，注意以下几个方面的问题：

①DBMS 的特点。

物理结构设计只能在特定的 DBMS 下进行，必须了解 DBMS 的特点，充分利用其提供的各种手段，了解其限制条件。

②应用环境，特别是计算机系统的性能。

数据库系统不仅与数据库设计有关，而且与计算机系统有关。比如：是单任务系统还是多任务系统？是单磁盘还是磁盘阵列？是数据库专用服务器还是多用途服务器，等等。还要了解数据的使用频率，对于使用频率高的数据要优先考虑。此外，数据库的物理结构设计是一个不断完善的过程，开始只能是一个初步设计，在数据库系统运行过程中要不断检测并进行调整和优化。

11.6 数据库的实施与维护

数据库的物理结构设计完成后，设计人员就要用 DBMS 提供的数据定义语言和其他应用程序将数据库逻辑设计和物理设计结果严格地描述出来，成为 DBMS 可以接受的源代码，再经过调试产生出数据库模式。然后就可以组织数据入库、调试应用程序，这就是数据库实施阶段。在数据库实施后，对数据库进行测试，测试合格后，数据库进入运行阶段。在运行的过程中，要对数据库进行维护。

◆ 11.6.1 建立数据库

建立数据库是在指定的计算机平台上和特定的 DBMS 下，建立数据库和组成数据库的各种对象。数据库的建立分为数据库模式的建立和数据的载入。建立数据库模式主要是数据库对象的建立，数据库对象可以使用 DBMS 提供的工具交互式地进行，也可以使用脚本成批地建立。如：在 Oracle 环境下，可以编写和执行 PL/SQL 脚本程序；在 MySQL、SQL Server 和 Sybase 环境下，可以编写和执行 T-SQL 脚本程序。建立数据库模式，只是一个数据库的框架，只有装入实际的数据后，才算真正地建立了数据库。数据的来源有两种形式："数字化"数据和非"数字化"数据。"数字化"数据是存在某些计算机文件和某种形式的数据库中的数据，这种数据的载入工作主要是转换，将数据重新组织和组合，并转换成满足新数据库要求的格式。这些转换工作,可以借助于 DBMS 提供的工具完成。非"数字化"数据是没有计算机化的原始数据,一般以纸质的表格、单据的形式存在。这种形式的数据处理工作量大,一般需要设计专门的数据录入子系统完成数据的录入工作。

◆ 11.6.2 测试

数据库系统在正式运行前,要经过严格的测试。数据库测试一般与应用系统测试结合起来,测试系统的性能指标,分析其是否达到设计目标。通过试运行,参照用户需求说明,测试应用系统是否满足用户需求。一般情况下,设计时的考虑在许多方面只是近似估计,和实际系统运行总有一定的差距,因此必须在试运行阶段实际测量和评价系统性能指标,查找应用程序的错误和不足,核对数据的准确性。如果测试的结果与设计目标不符,则要返回物理设计阶段重新调整物理结构,修改系统参数,某些情况下甚至要返回逻辑设计阶段修改逻辑结构。

在测试过程中要强调以下两个方面:

(1)上面已经讲到组织数据入库是十分费时、费力的事,如果试运行后还要修改数据库的设计,那么就还要重新组织数据入库。因此,应分期分批地组织数据入库,先输入小批量数据做调试用,待试运行基本合格后再大批量输入数据,逐步增加数据量,逐步完成运行评价。

(2)在数据库试运行阶段,由于系统还不稳定,硬、软件故障随时都可能发生,而系统的操作人员对新系统还不熟悉,误操作也不可避免,因此要做好数据库的转储和恢复工作。一旦故障发生,要能使数据库尽快恢复,尽量减少对数据库的破坏。数据库试运行合格后,数据库开发工作就基本完成,可以投入正式运行了。但是由于应用环境在不断变化,数据库运行过程中物理存储也会不断变化,对数据库设计进行评价、调整、修改等维护工作是一个长期的任务,也是设计工作的继续和提高。

 习题

一、单选题

1.数据流图是数据库设计(　　　)阶段的工具。

A.概念结构设计 　　　　　　　　　　B.可行性分析

C.逻辑结构设计 　　　　　　　　　　D.需求分析

2.在数据库设计中,将 E-R 图转化为关系模型的过程属于(　　　)阶段。

A.需求分析 　　　　　　　　　　　　B.概念结构设计

C.逻辑结构设计 　　　　　　　　　　D.物理结构设计

3.在某学校的综合管理系统设计阶段,教师实体在学籍管理子系统中被称为"教师",而在人事管理子系统中被称为"职工",这类冲突称为(　　　)。

A.语义冲突 　　　　　　　　　　　　B.命名冲突

C.属性冲突 　　　　　　　　　　　　D.结构冲突

4.在教学系统中,一名学生可以选择多门课程,一门课程可以被多名学生选择,这说明学生实体和课程实体之间的联系是(　　　)。

　　A.一对一　　　　　　　B.一对多　　　　　　　C.多对多　　　　　　　D.不确定

5.在关系数据库的设计中,设计关系模式是(　　　)的任务。

　　A.需求分析阶段　　　　　　　　　　　B.概念设计阶段

　　C.逻辑设计阶段　　　　　　　　　　　D.物理设计阶段

6.逻辑结构设计阶段得到的结果是(　　　)。

　　A.数据字典描述的数据需求

　　B.E-R 图表示的概念模型

　　C.某个 DBMS 所支持的数据逻辑结构

　　D.包括存储结构和存取方法的物理结构

7.物理结构设计阶段得到的结果是(　　　)。

　　A.数据字典描述的数据需求

　　B.E-R 图表示的概念模型

　　C.某个 DBMS 所支持的数据逻辑结构

　　D.包括存储结构和存取方法的物理结构

8.在关系数据库设计中,逻辑数据库设计阶段完成的任务是(　　　)。

　　A.创建 E-R 图

　　B.收集需求和整理理解需求

　　C.关系模式设计,建立逻辑模型

　　D.用"CREATE TABLE"创建表及其索引

9.在 E-R 模型转换成关系模型的过程中,下列叙述不正确的是(　　　)。

　　A.每个实体类型转换成一个关系模式

　　B.每个联系类型转换成一个关系模式

　　C.每个 m∶n 的联系类型转换成一个关系模式

　　D.在处理 1∶1 和 1∶n 的联系类型时,通常不产生新的关系模式

二、简答题

1.某图书馆计划设计一个图书借阅管理数据库,要求能管理如下信息:

· 可随时查询出可借阅图书的详细情况,如图书编号(bno)、图书名称(bna)、出版日期(bda)、图书出版社(bpu)、图书存放位置(bpl)等,这样便于学生选借;

· 为了唯一标识每一学生,图书馆办理借书证需如下信息:学生姓名(sna)、学生系别(sde)、学生所学专业(ssp)、借书上限数(sup)及唯一的借书证号(sno);

· 一学生一次可借多本书,一本书可被多名学生所借阅(设同一本书有多本),借阅时记录借书日期,归还时记录还书日期,并据此判断是否超期。

要求:

(1)试画出该图书借阅管理数据库的实体-联系图(E-R 模型图),注明联系类型。

(2)设计此系统的关系模式(每个关系模式写成 R(U,F)形式,其中 U 为属性集,F 为函数依赖集),要求至少满足 3NF 范式。

第 **12** 章　数据库的备份与恢复

在数据库应用系统中最核心的部分是数据库,数据库一旦被损坏将会带来巨大的损失。因此数据库的备份和恢复技术在使用数据库过程中越来越重要。本章主要介绍数据库故障和 MySQL 数据库的备份与恢复的相关内容。

本章要点:
- 数据库恢复概述
- MySQL 数据库目录
- MySQL 数据库的备份与恢复
- MySQL 日志文件

12.1　数据库恢复概述

在数据库运行过程中,计算机系统中的硬件故障、软件的错误、操作员的失误以及恶意的破坏等都会导致数据库中部分或全部的数据丢失。而数据库管理系统必须具有把数据库从错误状态恢复到某一已知的正确状态的功能,即数据库恢复。

12.1.1　故障种类

1. 事务内部的故障

某个事务在运行过程中由于种种原因未运行至正常终点就终止了。有的故障是可以通过事务程序本身发现的,有的故障是非预期的,不能由事务程序自己来处理。

事务故障意味着事务没有达到预期的终点(COMMIT 或者显式的 ROLLBACK),数据库可能处于不一致状态。恢复程序在不影响其他运行的情况下,强行回滚(ROLLBACK)该事务,撤销该事务已经做出的任何对数据库的修改,使得该事务像根本没有启动一样。这类恢复操作称为事务撤销。

2. 系统故障

系统故障指造成系统停止运转的任何事件,使得系统要重新启动。如特定类型的硬件错误(如 CPU 故障)、操作系统故障、数据库管理系统代码错误、系统断电等。发生系统故障时,一些尚未完成的事务的结果可能已送入物理数据库,造成数据库可能处于不正确状态。为保证数据一致性,需要清楚这些事务对数据库的所有修改操作。

3. 介质故障

介质故障指外存故障,使存储在外存中的数据部分丢失或全部丢失。如磁盘损坏、磁头碰撞、瞬时强磁场干扰等。介质故障破坏数据库或部分数据库，并影响正在存取这部分数据的所有事务。介质故障比前两类故障的可能性小得多，但破坏性大得多。

4. 计算机病毒

计算机病毒指编制者在计算机程序中插入的破坏计算机功能或者破坏数据，影响计算机正常使用并且能够自我复制的一组计算机指令或程序代码。计算机病毒是人为制造的，有破坏性，又有传染性和潜伏性的，对计算机信息或系统起破坏作用的程序。它不是独立存在的，而是隐蔽在其他可执行的程序之中的。计算机病毒已经成为计算机系统的主要威胁，也是数据库系统的主要威胁。数据库一旦被破坏，可用恢复技术恢复数据库。

◆ 12.1.2　恢复技术

恢复操作的基本原理是利用存储在系统其他地方的冗余数据（数据转储、登记日志文件）来重建数据库，汇总已被破坏或不正确的数据。

1. 数据转储

数据转储是数据库恢复中采用的基本技术，是指数据库管理员定期地将整个数据库复制到磁带、磁盘或其他存储介质上保存起来的过程。这些备用的数据称为后备副本或后援副本。

当数据库被破坏后可将后备副本重新装入，并重新运行转储以后的所有更新事务。重装后备副本只能将数据库恢复到转储时的状态。

2. 转储状态

转储可分为静态转储和动态转储。

静态转储是在转储期间不允许对数据库进行任何存取、修改操作。静态转储得到的一定是一个数据一致性的副本。因为转储必须等用户事务全部结束才能进行，而且新的事务必须等待转储完毕才能开始执行。但数据库的可用性被降低。

动态转储在转储期间允许对数据库进行存取、修改操作。转储和用户事务可并发执行，即不必等待正在运行的事务结束，也不影响新事务的运行。但转储的数据可能已过时。利用动态转储得到的副本进行故障恢复时，需要把动态转储期间各事务对数据库的修改活动登记下来，建立日志文件，后备副本加上日志文件就能把数据库恢复到某一时刻的正确状态。

3. 转储方式

转储方式可分为海量转储和增量转储。

海量转储是指每次转储全部数据库。从恢复角度看，使用海量转储得到的后备副本进行恢复往往更方便。如果数据库很大，事务处理又十分频繁，可选择海量转储。

增量转储是指只转储上次转储后更新过的数据。增量转储方式更实用更有效。

12.2　MySQL 数据库目录

◆ 12.2.1　数据库的表示法

MySQL 管理的每个数据库都有自己的数据库目录，目录名与所表示的数据库名称相同。例如,数据库 my_db 对应于数据库目录 DATADIR/my_db。

这个表示法使得几个数据库级的语句的实现非常容易。CREATE DATABASE db_name 使用只允许对 MySQL 服务器用户进行访问的所有权和方式,并在数据库目录中创建一个空目录 db_name。DROP DATABASE 语句也很容易实现。DROP DATABASE db_name 删除数据库目录中的 db_name 目录以及其中的所有表文件。SHOW DATABASE 是对应于数据库目录中子目录名称的一个列表。有些数据库系统需要保留一个列出所有需要维护的数据库的主表,但是,在 MySQL 中没有这样的结构。数据库的列表隐含在该数据库目录的内容中,像主表这样的表可能会引起不必要的开销。

◆ 12.2.2 数据库表的表示法

数据库中的每个表在数据库目录中都作为三个文件存在:一个格式(描述)文件、一个数据文件和一个索引文件。每个文件名是该表名,扩展名指明该文件的类型。数据和索引文件的扩展名指明该表是否使用 InnoDB 索引或较新的 MyISAM 索引。

当发布定义一个表结构的 CREATE TABLE tbl_name 语句时,服务器创建 tbl_name.frm 文件,它包含该结构的内部编码。该语句还创建空的数据文件和索引文件,这些文件的初始信息没有记录和索引。描述表的文件的所有权和方式被设置为只允许对 MySQL 服务器用户访问。

当发布 ALTER TABLE 语句时,服务器对 tbl_name.frm 重新编码并修改数据文件和索引文件的内容以反映由该语句表明的结构变化。对于 CREATE 和 DROP INDEX 也是如此,因为服务器认为它们等价于 ALTER TABLE 语句。DROP TABLE 删除该表的三个文件。

尽管可以通过删除数据库目录中的对应某个表的三个文件来删除该表,但不能手工创建或更改表。

12.3　MySQL 数据库的备份与恢复

◆ 12.3.1 使用 SQL 语句备份与恢复

使用 SELECT INTO OUTFILE 语句备份数据,并用 LOAD DATA INFILE 语句恢复数据。这种方法只能导出数据的内容,不包括表的结构,如果表的结构文件损坏,必须要先恢复原来的表的结构。

语法为

```
SELECT *  INTO {OUTFILE | DUMPFILE}'file_name'FROM tbl_name
LOAD DATA [LOW_PRIORITY] [LOCAL] INFILE'file_name.txt'[REPLACE | IGNORE]
INTO TABLE tbl_name
```

SELECT…INTO OUTFILE 'file_name'格式的 SELECT 语句将选择的记录写入一个文件。文件在服务器主机上被创建。

LOAD DATA INFILE 语句从一个文本文件中以很高的速度读入一个表中。如果指定 LOCAL 关键词,则从客户主机读文件。如果 LOCAL 没指定,文件必须位于服务器上。

备份一个数据表的步骤如下:

步骤1，锁定数据表，避免在备份过程中，表被更新，如图12-1所示。

```
LOCK TABLES tbl_name READ;
```

```
mysql> lock tables tbl_name read;
Query OK, 0 rows affected (0.00 sec)
```

图 12-1   给表加读锁

步骤2，导出数据。

```
SELECT *  INTO OUTFILE 'tbl_name.bak' FROM tbl_name;
```

步骤3，解锁表。

```
UNLOCK TABLES;
```

恢复备份数据的步骤如下：

步骤1，为表增加一个写锁：

```
LOCK TABLES tbl_name WRITE;
```

步骤2，恢复数据：

```
LOAD DATA INFILE 'tbl_name.bak'

REPLACE INTO TABLE tbl_name;
```

步骤3，解锁表：

```
UNLOCK TABLES;
```

如果在步骤2恢复数据时指定一个 LOW_PRIORITY 关键字，就没必要对表上锁，因为数据的导入将被推迟到没有用户读表为止。命令为

```
LOAD DATA  LOW_PRIORITY  INFILE 'tbl_name'

REPLACE INTO TABLE tbl_name;
```

◆ 12.3.2   使用 MYSQLDUMP 备份、恢复数据

1. MYSQLDUMP 备份数据

MYSQLDUMP 命令将数据库中的数据备份成一个文本文件。表的结构和表中的数据将存储在生成的文本文件中。MYSQLDUMP 命令的工作原理很简单：它先查出需要备份的表的结构，在文本文件中生成一个 CREATE 语句；然后，将表中的所有记录转换成一条 INSERT 语句；最后通过这些语句，就能够创建表并插入数据。命令格式为

```
MYSQLDUMP - u username - p dbname table1 table2 ...- > Backupname.sql
```

  说明：

username：登录 MySQL 服务器的用户名。

dbname：数据库的名称。

table1 和 table2：要备份的表的名称，为空时备份整个数据库。

Backupname.sql：生成数据库备份文件的名称，扩展名为 sql 的文件。文件名前要加一个绝对路径。

    使用 root 用户备份学生选课数据库下的 student 表。

步骤1，在"开始"→"运行"中输入"cmd"，打开命令提示。

步骤 2,输入 MySQL 安装路径:

```
cd c:\Program Files\MySQL\MySQL Server 9.0\bin
```

步骤 3,输入数据备份各个参数:

```
mysqldump - u root - p choose student > D:\backup.sql
```

备份后会在 D 盘根目录下生成数据库脚本文件 backup. sql。文件的开头会记录
MySQL 的版本、备份的主机名和数据库名等信息。备份时可以同时备份几个数据库的数
据,命令如下:

(1)备份多个数据库:

```
mysqldump - u username - p - - databases dbname2 dbname2 > Backup.sql
```

如

```
mysqldump - u root - p - - databases test mysql > D:\backup.sql
```

(2)备份所有数据库:

```
mysqldump - u username - p - all- databases > BackupName.sql
```

如

```
mysqldump - u - root - p - all- databases > D:\all.sql
```

2. 还原使用 MYSQLDUMP 命令备份的数据

命令格式为

```
mysql- u 用户名 - p [数据库名称] < 备份的文件名
```

例 12.2 恢复 C 盘根目录下的备份文件 backup. sql:

```
mysql - u root - p< C:\backup.sql
```

12.3.3 备份整个数据库目录

MySQL 有一种非常简单的备份方法,就是将 MySQL 中的数据库文件直接复制出来。
这是最简单、速度最快的方法。不过在备份数据库之前,要先停止服务器,这样可以保证在
数据库复制期间的数据不会发生变化。如果在复制数据库的过程中还有数据写入,就会造
成数据不一致。备份一个表,需要三个文件:

对于 MyISAM 表:

• tbl_name. frm　表的描述文件;
• tbl_name. MYD　表的数据文件;
• tbl_name. MYI　表的索引文件。

对于 ISAM 表:

• tbl_name. frm　表的描述文件;
• tbl_name. ISD　表的数据文件;
• tbl_name. ISM　表的索引文件。

直接拷贝文件从一个数据库服务器到另一个服务器,对于 MyISAM 表,可以从运行在
不同硬件系统的服务器之间复制文件,例如,SUN 服务器和 INTEL PC 机之间。

注意:这种方法不适用于 InnoDB 存储引擎的表,而对于 MyISAM 存储引擎的表很方便。数据库还
原时选择的 MySQL 的版本最好相同。

以这种方式还原数据时,必须保证两个 MySQL 数据库的版本号是相同的。这种方式

对于 MyISAM 类型的表有效，对于 InnoDB 类型的表不可用，InnoDB 表的表空间不能直接复制。

◆ 12.3.4   使用 MYSQLHOTCOPY 工具快速备份

MYSQLHOTCOPY（热备份）支持不停止 MySQL 服务器备份。而且，MYSQLHOTCOPY 的备份方式比 MYSQLDUMP 快。MYSQLHOTCOPY 是一个 PERL 脚本，主要在 Linux 系统下使用。

原理：先将需要备份的数据库加上一个读锁 LOCK TABLES，然后用 FLUSH TABLES 将内存中的数据写回到硬盘上的数据库，最后，把需要备份的数据库文件复制到目标目录。

命令格式为

```
[root @ localhost ~ ]# mysqlhotcopy [option] dbname1 dbname2 backupDir/
```

dbname：数据库名称。

backupDir：备份到哪个文件夹下。

常用选项：

——help：查看 MYSQLHOTCOPY 帮助。

——allowold：如果备份目录下存在相同的备份文件，将旧的备份文件加上_old。

——keepold：如果备份目录下存在相同的备份文件，不删除旧的备份文件，而是将旧的文件更名。

——flushlog：本次备份之后，将对数据库的更新记录到日志中。

——noindices：只备份数据文件，不备份索引文件。

——user＝用户名：用来指定用户名，可以用－u 代替。

——password＝密码：用来指定密码，可以用－p 代替。使用－p 时，密码与－p 之间没有空格。

——port＝端口号：用来指定访问端口，可以用－P 代替。

——socket＝socket 文件：用来指定 socket 文件，可以用－S 代替。

MYSQLHOTCOPY 并非 MySQL 自带，需要安装 PERL 的数据库接口包。

12.4   MySQL 日志文件

日志文件是 MySQL 数据库的一个重要组成部分。MySQL 的日志文件如下：

错误日志：记录启动、运行或停止 MySQL 时出现的问题。

通用查询日志：记录建立的 client 连接和运行的语句。

二进制日志：记录全部更改数据的语句，还用于复制。

慢查询日志：记录全部运行时间超过 long_query_time 秒的全部查询或不使用索引的查询。

这些日志能够定位 MySQL 内部发生的事件、数据库性能故障、记录数据的变更历史、用户恢复数据库等。

◆ 12.4.1   通用查询日志

MySQL 的查询日志记录了所有 MySQL 数据库请求的信息，无论这些请求是否得到了正确的执行。默认文件名为 hostname. log。默认情况下,MySQL 查询日志是关闭的。开启 MySQL 查询日志,对性能还是有很大的影响的。另外很多时候,MySQL 慢查询日志基本可以定位那些出现性能问题的 SQL,所以 MySQL 查询日志应用的场景其实不多。

1. 启动和设置通用查询日志

通用查询日志记录了 MySQL 的所有用户操作,包括启动和关闭服务、执行查询和更新语句等。MySQL 服务器默认情况下并没有开启通用查询日志。如果需要通用查询日志,可以通过修改 my. ini 或 my. cnf 配置文件来开启。在 my. ini 或 my. cnf 的[mysqld]组下加入 log 选项或者启动 MySQL 时通过 –log[=file_name]或一l[file_name]选项启动它。假设没有给定 file_name 的值,默认名是 host_name. log。通用查询日志将默认存储在 MySQL 数据目录中的 hostname. log 文件中。hostname 是 MySQL 数据库的主机名。

2. 查看通用查询日志

通用查询日志记录了用户的所有操作。查看通用查询日志,可以了解用户对 MySQL 进行的操作。通用查询日志是以文本文件形式存储在文件系统中的,可以使用文本编辑器直接打开通用日志文件进行查看,Windows 下可以使用记事本,Linux 下可以使用 vim. gedit 等。

3. 删除通用查询日志

通用查询日志是以文本文件的形式存储在文件系统中的。通用查询日志记录用户的所有操作,因此在用户查询、更新频繁的情况下,通用查询日志会增长得很快。DBA 可以定期删除比较早的通用查询日志,以节省磁盘空间。可以用直接删除日志文件的方式删除通用查询日志。要重新建立新的日志文件,可使用语句 mysqladmin 一flush logs 或者直接删除日志文件。

◆ **12.4.2 二进制日志**

1. 启动和设置二进制日志

二进制日志主要记录 MySQL 数据库的变化,是事务安全的方式,包含更新日志中可用的所有信息。二进制日志包含关于每个更新数据库的语句的执行时间信息,不包含没有修改任何数据的语句,例如 SELECT 语句。使用二进制日志最大的目的是尽可能地恢复数据库,因为二进制日志包含备份后进行的所有数据更新。默认情况下,二进制日志是关闭的,可以通过修改 MySQL 的配置文件来启动和设置二进制日志,my. ini 中[mysqld]组下面有几个设置是关于二进制日志的:

log-bin[=PATH/[FILENAME]] expire_logs_days=10 max_binlog_size=100M

log-bin 定义开启二进制日志。

PATH 表明日志文件所在的目录路径。

FILENAME 指定日志文件的名称,如文件的全名是 filename. 0001,filename. 0002 等。除了上述文件之外,还有一个 filename. index 的文件,该文件内容记录所有日志的清单,可以使用记事本打开 filename. index 文件的内容。

expire_logs_days 定义了 MySQL 清除过期日志的时间,即二进制日志自动删除的天数。默认值为 0,表示"没有自动删除"。当 MySQL 启动或刷新二进制日志时可能删除该文件。

max_binlog_size 定义了单个文件的大小限制，如果二进制日志写入的内容大小超出给定值，日志就会发生滚动（关闭当前文件，重新打开一个新的日志文件）。不能将该变量设置为大于 1GB 或小于 40116 字节。默认值是 1GB，如果正在使用大事务，二进制日志文件大小还可能超过 max_binlog_size 的定义大小。可以通过 SHOW VARIABLES 语句来查询日志设置，可以看到 log_bin 为 ON，max_binlog_size 为 104957600 字节，可换算为 100MB，MySQL 重新启动之后，就可以看到新产生的文件后缀为. 000001 和. index 的两个文件，文件名称默认为主机名称。

2. 查看二进制日志

MySQL 二进制日志是经常用到的。当 MySQL 创建二进制日志文件时，首先创建一个以 filename 为名称、以 index 为后缀的文件；再创建一个以 filename 为名称、以“. 000001”为后缀的文件。当 MySQL 服务重新启动一次，以“. 000001”为后缀的文件会增加一个，并且后缀名加 1 递增；如果日志长度超过了 max_binlog_size 的上限（默认是 1GB），也会创建一个新的日志文件。show binary logs 语句可以查看当前二进制日志文件的个数和文件名。MySQL 二进制日志并不能直接查看，如果要查看日志内容，可以通过 mysqlbinlog 命令查看。使用“show binary logs;”语句查看二进制日志文件的个数和文件名，如图 12-2 所示。

```
mysql> show binary logs;
+------------------+-----------+
| Log_name         | File_size |
+------------------+-----------+
| pc45-bin.000001  |       178 |
| pc45-bin.000002  |      9898 |
| pc45-bin.000003  |     13268 |
+------------------+-----------+
3 rows in set (0.00 sec)
```

图 12-2　查看二进制日志文件的个数和文件名

3. 删除二进制日志

MySQL 的二进制日志可以配置自动删除，同时 MySQL 也提供了安全的手动删除二进制日志的方法。删除所有的二进制日志文件，使用“RESET MASTER;”，执行该语句，所有二进制日志将被删除，删除后 MySQL 会重新创建二进制日志，新的日志文件扩展名将重新从 000001 开始编号。

4. 查看二进制日志里的操作记录

查看二进制日志里的操作记录可使用命令：

```
show binlog events;
```

查看某一个二进制日志里面的记录，但又不想用 mysqlbinlog，可以使用 show binlog events；例如，想查看 ’bin-log. 000002′这个 binlog 文件的内容，执行如下命令“show binlog events;”，如图 12-3 所示。

5. 使用二进制日志还原数据库

如果 MySQL 服务器启用了二进制日志，在数据库出现意外丢失数据时，可以使用

```
mysql> show binlog events;
+------------------+-----+----------------+-----------+-------------+-----------------------------------+
| Log_name         | Pos | Event_type     | Server_id | End_log_pos | Info                              |
+------------------+-----+----------------+-----------+-------------+-----------------------------------+
| pc45-bin.000001  |   4 | Format_desc    |         1 |         124 | Server ver: 8.0.13, Binlog ver: 4 |
| pc45-bin.000001  | 124 | Previous_gtids |         1 |         155 |                                   |
| pc45-bin.000001  | 155 | Stop           |         1 |         178 |                                   |
+------------------+-----+----------------+-----------+-------------+-----------------------------------+
3 rows in set (0.00 sec)
```

图 12-3　查看二进制日志里的操作记录

mysqlbinlog 工具从指定的时间点(例如,最后一次备份)开始直到现在,或另外一个指定的时间点的日志中恢复数据。要想从二进制日志恢复数据,需要知道当前二进制日志文件的路径和文件名。一般可以从配置文件(即 my. cnf 或者 my. ini,文件名取决于 MySQL 服务器的操作系统)中找到路径。

mysqlbinlog 恢复数据的语法如下:

```
mysqlbinlog [option] filename |mysql - uuser - ppass
```

说明:

option 是一些可选项;filename 是日志文件名。比较重要的两对 option 参数是:

(1)–start-datetime. –stop-datetime,可以指定恢复数据库的起始时间点和结束时间点。

(2)–start-position. –stop–position,可以指定恢复数据库的开始位置和结束位置。

例 12.3　使用 mysqlbinlog 恢复 MySQL 数据库到 2019 年 12 月 25 日 10:27:49 时的状态,执行下面命令:

```
mysqlbinlog- stop- datetime= "2019-12-25 10:27:49"
D:\mysql\log\binlog\bin- log.000002 |mysql - u user - p password
```

该命令执行成功后,会根据 binlog. 000002 日志文件恢复 2019 年 12 月 25 日 10:27:49 前的所有操作。这种方法对因误操作而被删除的数据比较有效。

6. 暂时停止二进制日志

如果在 MySQL 的配置文件配置启动了二进制日志,MySQL 会一直记录二进制日志,修改配置文件,可以停止二进制日志,但是需要重启 MySQL 数据库。MySQL 提供了暂时停止二进制日志的功能。利用 SET sql_log_bin 语句可以使 MySQL 暂停或者启动二进制日志。如,SET sql_log_bin=\{0|1\},其中 0 是停止,1 是启用。

12.4.3　错误日志

错误日志文件包含了当 MySQL 启动和停止时以及服务器在运行过程中发生任何严重错误时的相关信息。在 MySQL 中,错误日志也是非常重要的。MySQL 将启动和停止数据库信息以及一些错误信息记录到错误日志中。

1. 启动和设置错误日志

在默认情况下,错误日志会记录到数据库的数据目录下。如果没有在配置文件中指定文件名,则文件名默认为 hostname. err。例如:MySQL 所在服务器主机名为 mysql-db,记录错误信息的文件名为 mysql-db. err。如果执行了 FLUSH LOGS,错误日志文件会重新加载。

错误日志的启动和停止以及日志文件名,都可以通过修改 my. ini(或者 my. cnf)来配置。错误日志的配置项是 log-error。在[mysqld]下配置 log-error,可启动错误日志。如果需要指定文件名,则配置项如下：

[mysqld] log-error＝[path/[filename]]

path 为日志文件所在的目录路径,filename 为日志文件名。修改配置项后,需要重启 MySQL 服务才生效。

2. 查看错误日志

利用错误日志可以监视系统的运行状态,及时发现故障,修复故障。MySQL 错误日志是以文本文件形式存储的,可以使用文本编辑器直接查看 MySQL 错误日志,如果不知道日志文件的存储路径,可以使用"SHOW VARIABLES;"语句查看错误日志的存储路径。

语句如下：

```
SHOW VARIABLES LIKE &# 311;log_error&# 311;;
```

3. 删除错误日志

MySQL 的错误日志以文本文件的形式存储在文件系统中,可以直接删除。对于 MySQL 5.5.7 以前的版本,FLUSH LOGS 可以将错误日志文件重命名为 filename. err_old,并创建新的日志文件。但是从 MySQL 5.5.7 开始,FLUSH LOGS 只是重新打开日志文件,并不做日志备份和创建的操作。如果日志文件不存在,MySQL 启动或者执行 FLUSH LOGS 时会创建新的日志文件,在运行状态下删除错误日志文件后,MySQL 并不会自动创建日志文件。FLUSH LOGS 在重新加载日志的时候,如果文件不存在,则会自动创建。所以在删除错误日志之后,如果需要重建日志文件,需要在服务器端执行以下命令：

```
mysqladmin -u root -p flush-logs
```

或者在客户端登录 MySQL 数据库,执行 FLUSH LOGS 语句

```
FLUSH LOGS;
```

删除 err 文件,并用 FLUSH LOGS 语句重建 log-error 文件。

◆ **12.4.4　慢查询日志**

慢查询日志是记录查询时长超过指定时间的日志。慢查询日志主要用来记录执行时间较长的查询语句,通过慢查询日志,可以找出执行时间较长、执行效率较低的语句,然后进行优化。

1. 启动和设置慢查询日志

MySQL 中慢查询日志默认是关闭的,可以通过配置文件 my. ini 或 my. cnf 中的 log-slow-queries 选项打开,也可以在 MySQL 服务启动的时候使用 –log–slow-queries[＝file_name]启动慢查询日志。启动慢查询日志时,需要在 my. ini 或者 my. cnf 文件中配置 long_query_time 选项指定记录阈值,如果某条查询语句的查询时间超过了这个值,这个查询过程将被记录到慢查询日志文件中。

在 my. ini 或者 my. cnf 文件中开启慢查询日志的配置如下：

```
slow-query-log= 1
slow_query_log_file= "DESKTOP-EJUQL9D-slow.log" long_query_time= 10
```

如果不指定目录和文件名称,默认存储在数据目录中文件名为 hostname-slow. log, hostname 是 MySQL 服务器的主机名。时间值的单位是秒。如果没有设置 long_query_time 选项,默认时间为 10 秒。

2. 查看慢查询日志

MySQL 的慢查询日志是以文本形式存储的,可以直接使用文本编辑器查看。慢查询日志记录着执行时间较长的查询语句,用户可以从慢查询日志中获取执行效率较低的查询语句,为查询优化提供重要的依据。查看慢查询日志的一些参数为

```
SHOW VARIABLES LIKE &# 311;% slow% &# 311;;
```

3. 删除慢查询日志

和通用查询日志一样,慢查询日志也可以直接删除。删除后在不重启服务器的情况下,需要执行

```
mysqladmin - u root - p flush logs
```

重新生成日志文件,或者在客户端登录到服务器执行"FLUSH LOGS;"语句重建日志文件。官方 MySQL 的慢查询日志在这里有一个缺陷,就是查询阈值只能是 1 秒或以上,如果要设置 1 秒以下就无能为力了,这时候如果想找出 1 秒以下的慢查询 SQL,可以使用 percona 提供的 microslow-patch 来突破限制,将慢查询时间阈值减小到毫秒级别。

日志既会影响 MySQL 的性能,又会占用大量磁盘空间。因此,如果不必要,应尽可能少开启日志。根据不同的使用环境,考虑开启不同的日志。例如开发环境中优化查询效率低的语句,可以开启慢查询日志,或者发现某些 SQL 执行特别慢,也可以开启慢查询日志。如果磁盘空间不是特充足,可以在高峰期间开启,在捕获到查询慢的 SQL 之后再关闭慢查询日志;如果需要搭建复制环境,那么就一定要开启二进制日志;如果数据特别重要,也建议开启二进制日志,以便数据库损坏的时候可以通过二进制日志挽救一部分数据;通用查询日志无论在哪种情况下,一般不建议开启。

 习题

一、单选题

1.(　　)用来记录对数据库的数据做的每一步更新操作。

A. 事务　　　　　　　B. 日志文件　　　　　C. 数据副本　　　　　D. 缓冲区

二、多选题

1. 数据库故障有(　　)。

A. 事务故障　　　　　B. 系统故障　　　　　C. 介质故障　　　　　D. 运行故障

2. 常用的数据库恢复技术有(　　)。

A. 登记日志文件　　　B. 数据转储　　　　　C. 副本　　　　　　　D. 缓存区

三、简答题

1. 使用带有--all-databases 选项的 mysqldump 实用程序，备份所有数据到一个文件 all.sql 中，查看输出的 SQL 脚本文件。

2. 使用带有--ab 选项的 mysqldump，把 test 数据库中的表结构和数据分别备份到一个目录中。检查一下生成的 SQL 语句与上题中备份文件中的有什么不同。

3. 建立一个新的数据库 test1，把上题的备份文件恢复到该数据库中。请简述一下过程。

4. 查看更新日志和常规日志，看看上述操作是否都留下了记录以及留下了什么记录。

5. 先在 test 数据库中的任意一个表中插入一个记录，然后再删除这个记录。删除数据库 test，试试如何从更新日志恢复 test 数据库。

参考文献

[1] 王珊,萨师煊.数据库系统概论[M].5 版.北京:高等教育出版社,2014.

[2] 胡孔法.数据库原理及应用[M].北京:机械工业出版社,2020.

[3] 赵文栋,张少娴,徐正芹.数据库原理[M].北京:清华大学出版社,2019.